DIE MAGIE DER KONSEQUENZ

INGA BÖHM-REITHMEIER

DIE MAGIE — DER KONSEQUENZ

Für eine erfolgreiche
Hundeerziehung von großen
und kleinen Hunden

KOSMOS

INHALT

TEIL 2 – MIT WÖRTERN KOMMUNIZIEREN

TEIL 3 – KONSEQUENZ IM HUNDETRAINING

ZU DIESEM BUCH

DIE MAGISCHE ZUTAT

Wie wäre es, …

… wenn es eine **magische Zutat** für die Hundeerziehung gäbe, mit der du ganz leicht einen gut erzogenen Begleithund aus deinem Hund machen kannst?

… wenn es ein **zauberhaftes Gewürz** im Hundetraining gäbe, das deinen Hund folgsamer und zuverlässiger bei allen Kommandos machen würde?

… wenn du mit einer Kleinigkeit deinen Hund leichter führen könntest, und es wirken würde, als wäre es **Hexerei**?

Würdest du mir glauben, wenn ich behaupte, dass die magische Zutat nur einen Gedanken von dir entfernt ist und die Lösung für dich und deinen Hund nur eine winzig kleine Veränderung in deinem Handeln ist? Und das Beste daran ist, dass dein Hund es dir jeden Tag vorlebt. Du musst es dir nur selbst aneignen.

Auf den kommenden Seiten verrate ich dir, wie du dir deine eigene magische Zutat selbst zusammenrühren kannst, um mehr Erfolg im Umgang mit deinem Hund zu haben. Völlig unabhängig davon, nach welcher Methode du deinen Hund trainierst. Egal, ob du Verbesserungen im Grundgehorsam suchst, im Training, beim Hundesport oder einfach nur im Alltag oder in besonderen Situationen. Mit einer Prise Magie, die in uns allen steckt, können wir unnötige Anstrengungen mit dem Hund und Verunsicherung durch Missverständnisse vermeiden.

Die magische Zutat ist eine innere Ausrichtung,
ein zielstrebiges Handeln und eine klare Kommunikation.
Man nennt es auch „Konsequenz".

Ein ziemlich ernstes Wörtchen mit großer Bedeutung! Doch bietet es wunderbare Möglichkeiten, wenn man sie sich zu eigen macht und seinen Hund damit führt. Konsequente Persönlichkeiten werden nicht nur ernst- bzw. wahrgenommen, sie wirken auch als Vorbild für alle Schüler, ob Zwei- oder Vierbeiner. Hiermit meine ich nicht die unangenehmen, gemeinen und strengen Charaktere, sondern die wunderbaren Persönlichkeiten, die Verantwortung für ihr Handeln übernehmen und so kommunizieren, dass andere sie auch verstehen. Menschen, die ehrlich sind, zu ihrem Wort stehen, einen Plan haben und anderen eine Orientierung geben.

Diese winzige, aber wirkungsvolle Zutat kann sich jeder Hundehalter selbst zu eigen machen. Der allererste Schritt ist die Selbstwahrnehmung. Finde heraus, in welchen Bereichen du mit deinem Hund konsequent bist und in welchen Bereichen du mit deinem Hund eher „wischiwaschi" bzw. inkonsequent umgehst. Danach geht es an die Umsetzung.

Ich wünsche dir ganz viel Spaß beim Lesen, viele Aha-Momente und vor allem mehr Erfolg im Umgang mit deinem Hund, als du dir das selbst erhoffst.

Herzlichst, deine Inga

TEIL 1 – AUSWIRKUNGEN UNSERES HANDELNS

KAPITEL 1

SELBSTWAHRNEHMUNG UND -REFLEXION

Ein konsequenter Umgang mit dem eigenen Hund ist ein fairer Umgang. Konsequenz ist berechenbar und gibt Sicherheit. Doch um herauszufinden, in welchem Bereich wir mit unserem Hund noch klarer und konsequenter sein dürfen, müssen wir unsere ehrliche Selbstwahrnehmung einschalten. Nur, wie können wir uns selbst trainieren, um in unserer Selbstwahrnehmung immer besser zu werden?

WAHRNEHMUNG ANDERER

„Ich sehe was, was du nicht siehst, und das ist grün!"
Meine beiden Töchter lieben dieses Spiel, besonders auf langen Autofahrten, wenn wir im Stau stehen. Löst sich der Stau nach einer Weile auf und die Fahrt gewinnt wieder an Geschwindigkeit, erhöht sich auch der Schwierigkeitsgrad dieses Spiels erheblich, da man sich mit dem Raten beeilen muss, weil das gemeinte Objekt jeden Moment vorbeihuschen kann. Kinder kündigen das Spiel an, wenn sie es spielen

wollen. Wir Erwachsene sind anders: Wir alle spielen dieses Spiel in der Gegenwart anderer oft unbewusst, meist ohne Ankündigung und viel zu selbstverständlich. Besonders wir Hundehalter sehen mehr als andere. Lass es mich erklären.

Dir fällt es bestimmt auf, wenn du jemanden siehst, der mit seinem Hund unfair umgeht, ungeduldig wird, gereizt reagiert oder gar brutal mit ihm wird. Sicher fallen dir auch Details auf, z. B. wenn jemand mit seinem Hund ungenauer wird und ihm widersprüchliche Signale gibt, ihn verwirrt oder verunsichert. Überraschenderweise sind wir richtig gut darin, die Fehler oder bestimmte Verhaltensweisen bei anderen zu erkennen und zu benennen. Es ist schon fast ein gesellschaftliches Phänomen, ganz nach dem Motto: *„Der liebe Gott sieht alles, aber die Nachbarn sehen mehr!“*

WAHRNEHMUNG VON SICH SELBST

Doch wie sieht es bei einem selbst aus? Siehst du bei dir selbst, jeden Tag, in jeder Situation, wie du mit deinem Hund umgehst? Bemerkst du, welchen Ton du bei deinem Hund anschlägst? Bemerkst du immer, wenn du ungenaue Anweisungen gibst, unfair bist oder gar verwirrend auf deinen Hund wirkst? Seien wir mal ehrlich, wahrscheinlich nicht.

Oft sind wir Menschen innerlich sehr abgelenkt. Es fällt uns gar nicht ein, unser Handeln, Fühlen und Denken zu hinterfragen, ganz zu schweigen davon, uns aus der Sicht unseres Hundes wahrzunehmen. Jeder möchte mit seinem Hund freundlich umgehen und ihm gerecht werden, auch in der Kommunikation. Der eigene Hund ist uns wichtig, er ist Teil der Familie, Teil unseres Alltags und liegt uns am Herzen. Doch gibt es Situationen, da kommt das Leben einfach dazwischen und alle guten Vorsätze wie Fairness, Geduld und Klarheit werden innerhalb eines Augenzwinkerns über Bord geworfen.

Unter Zeitdruck

Vielleicht sind wir unter Zeitdruck, dann muss alles „schnell-schnell" gehen. Auch unser Hund soll bitte schön jetzt zügig und schnell unserer Anweisung Folge leisten. Auf unsere Hektik reagiert unser Hund auf jeden Fall, nur nicht so, wie wir es uns in diesem Moment wünschen. Denn meist antwortet der Hund mit Beschwichtigungsverhalten und wird daraufhin langsamer in seiner Bereitschaft, uns zu folgen. Er vermeidet Blickkontakt, lässt sich viel Zeit, macht Umwege auf dem Weg zu uns, schnuppert mehr und tut so, als wären wir nicht da. In unserer zeitlich knappen Wahrnehmung scheint es, als würde er absichtlich versuchen, die Zeit in die Länge zu ziehen. Der Gedanke, dass wir unserer Zeit beraubt werden, macht uns kribbelig. **Ungeduld macht sich breit, unsere Anweisungen werden ungenau, unser Ton wird unangenehm und wir werden inkonsequent.**

Der Hund reagiert daraufhin mit noch mehr Zögern, Verwirrung, Verunsicherung oder sogar Ablehnung. Dann kommt der Moment, in dem der Hund gewisse „Knöpfe" bei seinem Hundehalter drückt. Wir werden emotional und gestresst, vielleicht sogar wütend und reagieren gereizt. Dieses Gefühlschaos des gegenseitigen Verunsicherns, Gestresst- und Enttäuscht-Seins zieht sich immer wieder durch die Kommunikationsebenen mit unserem Hund.

Stress macht ungeduldig

In stressigen Situationen verlieren wir oft den guten Ton. Unsere Selbstwahrnehmung ist dann taub und blind zugleich. Wir merken gar nicht, dass wir mit unserem gehetzten und ungeduldigen Verhalten bedrohlich auf unseren Hund wirken. Unser erlebter Stress verhindert zu erkennen, dass wir selbst der Grund sind, warum unser Hund nicht so gut folgt, wie wir es uns wünschen. Diese Erkenntnis könnte uns in Zukunft helfen, uns selbst bewusster wahrzunehmen. **Das allerbeste Mittel, um sich in Hundeführung und im Hunde-**

training zu verbessern, ist der Blick auf sich selbst, auf das eigene Verhalten. Bevor du das fehlende kooperative Verhalten deines Hundes persönlich nimmst, nimm es als Aufforderung, dich aus der Sicht deines Hundes wahrzunehmen.

Hunde sind sensationelle Lehrmeister für unsere Selbstwahrnehmung.

Das gilt nicht nur für Beschwichtigungsverhalten von Hunden, sondern auch für alle Verhaltensweisen deines Hundes, die dir als „schwierig" erscheinen. Je mehr uns der Hund mit seinem Verhalten anstrengt und wir in Stress geraten, umso eher ist es ein Hinweis darauf, dass es an Klarheit, Konsequenz und Ordnung in der Kommunikation unsererseits fehlt. Unsere Hunde reagieren auf uns stets unmittelbar und ehrlich und sind somit großartig darin, die Auswirkung unseres Verhaltens zu spiegeln. Denn seien wir mal ehrlich: Geben wir unserem Hund eine Anweisung, dann sind wir es, die etwas vom Hund wollen und nicht umgekehrt. Da ist es nur fair, dass wir es so vermitteln, dass unser Hund uns versteht und der Anweisung auch folgen kann.

Der Blick von außen

Fast jeder meiner Kunden erzählt mir in der ersten Trainingsstunde, was für „Themen" er mit seinem Hund hat, was ihn am Verhalten seines Hundes stört und warum er es ändern möchten. Gleich danach folgen Aussagen wie: *„Ich habe den Verdacht, dass es an mir liegen könnte, dass mein Hund nicht richtig folgt. Doch weiß ich nicht, was ich anders machen soll. Deshalb bin ich hier"*. Manchmal reicht es schon, wenn dich jemand darauf aufmerksam macht, was deinen Hund gerade verunsichert oder verwirrt. Dabei kann ein Hundetrainer, der einen offenen und fachkundigen Blick auf dein Verhalten mit deinem Hund wirft, eine gute Hilfe sein. Vier Augen sehen mehr als zwei!

Mein Mann führt schon eine Ewigkeit Jagdhunde, trainiert sie und bildet sie aus. Ich bin ebenfalls mit Hunden in einer Jägerfamilie mit integrierter Jagdhundezucht groß geworden und trainiere Menschen und ihre Hunde schon mein halbes Leben. Da möchte man meinen, dass wir jeden Tag in jeder Minute einen hoch professionellen Umgang mit unseren Hunden ausüben. Um ganz ehrlich zu sein, sind auch wir nur Menschen, haben ein Leben mit Höhen und Tiefen und erleben gute und schlechte Tage, so wie jeder andere Hundehalter auch. Aber wir beide sind froh darüber, uns gegenseitig zu haben, wenn es darum geht, uns auf den ein oder anderen Umgangs-Fauxpas mit unseren Hunden aufmerksam zu machen.

Auch Profis nehmen diese Hilfe in Anspruch. So haben beispielsweise Profisport-Reiter, die für die Olympiade mit ihren millionenschweren Pferden die höchste Kunst der Dressur vorführen, einen Trainer, der von außen regelmäßig einen Blick auf Reiter und Pferd wirft.

UNSTIMMIGKEITEN ERKENNEN

Macht uns jemand auf eine Unstimmigkeit in unserem Verhalten aufmerksam, können wir es selbst wahrnehmen und die Situation in Zukunft verbessern. Denn manchmal haben wir uns eine Angewohnheit zu eigen gemacht, die für uns selbst unsichtbar geworden ist, aber uns daran hindert, Erfolg im Umgang mit dem eigenen Hund zu haben.

Hat man keinen Menschen mit passendem Blick oder Fachwissen zur Hand, dann kann es eine gute Hilfe sein, wenn man sich von einer Spaziergang-Begleitung im Umgang mit seinem Hund filmen lässt. Ein Vorteil unserer heutigen Smartphone-Technik ist, dass jeder eine Kamera bei sich führt. Hierzu fällt mir ein passendes Erlebnis auf einem meiner letzten Workshops ein.

Aus der Praxis

Auf einem meiner Hundeworkshops haben wir in der Pause alle Hunde der Teilnehmerinnen auf einer großen Wiese im späten Herbst frei laufen lassen. Einige haben gespielt, die anderen waren mit Schnuppererkundungen zugange. Eine Teilnehmerin hatte aus Spaß ihren spielenden Hund gefilmt, als eine andere Dame ihre Bracke aus der Gruppe heranrief. Ihr Hund hatte zuerst gar nicht auf ihr Rufen reagiert. Nachdem sie ihre Bracke wiederholt ansprach und das Kommando gleich viermal wiederholen musste, bis ihre Hündin sich entschloss, zu ihr zu kommen, verging einige Zeit. Doch alles wurde dabei auf Kamera festgehalten. Später wurden alle Fotos und Videos unter den Teilnehmern ausgetauscht und die Dame mit der Bracke sah sich und ihren Hund auf Film. Ihre Augen wurden immer größer und sie schlug ihre Hände über ihrem Kopf zusammen und sagte laut: *„Um Himmels willen, warum hat mir denn keiner gesagt, wie hysterisch ich mich in Wirklichkeit anhöre, wenn ich meinen Hund zu mir rufe?!“* Diese Erkenntnis über ihren eigenen Ton ihrem Hund gegenüber hatte ihre Selbstwahrnehmung diesbezüglich enorm geschärft. Sie setzte sich selbst zum Ziel, in Zukunft auf ihren Ton zu achten und ihn zu verbessern. Vor allem erkannte sie, dass auch sie nicht bei solch einem hysterischen und kreischenden Rufen kooperiert hätte, wenn sie an der Stelle ihres Hundes gewesen wäre.

Sich selbst aus der Perspektive seines Hundes wahrzunehmen, ist wahrscheinlich das Hilfreichste in puncto Selbstwahrnehmung, was ich dir mit auf deinen Weg geben kann.

Wenn etwas mit deinem Hund nicht funktioniert, dann gehe einen Schritt zurück und frage dich: *„Wäre ich mein Hund gewesen, hätte ich mich dann verstanden?“*, *„Hätte ich gewusst, was Frauchen von mir wollte?“*, *„Hat mein Mensch mich so gerufen, dass ich auch hätte kommen können?“* Ein augenöffnender Perspektivwechsel – die Welt aus der Sicht deines Hundes wahrzunehmen, um ihn besser zu verstehen. Somit lass uns das Spiel „*Ich sehe was, was du nicht siehst*", in folgendes Spiel ändern: „*Ich sehe was, was ich schon längst hätte sehen sollen*".

BEREITSCHAFT, ZU LERNEN

Selbstreflexion und Selbstwahrnehmung ist wie ein Muskel. Trainieren wir diesen Muskel, so wird er immer kräftiger und ist stets einsatzbereit. Wir bleiben innerlich flexibel, lernen dazu und können in unserem Verhalten immer besser werden. Vernachlässigen wir ihn, so bleibt er schwach und wir werden innerlich unflexibel. Wir hören auf zu lernen und besser zu werden. Geht es uns dann mal nicht gut, suchen wir förmlich den Fehler bei anderen. **Die Fähigkeit der Selbstwahrnehmung geht somit Hand in Hand mit der Bereitschaft, zu lernen.**

Ist unsere Selbstwahrnehmung jedoch blockiert, verhindert es das Erlernen neuer Verhaltensweisen. Manche Menschen halten an ihren eingefahrenen Gewohnheiten mit ihrem Hund fest, auch wenn diese schon mehrfach zu einem unerwünschten Ergebnis in der Vergangenheit geführt haben. Andere vertreten eine festgefahrene Einstellung zur Hundeerziehung oder sind durch bestimmte Erfahrungen mit vorherigen Hunden verunsichert. Ein weiteres, sehr verbreitetes Phänomen ist, dass manch einer zu viele Informationen über Hunde im Kopf hat, die sich regelrecht überschlagen und widersprechen. Dies erschwert das Wahrnehmen enorm, da man sich gern im Analysieren verstrickt.

Selbstreflexion erfordert ein wenig Mut, das eigene Denken, Fühlen und Handeln zu hinterfragen. Selbstwahrnehmung ist eine Art innerer Spiegel, in dem man sich sieht und beobachtet, so wie wir andere beobachten.

KAPITEL 2

KONSEQUENZ VERSUS INKONSEQUENZ

WAS BEDEUTET KONSEQUENZ?

„Du musst mit deinem Hund konsequenter sein!“ Bitte, was? Was heißt denn „konsequenter sein“ überhaupt? Was ist damit gemeint und wie ist das zu verstehen? Soll ich härter mit dem Hund umgehen? Soll ich mich mehr durchsetzen? Soll ich mehr wiederholen? Soll ich lauter und deutlicher werden? So leicht das Wörtchen „konsequent“, als guter Ratschlag verpackt, Hilfe suchenden Hundehaltern an den Kopf geworfen wird, heißt noch lange nicht, dass es auch verstanden wird. Es klingt zwar logisch und manchmal auch klug, doch kann sich ein Hundehalter, der Probleme mit seinem Hund hat, oft nichts Konkretes darunter vorstellen.

Besonders im Hundetraining wird dieses Wort mit einer solchen Selbstverständlichkeit benutzt, dass man gar nicht erst auf die Idee kommt oder sich gar nicht erst traut zu fragen, was damit gemeint ist. Es wird davon ausgegangen, dass jeder seine Bedeutung kennt. Doch die klare Vorstellung, wie man in welchen Bereichen mit einem Hund konsequent sein soll, fehlt.

Der Grund, warum das Wort „konsequent" nicht selten zu Verwirrung und Verständnisfragen führt, liegt darin, dass wir es mit einem multiinterpretierbaren Fachbegriff zu tun haben. Die folgenden Aussagen bzw. Ratschläge bekommen Hundehalter oft zu hören, jedoch ist jedes Mal etwas anderes damit gemeint:

› Dein Hund ist kopfstark und braucht eine konsequente Hand.
› Du musst mit deinem Hund konsequent die Signale üben, damit er zuverlässiger im Folgen wird.
› Wenn dein Hund die Kommandos nicht ausführt, musst du dich konsequenter bei ihm durchsetzen.
› Gib deine Anweisungen an deinen Hund konsequenter, damit er versteht, was du von ihm möchtest.
› Wenn dein Hund sich nicht benimmt, muss er die Konsequenzen zu spüren bekommen.
› Dein Hund macht einfach was er will, weil es keine Konsequenz für ihn hat, wenn er nicht folgt.

Du siehst, diese Wörter tauchen bei vielen gut gemeinten Ratschlägen auf, doch die Bedeutung ist immer eine andere. Zuerst stellt sich die Frage, ob das besagte Wort als Substantiv oder Adjektiv eingesetzt wird.

Die Konsequenz

Konsequenz als Substantiv bedeutet: Die Folge, die sich zwingend oder möglicherweise aus einer Situation oder durch eine Handlung ergibt. Man könnte auch sagen: Jede Tat hat eine Auswirkung.

Beziehen wir diese Definition auf das Hundetraining und unser Hund zeigt ein **erwünschtes Verhalten**, so wäre die Konsequenz daraus, dass er eine Belohnung oder ein Lob von uns bekommt. Der Hund lernt, dass erwünschte Verhaltensweisen angenehme und harmonische Reaktionen bei uns Menschen auslösen.

Zeigt der Hund ein **unerwünschtes Verhalten**, kann die Konsequenz z. B. das Ausbleiben von Belohnung, Aufmerksamkeit und Anerkennung sein. Ein anderes Mal ist damit eine simple Korrektur gemeint und im Extremfall kann damit eine körperliche Bestrafung gemeint sein. Besonders, wenn es heißt, *„Dein Hund muss die Konsequenz zu spüren bekommen"*, will man, dass der Hund bestimmte Auswirkungen seines Verhaltens oder seines „Nichtfolgens" bewusst körperlich erfährt. Nicht selten ist damit das Zufügen von Schmerzen gemeint oder andere Methoden, die den Hund massiv erschüttern, mit der angeblichen Begründung, dass der Hund spüren soll, *„dass er etwas falsch gemacht hat, sonst würde er es nie lernen"*.

An dieser Stelle möchte ich betonen, dass das Einsetzen von tierschutzrelevanten Konsequenzen noch der sogenannten „Alten Schule" zuzuordnen ist. Die Lernpsychologie von Hunden hat in den vergangenen 30 Jahren einen Quantensprung gemacht. Wir Menschen haben so viele neue, effektive, faire und hundefreundliche Trainings- und Erziehungsmethoden entwickelt und für alle leicht zugänglich gemacht, dass kein Hundemensch sich mehr herausreden kann und auf tierschutzrelevante Erziehungsmaßnahmen zurückgreifen muss.

GEMEINSAM ZUM ZIEL

Hundeerziehung und Hundetraining muss keine ernste Angelegenheit mehr sein, in der einst Härte, Druck und Zwang herrschte. Im Gegenteil: es darf Freude machen, es darf entspannt sein und man darf MIT seinem Hund arbeiten und muss nicht mehr GEGEN ihn arbeiten. Hunde, die gern mit uns zusammenarbeiten, weil sie uns verstehen und Anerkennung für die Zusammenarbeit von uns bekommen, sind sehr motiviert, sich aktiv mit einzubringen. Sie zeigen nicht nur das Verhalten, was sie zeigen sollen, sondern setzen auch all ihre Fähigkeiten für ihre Aufgabe ein, sodass wir nur noch über ihre Großartigkeit staunen können.

Der Vollständigkeit halber ist zu erwähnen, dass nicht nur der Hund Konsequenzen für sein Verhalten beim Hundetraining oder in der Hundeerziehung erfährt. Auch Hundehalter ernten die Folgen ihrer Taten. Arbeiten wir mit unserem Hund klar, bewusst, fair und so, dass er uns verstehen kann, dann hat es zur Folge, dass er schnell lernt, kooperativ mit uns arbeitet und leicht zu führen ist. Sind wir dagegen in unseren Anweisungen ungenau, planlos, ungeduldig und reagieren immer unterschiedlich auf die Verhaltensweisen des Hundes, so hat es zur Konsequenz, dass der Hund uns nur schlecht folgt, wenig Kooperation zeigt und es sehr schwer wird, ihn zu führen.

Hunde haben ehrliche Menschen verdient,
die mit ihnen fair und klar umgehen.

Konsequent sein

Konsequent als Adjektiv: Hier bedeutet es Zielstrebigkeit einer Person, die ihr Handeln wie geplant durchführt. Unbeirrbar und fest entschlossen im Tun.

Spricht man also von einem konsequenten Umgang mit dem Hund, dann fordert es Klarheit, Struktur und Zielstrebigkeit im Handeln von uns Menschen dem Hund gegenüber. Dies gilt nicht nur für das Hundetraining, sondern auch für die Hundeerziehung, für das Einfordern von Alltagsregeln und vor allem für die Kommunikation mit dem eigenen Hund.

Eine Übung konsequent mit dem Hund aufzubauen und zu trainieren, bedeutet beispielsweise, dass wir es regelmäßig immer auf dieselbe Art und Weise üben, mit einem klaren Ziel vor Augen. Also immer das **gleiche Signalwort** mit dem **gleichen Handzeichen** und mit **demselben Ziel** und eben nicht heute „mal so" und morgen „mal wieder ganz anders", denn dann wären wir ein wunderbares Beispiel für das Gegenteil von konsequent – wir wären inkonsequent.

INKONSEQUENZ

„Nur ein Genie beherrscht das Chaos!" könnte man höflich meinen, wenn man sich ein unordentliches Büro anschaut. Das mag bis zu einem gewissen Punkt auch der Fall sein, um sich diese „kreative Unordnung" schönzureden. In Wahrheit unterstützt Inkonsequenz das Chaos in jedem Bereich. Ob in der Büroordnung, in der eigenen Küche oder in zwischenmenschlichen Beziehungen, sowie im Umgang mit dem eigenen Hund.

Synonyme für Inkonsequenz

Folgende Synonyme vermitteln ein klares Bild dieser schwankenden Eigenschaft, die hier als „inkonsequent" bezeichnet wird:

› unbeständig
› unberechenbar
› kreativ
› sprunghaft
› unwichtig

Unbeständig

Ein unbeständiges Verhalten einer Person beschreibt jemanden mit einem wechselhaften Gemüt, vergleichbar mit dem Wetter im April. Ständig werden Ansichten zu einer Sache oder einem Sachverhalt geändert, mit schwankenden Interessen zu den jeweiligen Situationen oder bestimmten Lebensbereichen.

Beispiel: An einem Tag findet der Hundehalter das Bellen seines Hundes an der Tür hilfreich und lustig, er lacht dabei und lobt seinen Hund. Am nächsten Tag empfindet er es als lästig und unangenehm, er schimpft mit seinem Hund und scheucht ihn weg. Wieder an einem anderen Tag ist es dem Hundehalter völlig egal, ob der Hund bellt oder nicht.

Diese unbeständige, stets wechselnde Reaktion auf das Verhalten des Hundes macht uns als Hundehalter dem Hund gegenüber **unberechenbar**. Er kann uns nie richtig einschätzen, da wir uns spontan heute mit Lob, morgen mit Tadel und übermorgen mit Gleichgültigkeit ihm gegenüber verhalten.

Unberechenbar

Unberechenbarkeit entwickelt sich durch unbeständiges Verhalten: eine Situation oder ein Verhalten, welche(s) sich im Voraus nicht berechnen lässt. Unberechenbar ist ein Mensch, der in seinem Denken und Empfinden sprunghaft ist und dadurch zu unvorhersehbaren Handlungen neigt.

Beispiel: Am Wochenende eilt nichts und es ist dir völlig egal, wenn dein Hund in der Wiese auf eurem Spaziergang riesige Löcher buddelt, als würde er bis ans andere Ende der Welt einen Tunnel graben. Du gehst einfach weiter und wartest geduldig, bis er sich von alleine wieder anschließt. Jedoch am Montag bist du dann unter Zeitdruck und siehst, wie dein Hund Richtung Buddellöcher spurtet und denkst dir: *„Oh nein, dafür habe ich heute keine Zeit!"* Sofort schreist du hinter ihm her, doch er reagiert nicht, da er seine Bauarbeiten vom Wochenende gern weiterführen möchte. Das ärgert dich natürlich, du gehst zu deinem Hund, reagierst gereizt, wirst unangenehm, laut und reißt ihn ruppig von seinem Bauvorhaben weg.

Der Hund kennt deine Beweggründe für den Umschwung in deiner Stimmung natürlich nicht. Gestern warst du damit einverstanden, heute plötzlich nicht mehr. Dein Verhalten deinem Hund gegenüber kommt in dieser Situation völlig unvorhersehbar. Kommt so etwas häufiger vor und dein Hund weiß nie, wann er damit rechnen muss, dass du ausrastest und ihm gegenüber unangenehm wirst, dann wird das deinen Hund sehr verunsichern – vergleichbar, als würde man mit einem Choleriker zusammenleben.

DEFINITION: CHOLERIKER

Die ansonsten entspannte Person kann durch den kleinsten Auslöser zum Jähzorn neigen, ist schnell reizbar, aufbrausend, oft laut dabei und diese Situationen artet meist in einen hitzigen Streit aus.

Hast du bereits Erfahrungen im Zusammenleben mit Cholerikern, egal ob es jemand aus der Familie war oder dein Chef, dann weißt du genau, dass der „emotionale Ausraster" nicht das Schlimmste an diesen Personen ist. Das ist zwar unangenehm, doch man weiß, es geht auch wieder vorüber. Das, was uns als Mitmenschen eines Cholerikers zutiefst verunsichert und massiv stresst, ist die Tatsache, nie zu wissen, wann es passiert. In deren Gegenwart muss man stets mit einem Stimmungsangriff rechnen und kann sich nie wirklich entspannen.

Kreativ

Kreativität ist eine schöpferische Kraft, ein künstlerisches Vermögen. Aus wissenschaftlicher Sicht eine mit der sprachlichen Kompetenz verbundene Fähigkeit, neue, nie gehörte Sätze zu bilden.

Natürlich können wir inkonsequente Verhaltensweisen im positiven Sinn auch als kreative betrachten. Es gibt Hundehalter, die z. B. sehr kreativ in ihren kommunikativen Fähigkeiten mit ihrem Hund sind. Besonders, wenn es darum geht, dem Hund Anweisungen zu geben. Sie bedienen sich einer sehr bunten Auswahl an Signalwörtern, um ihren Hund endgültig zu verwirren.

Damit nehmen sie ihrem Hund jedoch jede Chance, sie zu verstehen. Denn mal heißt es „Sitz", dann wieder „Setz dich", später dann „Hinsetzen" oder „Sitzen", dann „Hock dich hin", und ein anderes Mal schreit man: „SITZ JETZT verdammt noch mal!". Eine „kreative" Signalgebung macht es einem Hund fast unmöglich, mit uns zusammenzuarbeiten.

Sprunghaft

Abrupt und übergangslos zu etwas anderem zu wechseln. Sprunghaftigkeit ist eine Steigerung der kreativen Signalgebung. Hierzu werden nicht einfach nur Wörter für ein und dieselbe Anweisung gewechselt, sondern auch Anweisungen und Erwartungen an den Hund so schnell variiert, die es ihm unmöglich machen, uns in irgendeiner Weise zufriedenzustellen.

Beispiel: Frau Neumaier ruft ihren Jack Russell Terrier mit „Charly weiter". Charly allerdings reagiert nicht, so wird sie unsicher, versucht ihn zu motivieren und ruft ihn mit „Charly HIIIER". Charly reagiert immer noch nicht und sie wird ungeduldig, zieht ihre Hundepfeife aus der Tasche und lässt einen schrillen Pfiff los. Charlys Kooperationsbereitschaft fühlt sich auch dadurch noch nicht angesprochen und Frauchen brüllt: „Charly lass das – ab jetzt" – „Charly Sitz" ist dann ihre letzte Hoffnung, sodass er wenigstens so lange still auf der Stelle verharrt, bis sie ihn an die Leine nehmen kann. Bis zu diesem Punkt hat Frauchen nicht nur fünfmal ihre Anweisung gewechselt, sondern auch ihre Stimmung und ihre Erwartungen an den Hund.

Diese Art der Sprunghaftigkeit wird bei uns Hundehaltern oft dann ausgelöst, wenn das eine nicht funktioniert, es uns verunsichert und wir hoffen, dass wenigstens eine andere Anweisung den Hund anspricht und zum Erfolg führt. Das ist allerdings nur die Erklärung, doch niemals die Lösung. Erlebt unser Hund uns häufiger mit dieser ausgelebten Sprunghaftigkeit in unseren Anweisungen, so verliert nicht nur ein Kommando an Wirkung, sondern gleich fünf, weil keines der Signale von uns Erfolg hat. Der Hund lernt, dass er auf keine unserer Anweisungen reagieren muss und wird in Zukunft immer weniger Kooperation zeigen. Folgen wird zur reinen Glückssache. Frau Neumaiers Inkonsequenz hat zur Konsequenz, dass Charly in Zukunft immer weniger auf ihre Signale reagieren wird.

Unwichtig

Es hat für mich nicht so viel Wert. Es bedeutet mir nichts. Ich finde es belanglos. Fehlende Wichtigkeit als getarnter Zweifel gibt es auch: *„Ach, das lernt der nie"* oder *„Das ist rassetypisch und er wird sich da nie ändern"*. Das ist wahrscheinlich die häufigste Ursache für Inkonsequenz, gepaart mit dem **fehlenden Willen**, tatsächlich ein Verhalten einzufordern.

Fehlende Wichtigkeit in einer Anweisung wirkt für einen Hund so, als würdest du nur etwas kommentieren, aber es nicht so meinen. Deinem Hund eine Anweisung zu geben oder ihm eine Grenze zu setzen, sollte dir immer wichtig sein. Ist es das nicht, lohnt es sich auch nicht, überhaupt Luft zu holen, um es auszusprechen.

Wichtigkeit gibt allem eine Bedeutung. Fehlt diese in deinen Anweisungen, dann sind sie es auch nicht Wert, ausgeführt zu werden. Dein Hund spürt, dass du nicht dahinterstehst und wird deiner Anweisung wahrscheinlich nicht Folge leisten. Das wirkt auf dich zermürbend und deine Willenskraft, das Signal durchzusetzen, sinkt weiter.

Eine inkonsequente Führung geht an einem Hund nicht spurlos vorbei und schädigt das gegenseitige Verständnis und zu guter Letzt das Vertrauen in uns Menschen.

Addieren wir alle Synonyme von Inkonsequenz, kommen wir auf einen gemeinsamen Nenner: **fehlende innere Ausrichtung**

DEFINITION: INNERE AUSRICHTUNG

Die innere Ausrichtung ist wie ein Kompass oder Wegweiser für uns selbst. Wir haben einen Plan! Die eigenen Ziele sind so klar definiert (festgelegt), dass wir genügend Orientierungspunkte haben, um überzeugt unseren Weg zu gehen.

Hast du jedes Mal einen Plan, wenn du deinem Hund eine Anweisung gibst? Wahrscheinlich nicht, da es Situationen gibt, die uns unkonzentriert erscheinen lassen oder uns dermaßen verunsichern können, dass wir den Plan zeitweise vergessen und nicht mehr wissen, was zu tun ist.

Auswirkung auf den Hund

Inkonsequenz ist wie eine dünne Gardine: sie ist zwar da, aber ändert ihre Form. Mal ist sie auf, mal ist sie zugezogen, und hin und wieder bewegt sie sich im Wind. Dem Gardinenstoff fehlt es an Stabilität und Beständigkeit.

Eine inkonsequente Hundeführung bietet einem Hund vergleichbar fehlende Stabilität und fehlenden Halt. Im Zusammenleben mit uns Menschen hat ein Hund **ohne** klar definierte Regeln, Rituale oder Aufgaben nichts, woran er sich festhalten bzw. orientieren kann. Die gesamte Struktur um ihn herum ist dann genauso instabil wie der Stoff einer Gardine.

Würde ein Hund, ähnlich wie ein Pariahund, wild und nur am Rande der menschlichen Gesellschaft leben, dann würde er sein Leben und seinen Tagesablauf selbst gestalten. Seine Rituale und Aufgaben hingen von der Umgebung und dem Nahrungsangebot ab. Soziale Strukturen würde er mit den anderen Hunden selbst etablieren.

Doch lebt ein Familienhund mit einer anderen Spezies zusammen, nämlich mit uns Menschen. Er ist nicht nur unserem vorgegebenen Tagesablauf unterlegen, sondern auch unseren sozialen Verhaltensweisen, unseren kommunikativen Fähigkeiten und unseren modernen, moralischen Ansichten bezüglich der Hundehaltung. Allein diese Faktoren fordern von unseren Hunden das Äußerste an Fähigkeiten, um sich dem Leben und den Umständen der Menschenwelt anzupassen.

Bieten wir unserem Hund, im Zusammenleben und in der Zusammenarbeit mit uns, keinerlei Struktur und zeigen uns viel zu häufig von unserer inkonsequenten Seite, dann möchte ich behaupten, hat der Hund bei uns ein Leben, das weitaus anstrengender zu bewältigen ist, als das von wilden Paria- oder Straßenhunden.

Der verwirrte Hund

Hunde lassen sich schneller und leichter durch unser Verhalten verunsichern, als es uns Menschen bewusst ist. Eine Struktur im sozialen Miteinander gibt dem Hund all die Anhaltspunkte, die er braucht, um seinen Platz im Zusammenleben mit uns zu finden. Er möchte wissen, was er darf und was nicht, wofür er Anerkennung bekommt und wofür nicht, wie der Tagesablauf ist, was der Mensch von ihm erwartet und wie er ihn verstehen kann. Ändern wir aber die Kriterien dieser Struktur willkürlich und je nach Stimmung, Lust und Laune, dann haben wir unseren Hund erfolgreich verwirrt. Dieses verwirrte Tier ist nicht besonders motiviert, mit uns zusammenzuarbeiten und dessen Kooperation zum Menschen wird auf ein Mindestmaß sinken.

Uns Menschen würde es genauso gehen, wenn wir für einen Chef arbeiten müssten, der täglich seine Meinung ändert und wir ihm nie etwas recht machen können, da er jeden Tag andere Erwartungen an unsere Dienste stellt. Wir verlieren die Motivation, werden unsicher, sind entmutigt und möchten am liebsten die Zusammenarbeit beenden.

Der verunsicherte Hund

Dem ein oder anderen Hund reißt fehlende Konsequenz und fehlende Führung, bildlich gesprochen, den Boden unter den Füßen weg und er verliert jeglichen Halt. Verunsicherung ist oft das Ergebnis von inkonsequentem Umgang mit dem Hund. Besonders junge Hunde oder Tiere, die bereits einen unsicheren Charakter haben, leiden massiv an dem fehlenden Halt.

Unsicherheit beim Hund erkennt man daran, wenn er z. B. in bestimmten Situationen zögert, zurückschreckt oder sogar ganz erstarrt. Ihm fehlt das Vertrauen, er schreckt häufig vor Dingen zurück und duckt sich ab.

Die dazugehörige Körpersprache spricht ebenfalls Bände: die Ohren sind angelegt, der Kopf geduckt, die Rute leicht eingeklemmt, die Hinterhand gekrümmt und angespannt, ein Zittern breitet sich in den hinteren Muskeln aus und der gestresste Blick sagt eigentlich schon alles.

Ein unsicherer Hund kann Situationen oft nicht einschätzen und weiß nicht, wie er damit umgehen soll. Dadurch breitet sich eine innere Unruhe aus und er wird aufgeregt, hibbelig, tippelt herum, bellt, springt an seinem Menschen hoch und man hat das Gefühl, er sucht einen Ausweg oder nach irgendetwas, das ihm Halt gibt. Hat der Mensch selbst keinen Plan und verwirrt seinen Hund, kann dieser sein Verhalten auch nicht verbessern und entspannen.

! Inkonsequenz führt zu fehlendem Vertrauen

Ich habe schon oft erlebt, dass unsichere Hunde, die aus dem Tierschutz in ein liebevolles neues Zuhause kommen, jahrelang oder sogar ihr ganzes Leben in ihrer Unsicherheit stecken bleiben, da sie durch fehlende Klarheit in der Kommunikation und fehlende Konsequenz im Umgang durch ihren Menschen nie ihren Halt finden.

Einer der häufigsten Gründe dafür ist, dass diese liebevollen Menschen sich nicht trauen, Grenzen zu setzen und eine Struktur vorzugeben, stattdessen alles vom Hund kommentieren und ihm übertriebene Aufmerksamkeit schenken, da sie Mitleid mit ihm haben. Sie begründen dies oft mit: *„Er hat ja schon so viel durchgemacht in seinem Leben. Da soll es ihm bei mir gut gehen und er darf so sein, wie er will."*

! Inkonsequenz im Hundetraining ist, als würde man über Umwege und in Schlangenlinien nach Hause fahren. Entweder kommt man zu spät, oder man landet ganz woanders.
Gemeinsame Ziele mit dem Hund lassen sich mit inkonsequentem Verhalten unsererseits nicht erreichen oder eben nur sehr schwer. Ist z. B. unser Ziel, dass der Hund Grundanweisungen wie „Sitz“, „Bleib“, „Hier“ und „Weiter“ zuverlässig für uns ausführt, dann wird er das nur schaffen, wenn wir ihn klar und konsequent trainiert haben. Doch oft ist Inkonsequenz in diesem Fall eine unserer Schwächen, wenn wir sie uns nicht bewusst machen und daran arbeiten. Konsequenz ist und bleibt die magische Zutat, wenn es darum geht, ein Training erfolgreich zu gestalten. Völlig unabhängig, mit welcher Methode man arbeitet. Bekannt ist, viele Wege führen nach Rom. Doch kommt man dort nie an, wenn man sich nicht konsequent in diese Richtung bewegt.

! Inkonsequenz führt unweigerlich zu Missverständnissen
Missverständnisse bringen einen Hund in eine sehr unangenehme und prekäre Lage. Er versteht uns nicht, macht folglich nicht das, was wir von ihm wollen, und das führt nicht selten zu Ärger.

Menschen neigen dazu, ungeduldig zu werden, wenn der Hund sie angeblich „nicht verstehen will“, wenn er nicht kooperativ ist und wenn er ständig bei Anweisungen zögert. Die Stimmung wirkt angespannt, der Hund bekommt vonseiten des Menschen Druck und Kritik und nicht selten ein ruppiges Verhalten zu spüren. Zu guter Letzt frustriert es beide Seiten – Hund und Mensch. Denn sich immer wieder, ohne zu wissen, warum, von seinem Menschen bedroht, falsch interpretiert oder abgelehnt zu fühlen, kann einen Hund psychisch sehr belasten. So kann sich ein inkonsequenter Umgang zu einem oft unterschätzten, aber sehr hohen sozialen Stressfaktor für den Hund gestalten. Und sozialer Stress kann Ursache für die unterschiedlichsten

Verhaltensauffälligkeiten sein (ob im Haus, Garten oder beim Spaziergang), langfristig sogar Ursache für diverse Krankheitsbilder.

Hast du schon einmal mit einer Person zusammengelebt, mit der du dich nicht verstanden hast? Missverständnisse, falsche Erwartungen, alles wird fehlinterpretiert, kombiniert mit Desinteresse an den Bedürfnissen des jeweils anderen. Dann verstehst du sicher, dass so etwas zu einer aktiven Bedrohung für unseren Seelenfrieden werden kann, was oft unbewusst auch als solche empfunden wird. Wir können uns nie wirklich in der Gegenwart des anderen entspannen und haben sogar Bedenken so zu sein, wie wir eigentlich sein möchten. Schlimmer noch, wenn wir zu Hause, an einem Ort, der uns eigentlich Schutz bieten sollte, jemanden als Bedrohung wahrnehmen, dann fehlen uns sogar Flucht- und Rückzugsmöglichkeiten. Wohnen oder arbeiten wir mit solch einer Person zusammen, ist das eines der größten sozialen Stressoren, denen wir uns selbst ausgesetzt sehen.

! Inkonsequenz bedeutet fehlende Führung

Ein Mensch, der keinen Plan für sich und seinen Hund hat, sich inkonsequent verhält und instabil ist, übernimmt auch nicht die Führung. Aber irgendwo muss es ja langgehen.

Auch wenn viele Hunde mit Unsicherheit reagieren, gibt es doch Hundepersönlichkeiten, die eine andere Strategie im Umgang mit ihrem inkonsequenten Menschen haben. Es sind starke Charaktere, die uns dann als das wahrnehmen, was wir sind: Menschen ohne Plan! Als anpassungsfähiger Überlebensexperte betrachtet der Hund die Lücken unserer Planlosigkeit als seine Aufgabe, diese zu füllen, indem er selbst einen Plan hat. Er setzt sich ans Steuer und gestaltet den Spaziergang eben selbst. Dabei kommt er auf viele tolle Gedanken und zeigt Verhaltensweisen, mit denen wir Menschen zwar nicht einverstanden sind, aber solch ein Hund braucht auch keine Zustimmung.

Natürlich gibt es auch Hunde, die keine Führung bekommen, aber trotz alledem sehr angenehme Persönlichkeiten sind und ihr Umfeld entzücken.

Aus meinem Leben

In unserer Nachbarschaft lebte eine ältere Dame mit ihrem sehr selbstständigen Rauhaardackelmischling, den sie „das Mäxchen" nannte. Das Mäxchen ging mit seinem Frauchen vor die Tür und ab da an quasi für sich selbst spazieren. Er streunerte in der Nachbarschaft umher, besuchte andere Hundefreunde, die vormittags in ihrem Garten lagen und begrüßte sie am Zaun, ging durch Hintergärten, leerte die Katzenfutterschalen und bei offenen Haustüren fühlte er sich stets eingeladen einzutreten. Das Mäxchen war in der gesamten Gegend bekannt wie ein „bunter Hund". Sein Frauchen war ebenfalls ein sehr sozialer Mensch und fing gern Gespräche über den Gartenzaun an, wenn sie auf ihrem Spaziergang durch die Wohnsiedlung jemanden im Garten sah und das Mäxchen war natürlich immer Gesprächsthema Nummer 1.

Natürlich können wir nicht all unsere Hunde so frei laufen und entscheiden lassen, wie das Mäxchen es getan hat. Ich möchte mit dieser Geschichte klarstellen, dass es manchmal gar nicht so schlimm ist, einem Hund keine Führung zu bieten. Vorausgesetzt, er wird weder für sich noch für andere zu einer Gefahr oder zur unnötigen Belästigung. Hier kommt es auf die allgemeine Situation an, auf die Persönlichkeit und auf das jeweilige Verhalten des Hundes und natürlich auch auf das Umfeld. Sich ganz bewusst dafür zu entscheiden, keine Führung zu übernehmen, ist eine klare innerliche Ausrichtung. Diese Haltung kann man sogar als konsequent betrachten. Für manche Menschen kann es eine Lebensbereicherung sein, Hunde zu halten, die ihre eigenen Ideen ausleben, während es an Führung fehlt. Ein gutes Beispiel dafür ist mein liebenswerter Onkel Horst-Bernd Ruiken.

Aus meinem Leben

Nach zwei Herzinfarkten und der letzten langen Reha ging Horst-Bernd Ruiken zu seinem Hausarzt für einen letzten Check-up. Der Arzt fand nichts Beunruhigendes mehr und schlug ihm vor: *„Herr Ruiken, kaufen Sie sich doch einen Hund, dann können Sie ruhig mal eine Stunde am Tag spazieren gehen."* Mein Onkel antwortete keck darauf: *„Dann kaufe ich mir gleich zwei, dann kann ich zwei Stunden am Tag spazieren gehen."* Und so geschah es. Er ging auf die Suche nach einem Langhaardackelzüchter und suchte sich gleich zwei Dackelschwestern aus einem Wurf aus. Er nannte sie seine zwei Flammen, seine große Liebe.

So groß seine Liebe zu ihnen war, so groß war auch seine Offenheit und Toleranz gegenüber ihren dackeltypischen Verhaltensweisen. Er war einfach entzückt darüber, auf was für Ideen die Dackeldamen immer wieder kamen. Als er, nur um ein Beispiel zu nennen, bemerkte, dass die beiden in seinem Garten dackelgerechte Umbauarbeiten vornahmen, half er ihnen sogar und besorgte ihnen passende Röhren im Baumarkt, grub sie ein und bot so seinen Damen unterirdische Gänge zum Spielen und durchrasen. Er trank jeden Morgen seinen Kaffee auf der Terrasse und genoss das lustige Dackelspektakel.

Horst-Bernd ging jeden Tag mit seinen Dackeln lange Runden spazieren und sie liefen auch die allermeiste Zeit frei. Ich kann mich noch an einen Vorfall erinnern, als er plötzlich feststellte, dass beide wie vom Erdboden verschluckt waren. Und tatsächlich: Die zwei Dackel hatten unterirdische Drainage-Röhren entdeckt, bellten zwar, kamen aber aus irgendeinem Grund nicht mehr von alleine heraus. Nach längerer Zeit des Wartens und Rufens hielt er es für die beste Idee, den Notruf zu wählen. Die örtliche freiwillige Feuerwehr und zwei Polizeibeamte waren gleich zur Stelle, um die Rettungsaktion einzuleiten. Mein Onkel fand die gesamte Angelegenheit fürchterlich spannend und unterhaltsam zugleich. Denn während die Feuerwehrmänner über Bergungsideen diskutierten und Verschiedenes unternahmen, um die Dackeldamen zu retten, führte er lebhafte und spekulierende Gespräche mit den Polizeibeamten.

Es dauerte fast zwei Stunden, doch dann hatte Horst-Bernd seine beiden Flammen endlich wieder unversehrt an der Erdoberfläche. Rundherum war es ein gelungener Nachmittag für meinen Onkel. Nicht nur, dass seine Hunde wieder wohlauf waren, er hatte auch viele neue Menschen kennengelernt, tolle Gespräche geführt und sich gleich für den Abend darauf mit der gesamten freiwilligen Feuerwehr verabredet, um eine Runde Freibier für alle tapferen Helfer zu spendieren. Es war ein Fest! Wären seine Hunde besser erzogen gewesen, wäre seine Zeit im Ruhestand viel langweiliger gewesen.

Wie heißt es so schön? Wenn das Leben dir Zitronen gibt, mach Limonade draus! Es ist schon ein Talent, sich so vom Leben unterhalten zu lassen und gleichzeitig die Show zu genießen.

Mit dieser Geschichte möchte ich fehlende Führung nicht schönreden. Doch sie zeigt: Wird keine klare Führung übernommen und keiner der Beteiligten dadurch belastet oder kommt zu Schaden, hat es auch keine hohe Priorität, es zu ändern. Allerdings gilt hier: Überlassen wir einem Hund bewusst die Führung, so dürfen wir nicht unfair mit ihm werden, wenn wir mit dem nicht einverstanden sind, was er tut.

! Inkonsequenz – ein unterschätzter Stressfaktor

Sind wir inkonsequent mit Hunden in gleich mehreren Bereichen, kann eine weitere Konsequenz daraus sein, dass Hunde mit ihrem Verhalten uns richtig nerven können, bildlich gesprochen, bis die Pferde durchgehen. Diese Hunde können sich stark in die Aufregung hineinsteigern, ungehalten werden und eine Stimmung verbreiten, die alle im Umfeld wahnsinnig macht. Je auffälliger ein Hund Verhaltensweisen zeigt, in denen er ungehalten, unausgeglichen, aufbrausend und stürmisch ist, desto mehr verstehe ich das als eine Art Hilferuf seitens des Hundes.

Gehen wir davon aus, ich bekomme als Hundetrainerin einen Anruf von völlig verzweifelten Hundehaltern, die gar nicht wissen, wo sie mit der Erklärung anfangen sollen, wo überhaupt das Problem mit ihrem Hund liegt. Sie berichten von so vielen unterschiedlichen Baustellen: *„Er bellt ständig daheim am Fenster und wenn man ihn in den Garten lässt, nimmt er jedes Geräusch zum Anlass, gleich die gesamte Nachbarschaft darüber zu informieren. Er macht alles kaputt, zerstört Gegenstände und auch die Einrichtung. Er kann nicht alleine bleiben, zieht gnadenlos an der Leine, pöbelt andere Hunde und Menschen an und im Auto fängt er an, lauthals zu kläffen, sobald er Hunde oder andere Tiere sieht. Ich kann ihn auch nicht frei laufen lassen, da er sich für alles interessiert, nur nicht für mich.“*

Hört man so etwas als Hundetrainer am Telefon, überkommt einen erst einmal das Gefühl von Überwältigung und man denkt sich: *„Oh je, wo fängt man da bloß an?“* Ganz besonders, wenn man ein Hundetrainer ist, der nur in Symptomlösungen denkt. Also für das Problem A braucht es die Lösung AY und für das Problem B braucht es die Lösung BY. Betrachtet man die Angelegenheit auf diese Weise nur in seinen Einzelteilen, kann es enorm anstrengend werden, mit dem Hund und seinen Menschen zu trainieren, und der Erfolg bleibt oft auf der Strecke oder ist nur von kurzer Dauer. Hat ein Hund gleich mehrere Baustellen auf einmal, ist die häufigste Ursache für all diese Verhaltensauffälligkeiten fast immer inkonsequenter sozialer Umgang und unklare Kommunikation. Alles hängt damit zusammen.

Also WIE und vor allem WOMIT würde ich als Hundetrainer anfangen?

Kommen solche Kunden ins Training, die viele Baustellen mit ihrem Hund haben, fange ich eigentlich nie mit den einzelnen Verhaltensweisen bzw. Baustellen an, sondern immer erst mit der gegenseitigen Kommunikation. Wir beginnen mit dem Aufbau einer klaren, konsequenten Beziehung zum Hund.

Allein die ganz normalen Grundkommandos wie das Heranrufen und das „Weiter“ eignen sich, um den Hundehaltern zu zeigen, wie sie ihre Körpersprache sinnvoll und unmissverständlich einsetzen können. Sie lernen, wie der Hund sie liest und wie sie klar und konsequent Anweisungen geben dürfen, sodass ihr Hund sie richtig versteht. Sie lernen, eine klare Struktur in ihren Signalen zu etablieren und sich innerlich darauf einzustellen. Oft habe ich das Gefühl, die Hunde aufatmen zu hören, als würden sie sagen: *„Endlich verstehe ich meinen Menschen.“* Es entwickelt sich eine gewisse Kooperation vom Hund zum Menschen. Das heißt, der Hund ist wieder ansprechbar. Er will wieder mitarbeiten, denn das ist ihm wichtig.

Erst dann fangen wir an, an den sogenannten „Problemen“ zu arbeiten, vorausgesetzt, diese sind überhaupt noch ein Thema. Denn löst man die eigentlichen Stressoren auf, verschwinden auch 60 bis 80 Prozent der unangenehmen Verhaltensweisen.

Natürlich achte ich als Trainerin auch immer darauf, ob es im Alltag des Hundes noch andere Gründe gibt, die ihn stressen und die wir auch leicht durch Umstellung oder Management reduzieren können. Bekommt er zu viel Bewegung, Aktion oder Aufgaben? Hat er genügend Ruhephasen und schläft er genug? Bekommt er genug zu fressen und ist er regelmäßig an der frischen Luft? Ist er vielleicht krank und wurde er tierärztlich bereits untersucht? Gibt es unangenehme Spannungen mit einem Familienmitglied oder einem Zweithund? Ist er zu lange allein?

Doch der größte Stressfaktor für alle Hunde ist, wenn die Beziehung zum eigenen Menschen Spannungen aufweist – wenn Missverständnisse, Genervtheit, Gereiztheit oder cholerisches Verhalten zum Hund den Umgang im Alltag prägen.

Schaffen wir all diese Stressfaktoren nach und nach aus der Welt, arbeiten an der Kommunikation und Konsequenz, dann werden sich viele unangenehme Verhaltensweisen beim Hund und beim Menschen beruhigen und auflösen.

KONSEQUENZ

Betrachten wir uns einen sauber aufgeräumten Schreibtisch, so liegen alle Utensilien genau an dem Ort, an dem sie liegen sollen. Es entsteht ein klares, überschaubares Bild der Situation. Jeder Fremde, der sich an diesen Schreibtisch setzt, findet sich schnell zurecht und kann daran gut arbeiten. **Konsequenz unterstützt eine natürliche Ordnung!**

Konsequenz hat viele Eigenschaften, die mich an die Stabilität einer Wand erinnern. Eine Wand ist sehr konsequent in ihrem Dasein. Sie lässt sich nicht verschieben, verformen oder verbiegen.

Man könnte jetzt natürlich behaupten: aber Wände sind hart, begrenzend und nehmen einem das Licht. Doch im Vergleich zu einer Gardine, die eher Inkonsequenz und Instabilität verkörpert, können wir uns an eine Wand anlehnen, sie gibt uns Halt und stützt uns. Wir alle sehen etwas Gutes in Wänden. Wir bauen Wände um uns herum, um ein stabiles Zuhause zu haben. Wir sind dadurch sicher und geschützt vor Widrigkeiten von außen.

Synonyme für Konsequenz

Folgende Synonyme verdeutlichen die Eigenschaften von Konsequenz und konsequent sein: Beharrlichkeit, Entschlossenheit, hohe Wichtigkeit, Unbeirrbarkeit, Geradlinigkeit, stabile innere Haltung, Klarheit, strukturiert, verlässlich, verbindlich.

Konsequent ist, wenn ich fest entschlossen meinen Willen auf einen Punkt fixiere und verlässlich in diese Richtung gehe, ohne mich davon abbringen zu lassen. Meine innere Haltung ist so stabil, dass sie sich nicht vom Wind (äußere Einflüsse oder die Meinung anderer) hin und her wehen lässt. Ich gehe geradlinig meinen Weg und mein Handeln ist klar strukturiert und verbindlich. Es ist mir wichtig!

Naturphänomene

In der Natur finden wir zahlreiche Beispiele, worauf wir uns immer verlassen können. Die Schwerkraft ist ein sehr verlässliches Beispiel für Konsequenz. Springst du von einem Gebäude, fällst du jedes Mal nach unten. Darauf kannst du dich zu 100 Prozent verlassen. Die Schwerkraft macht konsequent ihren Job. Das ist natürlich gut zu wissen, weil wir unser gesamtes Leben auf der Erde nach ihr ausgerichtet haben – unsere Fortbewegung, wie das Wasser aus der Dusche läuft oder der Kaffee, der morgens in unsere Tasse fließt. Ein konsequentes Phänomen aus der Tierwelt ist das Krähen des Hahnes bei Sonnenaufgang. Zu einer fast unmenschlichen Zeit erlebst du jeden Morgen die unerschütterliche Kraft einer konsequent ausgeführten Lebensaufgabe. Es gibt auch Hunde, die das tägliche Aufwecken ihrer Menschen konsequent in ihre Lebensaufgabe mit integrieren. Jeden Morgen, um fast die gleiche Uhrzeit, springen sie auf das Bett und schlecken freudig Herrchen oder Frauchen durchs Gesicht, bis diese keine Chance mehr haben weiterzuschlafen.

Aus meinem Leben

Ein konsequentes Naturphänomen war meine Oma. Von ihr möchte ich dir berichten, denn durch sie habe ich als Kind Konsequenz erleben dürfen und verstanden. Besonders in der Erziehung ihrer Enkelkinder war sie äußerst konsequent und hatte somit erreicht, dass wir überaus brav und gut erzogen waren. Zumindest bei ihr, zu Hause bei unseren Eltern war unser Verhalten nicht ganz so tadellos. Andere Erziehung, anderes Ergebnis.
Meine Oma war eine hervorragende Hausfrau und alles, was sie in ihrer Küche zauberte, schmeckte uns immer am besten. Als meine Schwester und ich ein Alter erreicht hatten, in dem wir selbst entscheiden wollten, wie viel wir auf unseren Tellern haben möchten, hat Oma eine klare Regel aufgestellt: *„Das, was ihr euch auf den Teller tut, das wird auch aufgegessen. Vorher gibt es keinen Nachtisch und ihr dürft auch nicht vom Tisch aufstehen.“*

Ich erinnere mich noch genau an die Tage, an denen meine Augen größer waren als mein Magen. Bereits nach der Hälfte von dem, was ich auf meinem Teller hatte, war ich so satt, dass mir schlecht war und folglich saß ich für Stunden an ihrem Küchentisch und wartete darauf, wieder etwas Platz in meinem Bauch zu bekommen, um dann irgendwann meine Portion ganz aufzuessen. Natürlich versuchte ich aufzustehen, mit ihr zu diskutieren und zu verhandeln, selbst protestiert habe ich, aber Oma war in der Ausführung ihrer Regel so stabil wie ein Fels in der Brandung. Noch dazu war Essensverschwendung aus Omas Sicht eine Todsünde. Ihre Konsequenz hat sich in unserer Erziehung ausgezahlt. Wir erlebten nur zwei oder drei solcher „Tellersitzungen" und es gab sie nie wieder. Denn wir wurden vorsichtiger und lernten, unsere Portionen geschickt anzupassen.

Konsequenz in der Hundeerziehung zahlt sich erfahrungsgemäß genauso schnell aus. Je konsequenter man ist, umso eher braucht man nichts mehr dafür zu tun, damit der Hund ein unerwünschtes Verhalten einstellt.

Oma Ruiken hat den Ersten Weltkrieg als Kind miterlebt und den Zweiten Weltkrieg mit ihren vier Kindern überlebt. Durch ihre konsequente Art war sie stets berechenbar und vermittelte uns Enkelkindern dadurch immer Sicherheit und Stabilität. Ihr Handeln, im Kleinen wie auch im Großen, war immer klar und strukturiert. Genauso führte sie auch ihren Haushalt. Beeindruckend für mich war, dass sie für JEDEN Gegenstand, egal was es war, ob Stifte, Haarbürste, Schere oder das gute Milchkännchen, ein festes Zuhause hatte. Ein Ort, an dem es immer zu finden war und stets zurückgebracht werden musste, wenn es nicht mehr gebraucht wurde.
Ich weiß selbst heute nach über 40 Jahren noch, wo alle Gegenstände „wohnten". Die Schere beispielsweise wohnte immer in der Küche, in der letzten rechten Schublade, vorne auf der linken Seite. Nirgendwo anders konnte man die Schere finden. Wenn wir sie mal brauchten, mussten wir sie auf jeden Fall wieder in ihr Zuhause zurückbringen. Unserer Oma war das sehr wichtig, und sie war auch immer gleich zur Stelle, um uns daran zu erinnern.

Ich habe mich oft gewundert, warum sie so viel Wert darauf gelegt hat, dass alles immer verlässlich an Ort und Stelle sein musste. Im Nachhinein ist mir klar geworden, dass das wahrscheinlich das wichtigste Verhalten für sie war, den Krieg zu überleben.
So stark und selbstbewusst meine Oma auch war, wenn monatlich der Probealarm ging, die Sirenen aufheulten, wie damals im Krieg, um die Bevölkerung vor einem Luftangriff zu warnen, fing sie an zu zittern, nervös zu werden und gab sich Mühe, es zu überspielen. Auch wenn ich mich anstrengen würde, könnte ich nicht nachempfinden, was in ihr vorging. Die Kriegserlebnisse waren traumatisch und unvergesslich für jede Zelle in ihrem Körper.
Aber dann verstand ich ihre Ordnung: Wenn du vier Kinder hast, dein Mann bei der Arbeit ist und du hörst den Bombenalarm, dann schnappst du dir deine Kinder, machst drei/vier Handgriffe und hast alles, was du brauchst, wenn du jetzt die Wohnung (vielleicht für immer) verlassen musst, um den nächstliegenden Luftschutzbunker aufzusuchen. Sie hätte es wahrscheinlich nie rechtzeitig geschafft, wenn sie erst noch ihre Sachen hätte suchen müssen. Wenn das Adrenalin sich in der Blutbahn verteilt und es ums nackte Überleben geht, kann man nur noch Reflexe abrufen, aber nicht mehr nachdenken. Auf diese Weise hat die Konsequenz im Kleinen das Überleben im Großen gesichert.
Diese Geschichte soll dir einen ganz wichtigen Punkt im Umgang mit Hunden verdeutlichen: **Bist du konsequent mit deinem Hund in den kleinen Dingen, dann lassen sich die großen Angelegenheiten leichter bewältigen.**

Meine Mutter war ein Nachkriegskind und Ordnung war ihr nicht so wichtig. Im Gegenteil, sie war sehr kreativ. Viele Gegenstände sind bei uns heimatlos gewesen oder sind ständig umgezogen oder bildeten Türmchen auf diversen Ablageorten. Sie war Grundschullehrerin und Basteln war ihre Leidenschaft. Somit war ihr einzig und allein die Haushaltsschere von großer Bedeutung und diese hatte einen festen Platz. Auch wenn das Auffinden der Schere ihr stets wichtig war, waren ihre Erziehungsmaßnahmen bezüglich des Zurückbringens der Schere längst nicht so klar

und konsequent wie die meiner Oma. Fragte ich als Kind meine Mutter nach einer Schere, um sie auszuleihen, reichte sie sie mir mit den Worten: *„Aber da steht 'Auf Wiedersehen' drauf."*
Mit meinen 6, 7 oder 8 Jahren verstand ich noch nicht, was sie damit meinte. In diesem Alter besitzt man noch nicht die Fähigkeit, zwischen den Zeilen zu lesen, sondern man nimmt alles wörtlich. Ich erinnere mich, die Schere auf eingravierte Wörter abgesucht zu haben, um das geschriebene *'Auf Wiedersehen'* zu finden, da es angeblich draufstehen sollte. Doch ich fand nur andere komische Wörter, wie MADE IN CHINA, SOLINGEN oder STAINLESS STEEL. Ich dachte, dass sie nur einen komischen Mama-Witz gemacht hatte und die Schere fand folglich nie durch meine Hand in ihr gedachtes Zuhause zurück.
Natürlich hat sie oft geschimpft und sich darüber aufgeregt, dass ich die Schere nicht zurückgebracht habe. Aber ich verstand ihre Aufregung nicht, da sie mir ja auch nie gesagt hat, dass ich sie zurückbringen soll. Ein voll ausgereiftes Missverständnis zwischen Erwachsenenlogik und Kinderlogik.

Selbst die Hundelogik unterscheidet sich von der Menschenlogik. Im Hundetraining beobachte ich häufig ähnliche Missverständnisse. Hundehalter sind z. B. fest im Glauben, dass ihr Hund sie ganz genau versteht, das Verhalten des Hundes weist jedoch darauf hin, dass er entweder keinen blassen Schimmer hat, was mit dieser Anweisung gemeint ist, oder er etwas völlig anderes damit verknüpft hat.

Ein weiteres Beispiel aus der Natur, welches Konsequenz verkörpert, ist ein Hund selbst. Hat ein Hund sich einmal etwas fest in den Kopf gesetzt, dann macht er das auch. Es gibt Kandidaten, die ihren Menschen so geschickt „überreden", mit ihnen zu spielen, dass diese es auch tun, obwohl sie gerade etwas völlig anderes machen. Das Gleiche erlebe ich bei Hunden, die unbedingt auf die Couch zum Kuscheln kommen möchten. Einige Hunde erreichen durch ihre bloße Präsenz und ihren geübten Welpen-Blick, dass wir die Hälfte unseres Schinkenbrots freiwillig abgeben, auch wenn wir uns ebenfalls fest vorgenommen haben, sein Betteln nie zu belohnen. Hunde erreichen mit ihrer Konsequenz erstaunliche Ergebnisse bei uns Menschen. Es ist so, als würden sie genau wissen, wie sie bei uns die richtigen Knöpfe zu drücken haben. Hier gilt das ungeschriebene Gesetz: **Wer innerlich am stärksten ausgerichtet ist, übernimmt die Richtung, zu der das Geschehen hinführen soll.**

Das Spiel der Konsequenz

Hin und wieder erschaffen wir Menschen auch konsequente Ideen. Das Brettspiel Schach finde ich dazu ein hochinteressantes Beispiel bezüglich der Konsequenz. Ein sehr komplexes Strategiespiel mit international identischen Spielregeln. Es gibt auch keine Unstimmigkeiten, Diskussionen oder Streitgespräche über den Spielverlauf, da die Regeln unantastbar sind und von allen ehrenhaft, konsequent weltweit eingehalten werden.

Bei einem Kartenspiel hängt alles von den vorab besprochenen Regeln ab. Gehen wir mal davon aus, du spielst mit jemandem ein Kartenspiel. Dieser erklärt dir vorab genau die Spielregeln, du verstehst sie und ihr könnt mit der ersten Runde beginnen. Die Runde läuft wie besprochen und alles ist in Ordnung. Bei der zweiten Runde allerdings wird eine Regel von deinem Spielpartner geändert, weil es ihm wieder einfällt, wie das Spiel eigentlich geht. Auch das nimmst du noch hin und hältst dich daran, diese neue Regel einzuhalten. Fällt jetzt deinem Mitspieler bei der dritten und vierten Runde erneut etwas auf, was an den Regeln geändert gehört, dann schmeißt du wahrscheinlich das Kartenspiel hin und erklärst deinem Gegenüber: *„Den Quatsch kannst du ohne mich machen, da habe ich keine Lust mehr."* Logisch! Wer will schon ein Spiel spielen, bei dem keiner versteht, worum es geht, weil ständig die Regel geändert werden. Solch eine Situation ist ärgerlich, frustrierend und die Motivation, mitzuspielen, sinkt auf null.

Selbst Kinder sprechen genau die Regeln ab, wenn sie zusammen ein Spiel spielen wollen. Solange sich alle an die Absprachen halten, ist es lustig und alle haben ihren Spaß. Doch wenn jemand sich nicht an die Regeln hält oder diese ständig zu seinen Gunsten ändern möchte, werden alle schnell des Spiels überdrüssig, der Spaß verwandelt sich in Frust, schlechte Stimmung macht sich breit, bis schließlich keiner mehr mitspielen mag.

Diese Beispiele helfen zu erklären, dass das „Zusammen-Spiel", also das Leben und die Kommunikation mit deinem Hund, vergleichbar mit einem Spiel ist, bei dem es sich lohnt, Regeln abzusprechen, an die sich jeder hält. Ein Spiel funktioniert nur reibungslos, wenn sich beide Seiten gleichermaßen an die Regeln halten. Möchtest du, dass dein Hund konsequent ein Verhalten zeigt, dann musst auch du konsequent sein, es einzufordern. Änderst du immer mal wieder deine Regeln und Erwartungen an deinen Hund, dann sind Unstimmigkeiten und Ärgernisse vorprogrammiert. Es wird nicht nur für dich, sondern auch für deinen Hund sehr frustrierend sein und er verliert die Motivation, „mitzuspielen".

Konsequent sein wird zu deiner magischen Zutat, um jedes Training und den allgemeinen Umgang mit deinem Hund so erfolgreich wie möglich zu gestalten. Eine Prise Konsequenz und der Erfolg wird deiner sein!

KAPITEL 3

UMSETZUNG VON KONSEQUENZ

Nachdem wir die Konsequenz und Inkonsequenz genauer unter die Lupe genommen haben, stellt sich die Frage: Wo fangen wir an? Woran erkennen wir, wann und wo Konsequenz im Umgang mit unserem Hund fehlt? Wie setzen wir Konsequenz konsequent um?

Zu Beginn lass dir sagen, dass in den Bereichen, in denen es mit deinem Hund klappt und harmonisch verläuft, auch nichts verändert werden muss. Du kannst dir sicher sein, dass du genau das Richtige machst. Bleib dabei!

Gibt es allerdings Bereiche, die nicht so funktionieren, wie du es dir wünschst, dann ist es an der Zeit, etwas anders zu machen als bisher. Oft erlebe ich Hundehalter, die einerseits überfordert und sehr frustriert über das Verhalten ihres Hundes sind, dennoch verhalten sie sich bei Problemen immer gleich. Spannend, denn unter all den Lernmechanismen, über die Lebewesen lernen, wie zum Beispiel „Lernen durch Nachahmen", „Lernen durch Stimmungsübertragung", „Lernen durch Erklären" oder „Lernen durch Ritualisierung", ist das „Lernen durch Versuch und Irrtum" bei vielen Hundehaltern überraschenderweise unwirksam.

Aus der Praxis

Erst letztens hatte ich in einem Workshop ein Ehepaar mit ihrem Galgo, der bei Katzensichtung an der Leine völlig ausflippt. Dieses Verhalten zeigt der Windhund absolut zuverlässig in den letzten drei Jahren, seitdem sie ihn damals über den Tierschutz bekommen haben. Er steigert sich mit Gebell, Gehüpfe und An-der-Leine-Reißen in die Situation hinein, in der Hoffnung, freizukommen, um endlich der Katze hinterherzujagen.

Die wichtigste Frage, die ich Hundehaltern dann immer stelle, lautet: „*Wie verhalten Sie sich, wenn der Hund eine Katze sieht und an der Leine tobt?*"

Antwort: „*Wir wollen das nicht, es ist uns unangenehm und deshalb schimpfen wir, rucken an der Leine, ziehen ihn weg und versuchen, irgendwie weiterzugehen.*"

Auf meine Frage, wie lange sie sich jedes Mal bei einer Katzensichtung ihrem Hund gegenüber so verhalten, bekam ich die Antwort, dass sie das schon seit drei Jahren machen, aber egal, wieviel sie schimpfen und rucken, der Hund hört einfach nicht auf.

Abgesehen davon, dass die Reaktion mit Schimpfen und Rucken erfahrungsgemäß herzlich wenig in solch einem Fall zur Problemlösung beiträgt, ist es doch spannend, dass das Ehepaar trotz Misserfolg mit ihrer Methode nie auf die Idee kam, etwas anderes zu versuchen. Vielleicht finden wir den Grund darin, dass Menschen Gewohnheitstiere sind. Wir gewöhnen uns an die Dinge im Leben, so wie sie sind, viel zu schnell, auch wenn diese nicht gut für uns sind. Ja, es kostet uns Kraft, es belastet uns und lässt uns auf der Stelle treten, weil wir mit unserem bisherigen Verhalten nicht weiterkommen und auch das Problem nicht lösen können. Dennoch fällt es uns anscheinend schwer, unser eigenes Verhalten, unsere eigene Reaktion auf die Problematik zu hinterfragen und zu reflektieren. Ein paar Augen, die von außen einen genauen Blick auf die Situation werfen, können hier eine große Hilfe sein. Eine weitere Hilfe wäre die Fähigkeit der Selbstreflexion (siehe S. 14 ff.).

Die Magie der Konsequenz
Eine Prise Konsequenz kann in der Hundeerziehung Magisches bewirken. Sie fördert eine harmonischere Beziehung zu deinem Hund und lässt euch gemeinsam Großartiges erreichen.

Dackelleben
Mein Onkel und seine beiden „Flammen". Dieses charmante und unerzogene Team sorgte stets für Unterhaltung.

Der Blick auf andere
„Der liebe Gott sieht alles, doch die Nachbarn sehen mehr." Das Verhalten anderer Menschen erkennen wir leicht, nur der Blick auf unser eigenes Verhalten fällt uns meist sehr schwer.

Selbstreflexion
Einfach einmal einen mutigen Blick auf sich selbst werfen. Selbstwahrnehmung und Selbstreflexion sind die besten Helfer, um in der Kommunikation mit Hunden besser zu werden.

Perspektivwechsel
Um Hunde zu verstehen, lohnt es sich, die Welt aus ihren Augen zu betrachten. Stelle dir die Frage: Wenn ich mein Hund wäre, wie würde ich meinen Menschen wahrnehmen? Wäre ich eine gute Gesellschaft?

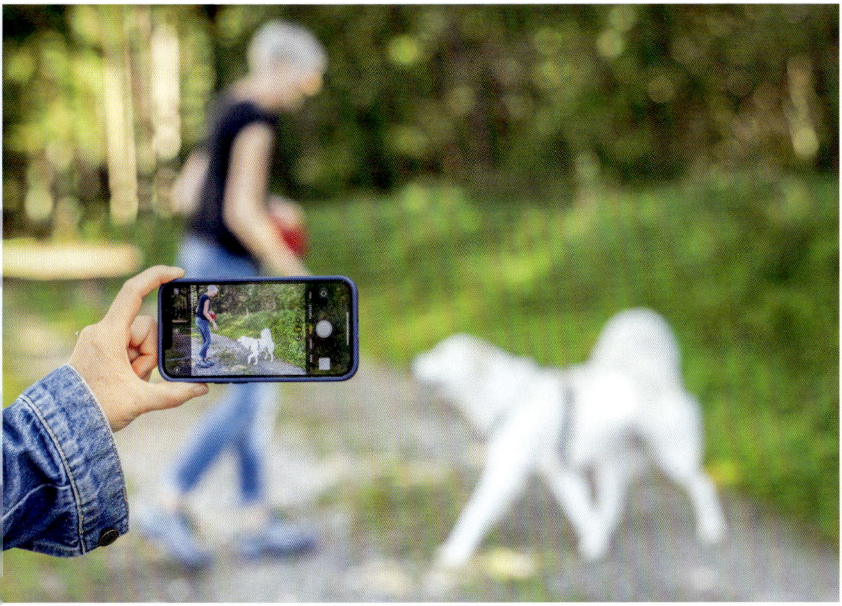

Der Blick durch die Kamera

Das, was man meint zu machen, ist nicht immer das, was man tatsächlich umsetzt. Sich filmen zu lassen, während man mit seinem Hund arbeitet, kann Augen öffnen.

Chaos unterstützt die Inkonsequenz

„Nur ein Genie beherrscht das Chaos!“ könnte man höflich meinen, wenn man sich einen unordentlichen Schreibtisch anschaut. In Wahrheit unterstützt Inkonsequenz das Chaos in jedem Bereich, sowohl im Umgang mit anderen, als auch in der Kommunikation.

Inkonsequenz verwirrt!
Inkonsequenz verwirrt jeden Hund. Hunde sind stets bemüht, uns Menschen zu verstehen. Doch manchmal machen wir es ihnen unmöglich.

Inkonsequenz verunsichert!
Inkonsequenz verunsichert den Hund. Inkonsequente Menschen werden für ihre Hunde unberechenbar. Dem Hund fällt es dann schwer, seinem Menschen zu vertrauen und sich sicher zu fühlen.

Inkonsequenz ist wie eine dünne Gardine!
Sie ist zwar da, aber verändert ihre Form je nach Luftzug. Ihr fehlt es schlicht an Stabilität und Beständigkeit. Eine dünne Gardine bietet keinen Halt und keinen Schutz. Genau das Gegenteil von Konsequenz.

Belastung durch Missverständnisse
Inkonsequenz fördert eine unklare Kommunikation. Es entstehen viele Missverständnisse, die einen Hund sehr belasten können.

Wer hat das Steuer in der Hand?
Ein selbstbewusster Hund, der keine Führung von seinem Menschen bekommt, übernimmt das Steuer und gestaltet seinen Tag und die Spaziergänge auf seine Art. Völlig unabhängig davon, ob es uns gefällt oder nicht.

Ordnung gibt Sicherheit
Hier herrscht eine konsequente und überschaubare Ordnung. Dieser Schreibtisch wirkt einladend und jeder hätte das Gefühl, sich hier zurechtzufinden.

Vorbild in konsequentem Handeln
Meine Oma Luise Ruiken. Sie war eine liebevolle, aber konsequente Naturgewalt. Das beste Vorbild in konsequenter Kompetenz, welches ich je erleben durfte. Vorbilder sind einfach die besten Lehrmeister.

Eine Wand gibt Halt und Sicherheit!
Konsequenz hat viele Eigenschaften, die an die Stabilität und Sicherheit einer Wand erinnern.

Sie lässt sich nicht verschieben, verformen oder verbiegen. Man kann ihr vertrauen, dass sie beständig bleibt, stützt und schützt.

Ein Spiel mit anerkannten Regeln

Schach ist ein Spiel mit international anerkannten Spielregeln. Es ist eine Frage der Ehre, dass man sich an die Spielregeln hält. Jeder Spieler respektiert die Regeln und sie werden nicht infrage gestellt. Es herrscht Klarheit auf beiden Seiten des Schachbretts.

Bei ständigem Regelwechsel verliert man die Lust!
Es gibt so viele verschiedene Kartenspiele, mit zahlreichen Variationen. Sind hier nicht jedem Spieler die Regeln klar, oder werden immer wieder geändert, macht das Spiel kein Spaß. Es führt bei allen zu Frustration und bald mag keiner mehr mitspielen.

Die Wichtigkeitsskala von 1 bis 10
Wie wichtig ist es uns, dass der Hund etwas Bestimmtes tut oder etwas lässt? Wenn es für uns keine 10 ist, geben wir uns oft zu wenig Mühe, werden inkonsequent und nachlässig.

Doch wenn es für uns nicht wichtig ist, warum soll es dann für den Hund wichtig sein? Wir brauchen eine 10, damit wir unsere Ziele mit dem Hund erreichen können.

Hunde begleiten uns 24/7
Oftmals fällt es Tierfreunden leichter, mit ihrem Pferd konsequenter zu sein, als mit ihrem Hund. Der Grund: Sie planen gezielt tagsüber Zeit für ihr Pferd ein, doch ihre Hunde begleiten sie 24/7 für 365 Tage im Jahr.

VIER SCHRITTE ZUR EIGENEN KONSEQUENZ

Wie finden wir jetzt heraus, wo und wann Konsequenz im Umgang mit dem Hund fehlt, und was können wir tun?

Schritt 1: Die eigene Wahrnehmung

Werde wach – schalte deine Selbstwahrnehmung ein und beobachte den Alltag mit dir und deinem Hund.

Was stört dich an deinem Hund? Nervt dich ein ganz bestimmtes Verhalten, und mag es noch so klein sein, ist das ein eindeutiges Zeichen, dass hier Konsequenz fehlt. Natürlich können es auch offensichtliche Verhaltensweisen an deinem Hund sein, die dich schon eine sehr lange Zeit belasten und den gemeinsamen Alltag erschweren. Hier kann Konsequenz bei eurer Zusammenarbeit weiterhelfen.

Es gibt Hundehalter, die im Großen und Ganzen keine Probleme mit ihrem Hund haben, denn die meiste Zeit sind sie sehr zufrieden mit ihrem Tier. Doch es gibt eine ganz bestimmte Situation am Tag, die hin und wieder nervt. Vielleicht sind wir genervt, weil der Hund immer kläfft und an uns hochspringt, weil er weiß, dass wir uns jetzt für den gemeinsamen Spaziergang fertig machen. Wir wissen zwar, dass der Hund sich darüber freut und deshalb so aufgedreht ist, manchmal lachen wir darüber, aber an anderen Tagen nervt es, weil er es uns schwer macht, ihm vor lauter Gehopse das Geschirr anzuziehen. So erlebt uns der Hund inkonsequent, da wir jedes Mal etwas anders darauf reagieren – mal finden wir es lustig, weil seine Vorfreude ansteckend sein kann, und ein anderes Mal raubt es uns die Geduld.

Ein klares Zeichen für fehlende Konsequenz ist, wenn wir merken, dass wir uns in bestimmten Situationen unserem Hund gegenüber inkonsequent verhalten und mit Stimmungsschwankungen reagieren.

Es gibt Verhaltensweisen, die uns zwar nerven und an unserer Stimmung kratzen, jedoch sehr klein dosiert sind. Zum Beispiel, wenn wir eine Tür öffnen und sich unser Hund so schlank wie ein Blatt Papier macht, um sich durchzuquetschen. Das bringt jedes Mal so viel Unruhe mit sich, dass wir daraufhin unwirsch werden und laut schimpfen.

Ein weiteres Zeichen von fehlender Konsequenz ist, wenn der Hund bei uns „Knöpfe drückt".

Dann werden wir kurzfristig zu einem Menschen, der wir gar nicht sein wollen. Wir reagieren über, sind gereizt, werden laut oder verlieren unsere innere Haltung. Dabei wollen wir uns doch mit einem guten Gefühl im Spiegel betrachten und nicht an unserer Moral oder unseren sozialen Fähigkeiten zweifeln.

Schritt 2: Erkenne, um was es geht!

Geht es um fehlende Grenzen oder um fehlende Klarheit in der Kommunikation mit dem Hund? Hast du das Gefühl, dass er eine Grenze von dir überschreitet oder hast du das Gefühl, dass er etwas noch nicht so versteht, wie du es gern hättest? Deinem Hund eine klare Verhaltensgrenze zu setzen, oder ein Kommando von Grund auf neu aufzubauen, damit er es versteht, sind zwar zwei verschiedene Themen, doch Konsequenz ist bei beiden notwendig, damit es beim Hund ankommt, verstanden und eingehalten wird.

Schritt 3: Lösung durch Management

Gibt es eine Lösung im Umfeld, um das Problem mit Management aus der Welt zu schaffen? Manchmal sind die Lösungen ganz einfach. Es braucht oft nur eine gute Idee, eine kleine Umstellung im Umfeld oder in der Organisation, und schon ist die Ursache für ein anstrengendes, belastendes und nerviges Verhalten vom Hund aufgelöst.

Auch Management muss konsequent umgesetzt werden, versteht sich. Die folgenden Fallgeschichten erzählen davon, wie man mit kleinen Ideen große Probleme aus der Welt schaffen kann.

Aus der Praxis

Ein älteres Ehepaar bestellte mich zu einem Hausbesuch, da es ein nerviges Problem mit ihrem Hund gab, welches sie ihm abtrainieren wollten. Ich wurde von einem sympathischen, mittelgroßen Münsterländermischling freundlich begrüßt und beschnuppert. Nachdem wir am Küchentisch Platz genommen hatten, fing der Ehemann an, mir von ihrem Hund zu erzählen: Es sei ihr erster Hund, der aus einem örtlichen Tierheim stamme und nun seit 6 Monaten bei ihnen lebe. Sie seien sehr zufrieden mit ihm, er sei so ein lieber Kerl und auch auf dem Spaziergang würde alles passen. Bei all diesen positiven Ausführungen stellte ich mir langsam die Frage, warum ich als Hundetrainerin eigentlich gerufen wurde. Schließlich fragte ich aktiv nach dem Grund. Der Mann druckste daraufhin ein wenig herum und meinte dann: „*Wissen Sie, was uns an unserem Hund so richtig stört? Jedes Mal, wenn ich ihm sein Futter in die Metall-Hundeschüssel gebe und es ihm auf den Fliesenboden stelle, frisst er zwar gierig und schnell auf, aber dann leckt er die Schüssel noch gründlich und ausgiebig aus. Er schiebt diese dabei durch die gesamte Küche und über den gefliesten Boden im Flur, bis nach hinten ins Badezimmer. Das ist so laut und scheppert fürchterlich. Meine Frau muss dann immer den Raum verlassen, da sie sonst Probleme mit ihrem Hörgerät bekommt.*“ Hätte der Mann nicht so gelitten und ernst davon berichtet, hätte ich fast geglaubt, bei „Versteckter Kamera“ zu sein. Doch ich nahm sein Anliegen ernst und fragte ihn: „*Sie möchten also, dass das Schüsselscheppern aufhört, nachdem Ihr Hund aufgefressen hat?*“ Er antwortete: „*Genau, das stört uns zweimal am Tag und das Geschepper geht fast immer über 10 Minuten lang. Ich habe schon versucht, ein Handtuch unter die Schüssel zu legen, aber er wirft die Schüssel so umher, dass das Handtuch gar nichts bringt.*“

Ich fragte daraufhin, ob er sich vorstellen könnte, die Schüssel nach dem Fressen einfach hochzunehmen und wegzustellen, bevor der Hund anfängt, sie durch das ganze Haus zu schieben. Er schaute mich völlig verblüfft an und sagte: *„Daran habe ich noch gar nicht gedacht. Ja, das kann ich machen. Das ist eine gute Idee."*
Ich musste innerlich lachen – da ich es gut kenne, wenn man vor lauter Bäumen den Wald nicht mehr sieht, oder vor lauter Ärgernis keine Lösungen mehr. Der Hundehalter war sehr froh über eine leichte Lösung für sein scheinbar schwieriges Problem. Management war hier der einfachste Weg.

Nur weil ich Hundetrainerin bin, heißt das noch lange nicht, dass mein Alltag mit vier Hunden völlig ereignisfrei verläuft. Hin und wieder nehme auch ich Ärgernisse mit meinen Hunden wahr, die mich darauf aufmerksam machen, eine Lösung zu finden oder grundsätzlich mehr Konsequenz in die Erziehung und ins Training einzubauen. Beim nächsten Fallbeispiel erging es mir ähnlich wie dem Mann mit der „scheppernden Futterschüssel".

Aus meinem Leben

Dieses Ereignis liegt bereits einige Jahre zurück, als ich noch meine vorherigen zwei Jagdhunde aus dem spanischen Tierschutz hatte und unser Labrador Winni noch jung war. Der Bauer vom Hof schräg gegenüber von uns hatte seinen Kuhmilchbetrieb aufgegeben, die Stallungen aufwendig in moderne Mietwohnungen umgebaut und die betonierte Ecke, die einst als Silolager oder Misthaufen diente, wurde nun in einen Komposthaufen umgewandelt. Hier durften nun all seine neuen Mieter ihren Kompost entsorgen. Doch anscheinend definiert jeder „Kompost" anders. Der Kompost war von außen für jeden Menschen und für jedes Tier frei zugänglich und jeden Tag wurden dort Essensreste entsorgt. Verdorbener Nudelsalat, schimmelgrün verfärbter Schinken, pelziges Brot und lauter üble Reste, die wirklich nicht auf einen Kompost gehören. Unsere Hunde hatten eine sehr feine Nase, nahmen die Witterung auf und wurden vom Wind stets informiert, wenn mal wieder etwas vorzüglich Vergammeltes auf dem „Büfett“ lag. Natürlich achtete ich darauf, dass sie sich von unserem Grundstück nicht unerlaubt entfernten und die Tür und das Gartentor stets geschlossen waren. Doch diese Vermeidungsstrategie wurde durch das unbedachte Verhalten meiner noch sehr kleinen Kinder unterwandert. Irgendjemand ließ immer mal wieder die Tür auf. Unsere Hunde nahmen geschickt jede kleine Gelegenheit wahr, schlichen sich zum Kompostbüfett und schlugen sich die Bäuche voll. Blähungen, die nach purer Verwesung stanken, waren noch das kleinste Problem. Sie bekamen oft Durchfall und Erbrechen. Oft bemerkte ich erst, dass die Hunde weg waren, wenn sie selbst schon den Kompost erreicht hatten und etwas fraßen. Aber dann war es erziehungstechnisch schon zu spät, da sie sich für ihr Entfernen vom Grundstück bereits selbst belohnt hatten. Natürlich bin ich sofort hinterher und habe sie alle wieder nach Hause gescheucht. An manchen Tagen ging das dreimal so. Ich war total genervt, da ich wochen- und monatelang Schonkost für unsere Hunde kochen musste, um ihren Magen-Darm wieder in Ordnung zu bringen. Irgendwann bat ich meinen Mann, mit unserem Nachbarn, den er sehr gut kannte, zu reden und seinen Mietern zu sagen, dass Essensreste nichts auf dem Kompost zu suchen hätten. Dazu kam, dass auch viele Ratten von dem Kompost angezogen wurden. Die Bitte meines Mannes führte nur kurzfristig zu einer Besserung – es dauerte nicht lange, da fanden meine Hunde wieder verschimmeltes Brot und Kartoffelsalat. Schließlich suchte ich selbst das Gespräch mit der Frau unseres Nachbarn. Das brachte dann auch für ein paar Wochen Ruhe, bis die Zutaten auf dem Kompost wieder appetitlicher für unsere Hunde wurden. Ich war mittlerweile total entmutigt, genervt, sauer und schimpfte innerlich auf die Gedankenlosigkeit der Mieter, auf meine Kinder, auf meine Hunde und auf den Vermieter, ganz besonders, wenn ich mal wieder nachts um 3 Uhr unsere Wohnung von den Verdauungsunfällen unserer Hunde reinigen musste. Wie bei einem kindlichen Trotz, waren natürlich alle anderen daran schuld. Aber wo war nur mein lösungsorientiertes Denken geblieben?

Als meine Schwester aus dem Norden uns in Bayern für ein paar Wochen besuchte, machte ich mir endlich mal Luft und schimpfte über die gesamte Situation. Und als Außenstehende, die dieses Dilemma über die nächsten Tage mitbekam, kam sie auf eine einfache Lösung: „*Warum kaufst du nicht etwas, um den Kompost einzuzäunen, damit die Hunde nicht mehr drankommen?*“ Das wäre zwar gut, aber da müsste ich mir erst das Einverständnis der Eigentümer einholen, und es müsste etwas sein, das leicht wieder abgebaut ist, damit der Bauer den fraglichen Kompost mit dem Traktor regelmäßig wegfahren kann. Also gab ich passende Schlagwörter in die Suchmaschine ein und wurde schließlich fündig. Es waren vier stabile Metallwände, die man leicht ineinanderstecken und genauso leicht wieder auseinandernehmen konnte. Ich informierte die Eigentümer, stellte die Metallwände auf, und bat die Mieter, in Zukunft alles an „Kompost“ dort hineinzuwerfen und nicht daneben. Garten- und Rasenschnitt konnten sie ruhig daneben entsorgen, aber eben nichts Essbares oder was mal essbar war.
Und siehe da, alle haben sich daran gehalten. Unsere Hunde liefen zwar noch ein paarmal hinüber, mussten aber leider feststellen, dass sie nicht mehr ans Büfett kamen, und schließlich stellten sie ihre Besuche zum Nachbarhof ein. Dieses Problem entstand nicht durch inkonsequente Erziehung oder Training, es lag am Umfeld und schrie nach einer Lösung, die im Management zu finden war. Die Investition von 62,90 Euro für das Kompostgitter damals, hatte sich richtig gelohnt, und das Problem war gelöst.
Ich hatte damals vor lauter Ärgernisse die „Bäume“ nicht mehr gesehen.
In manchen Fällen ist man aufgefordert, konsequent nach einer guten Lösung zu suchen, damit der „Weltfrieden“ wieder hergestellt werden kann. Wenn man zu tief in einem Problem steckt, braucht man Augen, die von außen draufschauen, um einen Weg aufzuzeigen, wie man da wieder herauskommt. Und in diesem Fall waren es die Augen meiner Schwester.

Schritt 4: Wichtigkeit

Wie wichtig ist es dir, dass dein Hund etwas tut oder etwas Bestimmtes lässt? Wie stark ist dein Wille und dein Wunsch? Wie groß ist deine Not? Es wird dir helfen, diese Fragen für dich selbst ehrlich zu beantworten. Auf einer Skala von 1 bis 10: Wie wichtig ist es dir?

Die Wichtigkeitsskala

Die allermeisten Hunde kommen nicht fertig erzogen und trainiert in unser Leben. Somit liegt die Verantwortung bei uns, ihnen sowohl unsere Hausregeln zu erklären als auch einen höflichen sozialen Umgang zu fördern, genauso wie ihnen die Grundsignale beizubringen.

Wie wir jetzt wissen, bedarf es von unserer Seite eines konsequenten Umgangs mit Hunden, ansonsten werden wir unsere Hunde verwirren und unsere Ziele bleiben nur Wunschvorstellungen. So einfach es zwar klingen mag, konsequent mit dem eigenen Hund zu sein, umso leichter fällt es uns jedoch, aus unterschiedlichen Gründen inkonsequent zu werden. Konsequent können wir nur sein, wenn uns das Ziel wichtig ist! Erst dann haben wir genügend Motivation, um unsere Konzentration zu bündeln und konsequent mit unserem Hund zu werden. Um einen Hund gut zu erziehen, stellen wir uns folgende Fragen:

› Was sollte mein Hund in jedem Fall können?
› Was möchte ich meinem Hund in jedem Fall verbieten?

Um ehrliche Antworten zu finden, braucht man sich nur selbst zu fragen: „*Was ist mir wirklich wichtig?*" „Wichtig" ist allerdings auch eine reine Interpretationsfrage. Stell dir vor, es gäbe eine Wichtigkeitsskala von 1 bis 10. Das erlaubt dir, dich selbst zu hinterfragen, was du wirklich möchtest.

› **Wert 1 auf der Skala:** Es wäre nett, wenn er es machen würde, aber irgendwie ist es mir auch egal. Hier liegt fast keine Wichtigkeit vor.

- **Wert 2 bis 3 auf der Skala:** Hier hört man Aussagen wie: Hin und wieder ist jemand aus meinem Umfeld davon genervt, aber ich finde es für mich selbst nicht so wichtig. Oder: Ich habe mal gehört, dass Hunde das nicht machen sollten, aber eigentlich finde ich es nicht so schlimm.
- **Wert 4 bis 5 auf der Skala:** Manchmal nervt es mich, aber ich kann doch meinem Hund nicht alles verbieten und an manchen Tagen ist es ja auch nicht so schlimm. Hier herrscht eine ständige Diskussion im eigenen Kopf, mit fortwährenden Begründungen für ein Für und Wider.
- **Wert 6 bis 7 auf der Skala:** Ich glaube, dass ich jetzt etwas ändern muss, denn meistens strengt mich das Verhalten meines Hundes an und verunsichert mich. Das hat zur Folge, dass ich bestimmte Dinge mit ihm vermeide, oder dass ich oft böse mit ihm werde. Aber irgendwie habe ich mich schon daran gewöhnt und ich halte es aus. Der Hund kann ja nichts dafür, steckt in seiner Rasse.
- **Wert 8 bis 9 auf der Skala:** Es ist mir zwar sehr wichtig und ich bemühe mich auch, konsequent zu sein. Doch an manchen Tagen schaffe ich es nicht und nehme sein Verhalten einfach so hin. Ab und zu finde ich einen Grund, meine Regel aufzuweichen. Beispiel: Mein Hund darf zwar nie auf die Couch, aber heute geht es ihm gesundheitlich so schlecht, dass ich dem armen Kerl ausnahmsweise erlaube, sich zu mir auf die Couch zu legen.
- **Wert 10 auf der Skala:** Hier lautet die Antwort: Das ist mir sehr wichtig. Davon hängt viel ab und das muss unbedingt eingehalten werden. Es gibt absolut keine Diskussion, kein Zweifel und kein „Ja, aber …“. Eine klare Entscheidung, unterstützt durch einen unbeirrbaren Willen.

Um ehrlich konsequent zu sein, bedarf es grundsätzlich einer 10 auf der Wichtigkeitsskala.

Trainiere und übe mit deinem Hund nur die Bereiche, die dir so wichtig sind, dass du ihnen eine 10 geben würdest. Denn nur dann bist du wirklich klar ausgerichtet, authentisch und vor allem motiviert genug, dein Ziel zu erreichen. Bei allem, was unter einer 10 liegt, bedarf es einer neuen Prüfung, bevor du Zeit, Mühe und Nerven verschwendest.

Aus der Praxis

In einem wunderschönen Haus lebten zwei liebevolle Damen mit ihrem jungen Klein-Spitz. Grund für meinen Hausbesuch war, dass die Spitzhündin jedes Mal, wenn es klingelte, an der Tür bellte und jeden Besucher aufgeregt und weiterbellend ansprang. Das ging manchmal Minuten und hatte zur Folge, dass sich die Reinigungskraft und die Nachbarin, die jede Woche kamen, unwohl fühlten. Daraufhin versuchten die beiden Spitz-Halterinnen den Hund davon abzuhalten, schimpften die kleine Hündin und versuchten, sie von den Besuchern wegzuscheuchen, allerdings mit wenig Erfolg. Der Sohn dagegen, der manchmal vorbeikam, hatte kein Problem mit der aufgeregten Begrüßung. Er sagte immer: *„Lasst sie doch, sie ist noch jung.“*

Der Wunsch der beiden Damen war jedoch, dass Begrüßungen an der Tür ruhiger verlaufen sollten. Also gab ich ihnen genaue Anweisungen, wie sie mit ihrer wachsamen Hündin trainieren sollten und die Halterinnen hörten mir aufmerksam zu, stellten Fragen und übten während meiner Anwesenheit fleißig mit und ihre Umsetzung war recht gut. So fuhr ich mit einem guten Gefühl nach Hause, dass die beiden es schaffen würden, ihrer Spitzhündin mehr Ruhe anzugewöhnen.

Zwei Wochen später klingelte ich an ihrer Tür und das wachsame Gebell vom Spitz schallte bis auf die Straße. Die Tür öffnete sich und eine der Damen begrüßte mich, während die andere halbherzig versuchte, die Hündin beim Bellen zu stoppen.

Ich war erstaunt, da keine von ihnen den Hund so führte, wie wir es besprochen hatten. Deshalb fragte ich nochmals, warum es ihnen denn so wichtig sei, dass die Hündin Besucher ruhig und entspannt begrüßt.
Sofort fing die eine an: *„Mich stört das nicht. Ich bin ganz froh, dass wir einen Hund haben, der aufpasst. Das war ja einer der Gründe, warum wir sie zu uns geholt haben."* Die andere entgegnete: *„Ich finde es störend, da Ilse, unsere Putzhilfe, und Ute, unsere Nachbarin, nicht mehr gern zu uns kommen, da der Hund sie so verunsichert. Dagegen, wenn mein Sohn kommt, heizt er unseren Hund sogar noch an, weil er das so lustig findet, wie sie ihn begrüßt. Da macht es gar keinen Sinn, mit ihr zu üben."*

Jetzt war mir klar, warum das Training nichts gebracht hatte. Ich erklärte den Damen die Wichtigkeitsskala von 1 bis 10 und beide mussten sich eingestehen, dass sie noch nicht einmal an eine ehrliche 5 herankämen, was das Abstellen der wilden und lauten Begrüßung ihrer Hündin angeht. *„Es gibt nun drei Möglichkeiten für euch"*, erklärte ich ihnen. *„Entweder ihr trefft eine klare Entscheidung und verwandelt eure 5 in eine 10, und wir trainieren erfolgreich weiter. Oder ihr lebt die nächsten 12 bis 15 Jahre damit, ohne euren Hund zu schimpfen. Denn gerade sie als Spitz macht nur ihren Job und sie wird diesen zuverlässig weitermachen. Die dritte Möglichkeit wäre, den Hund kurzfristig ins Nebenzimmer zu sperren, damit eure verunsicherten Besucher entspannt hereinkommen können, ohne vom Hund unangenehm belästigt zu werden."*

Ist uns etwas nicht zu 100 Prozent wichtig, dann sind wir auch nicht ausreichend motiviert, eine Veränderung herbeizuführen, egal wie wir uns auch anstrengen. Die beiden Damen mit ihrem Spitz sind ein gutes Beispiel dafür. Es war ihnen nicht wichtig genug, konsequent mit ihrem Hund zu üben, sodass ein weiteres Training gar keinen Sinn gemacht hätte. Wir haben uns dann einem anderen Trainingsziel zugewandt und zwar, im Freilauf einen sicheren Rückruf zu trainieren. Hier waren sich beide Damen einig: *„Das ist eine klare 10 für uns. Es ist uns sehr wichtig, dass sie von allem abrufbar ist, da uns ihre Sicherheit sehr am Herzen liegt."*

An dieser Stelle möchte ich euch gern ein paar Beispiele nennen, die bei mir mit meinen Hunden eine 10 auf der Wichtigkeitsskala haben: Meine Hunde sollen …

- … stubenrein sein.
- … untereinander und zu Besuchern freundlich sein.
- … geordnet und erst auf meine Erlaubnis hin aus der Tür gehen.
- … locker an der Leine laufen (wenn sie denn mal angeleint sind).
- … sich an meine aufgestellten Freilaufregeln halten.

Jeder Hundehalter hat sicher eine ähnliche Liste, vielleicht mit anderen Schwerpunkten. Doch jeder sollte wissen, was für ihn selbst im Zusammenleben mit seinem Hund wichtig ist. Fertige dir eine Liste an und verteile Punkte bei den Themen, die dir wichtig sind. Erscheint bei mehreren Themen eine 10, wird das dir Kraft geben, deine Ziele hier zu erreichen. Alles was unter 10 liegt, solltest du dir nochmals genauer anschauen. Entweder kannst du diese Themen gleich verwerfen, oder du richtest dich innerlich noch einmal klarer aus.

KAPITEL 4

DIE MAGIE DER KONSEQUENZ

Jetzt, da du ein Bild davon hast, was Konsequenz und Inkonsequenz überhaupt bedeuten, stellt sich die Frage, wann und wo wir mit unserem Hund konsequenter sein dürfen? Konsequenter mit dem eigenen Hund zu sein, bedeutet auch, bewusster mit ihm umzugehen – sowohl in der Erziehung, im Training, in der Kommunikation und im alltäglichen Zusammenleben. Ein bewussteres Umgehen mit dem Hund macht uns zu souveränen Führungspersönlichkeiten und unserem Hund wird es leichtfallen, mit uns gern zusammenzuarbeiten und sich uns vertrauensvoll anzuschließen. Er wird sich sicherer in unserer Gegenwart fühlen und wir werden zu einer noch besseren Gesellschaft für ihn, als wir es eh schon sind. Ein großer Stressfaktor sind Missverständnisse in der Kommunikation zwischen Hund und Mensch. Räumst du damit auf, dann wird dein Hund entspannter, zufriedener und viele Stresssymptome verschwinden ganz von allein.

TRAININGSPHILOSOPHIEN

Bis in die frühen 1990er-Jahre gab es fast keine Hundeschulen, wie wir sie heute kennen und überall finden. Es gab Hundeplätze für die Schutzhundeabrichtung oder für die Jagdgebrauchshundeabrichtung, und alle waren überwiegend Männerdomänen. Die Trainings- und Erziehungsmethoden von damals würden heute nach §11 Tierschutzgesetz nicht mehr zugelassen werden. Es ging hart zur Sache mit Stachelhalsbändern, Oberländer, Kettenwürger, Leinenruck, Einsatz von Gerten, Starkzwang und Zwangsapport. Ich habe damals viele Hunde erlebt, die durch solche Ausbildungsmethoden ihr Vertrauen in uns Menschen völlig verloren hatten. Doch Mitte der 1990er-Jahre veränderte sich die Hundeszene. Wir haben begonnen, über positive Motivation mit Hunden zu arbeiten. Hunde wurden konditioniert anstatt körperlich traktiert. Ich kann mich noch genau daran erinnern, dass wir Hundetrainer in unseren Prospekten damit geworben haben, ein Training anzubieten, bei dem der Hund seinem Menschen wieder vertrauen kann. Heute findet man leicht Hundeschulen, die mit freundlichen und positiven Methoden arbeiten. Doch dann tauchte ein Problem auf: Die Hundehalter wurden immer vorsichtiger, unsicherer und trauten ihrem Hund immer weniger zu, was den Freilauf oder das Sozialverhalten betrifft. Viele verspürten auch einen gesellschaftlichen Druck, dass der eigene Hund bloß nicht unangenehm auffallen darf. So wurden die Texte erneut geändert und man warb mit einem Training, das zu mehr Vertrauen zum eigenen Hund führt. Das lief auch super, bis sich wieder ein neues Problem auftat. Obwohl und gerade weil wir heute Zugang zu vielseitigem und endlosem Fachwissen über Hunde haben, verlieren Hundehalter immer mehr das Vertrauen in ihre eigenen Fähigkeiten, ihren Hund zu führen. Wie kannst du zu einem Hundehalter werden, der seinen Fähigkeiten, einen Hund zu führen, wieder vertraut? Die Antwort liegt im Titel dieses Buches: Die Magie der Konsequenz!

Möchtest du in der Hundeerziehung und im -training zaubern, brauchst du nur eine Prise Konsequenz. Weitere Zutaten wie die innere Ausrichtung, also einen Plan, und Klarheit in der Kommunikation mit dem Hund und Spaß zu haben, helfen dir, dieses Rezept noch zu vervollständigen. Auf den nächsten Seiten geht es um all diese Zutaten.

Du kannst dich ganz sicher darauf verlassen,
dass dein Hund dir dabei helfen wird, wieder mehr Vertrauen
in deine eigenen Fähigkeiten zu bekommen.

TEIL 2 – MIT WÖRTERN KOMMUNIZIEREN

KAPITEL 5

HUNDE- UND PFERDEMENSCHEN

Warum ist es eigentlich so viel schwieriger, mit einem Hund konsequent zu sein als mit einem Pferd? Die Pferdemenschen, die ich kenne, haben für ihr Pferd einen Platz in einem Gemeinschaftsstall. Das ist immer mit einem Anfahrtsweg verbunden und die Zeit für das Pferd ist im Tagesablauf fest eingeplant. Auf dem Weg zum Stall ist man bereits mental bei seinem Pferd und überlegt sich, was man heute gern gemeinsam mit diesem unternehmen möchte. Dort angekommen, wird das Pferd von der Koppel geholt, gestriegelt, geputzt, aufgesattelt und vielleicht eine Stunde lang trainiert, longiert oder ausgeritten. Danach kümmert man sich um eine saubere Box, verpflegt das Pferd und verabschiedet sich wieder. Zwar leben wir den Rest des Tages räumlich von unserem Pferd getrennt, doch in diesen zwei Stunden sind wir ganz für unser Pferd da. Wir haben volle Konzentration auf das Tier und auf unseren Umgang mit ihm. Nehmen wir uns also vor, mit dem Pferd konsequent umzugehen, dann gelingt uns das viel einfacher, als wenn wir es uns mit unserem Hund vornehmen.

24 STUNDEN TÄGLICH

Im Vergleich dazu lebt unser Hund mit uns im selben Haus, und das 24 Stunden am Tag. Er ist der Erste, der uns gleich morgens begrüßt, in den Garten hinaus möchte, Frühstück einfordert und danach eine längere Gassi-Runde mit uns drehen möchte. Ein Hund ist den ganzen Tag um uns herum, egal, ob wir gerade Zeit für ihn haben oder eben nicht. Mal sind wir abgelenkt, beschäftigt oder anderweitig eingespannt, ein anderes Mal sind wir müde, erschöpft oder können uns wegen anderer Verpflichtungen nicht auf ihn einlassen. Dadurch haben wir weniger die gezielte Aufmerksamkeit auf unseren Umgang mit unserem Hund und Inkonsequenz schleicht sich in unser Verhalten ein.

Auch wenn wir uns fest vornehmen, ihn konsequent zu erziehen, so steigt der Schwierigkeitsgrad, je mehr Familienmitglieder mit uns im Haushalt zusammenleben, da wir häufiger durch sie abgelenkt oder beschäftigt werden. Und hier ist er wieder, der Alltag, mit all seinen tückischen Fallen und Herausforderungen. Manchmal sind wir so stark abgelenkt, dass wir gar nicht bemerken, wie inkonsequent wir eigentlich mit unserem Hund umgehen. Das können wir ändern, indem wir auch für unseren Hund Zeit einplanen, in der wir mit unserer Aufmerksamkeit und Präsenz ganz bei ihm sind und uns mit ihm beschäftigen – ohne Smartphone, ohne Stress, einfach nur wir selbst. Es müssen ja nicht immer zwei Stunden sein, wie bei einem Pferd. Aber es sollte uns auch nicht passieren, dass wir unseren Hund wie unsere Alltagsverpflichtungen einfach abhaken: Einkaufen ✓, Staubsaugen ✓, mit dem Hund Spazierengehen ✓, Hund füttern ✓, Kinder von der Schule holen ✓, Kochen ✓ …

Sollte das passieren, ist am Ende des Tages der Hund immer besser über uns informiert als umgekehrt. Er weiß genau, wo unsere Aufmerksamkeitslücken sind, wann wir etwas durchgehen lassen, wann wir abgelenkt sind und ihn nicht wahrnehmen und in welchen Situationen wir ihn nicht korrigieren können. Hunde sind geistig immer hellwach. Ihre Wahrnehmung ist weitaus weniger abgelenkt als unsere und ihre Sinne sind bekanntlich schärfer als die von uns Menschen. Wenn es jemanden gibt, der uns ohne Filter wahrnimmt, dann ist es ein Hund. Aus verhaltensbiologischer Sicht könnte man behaupten, dass Hunde den ganzen Tag Ethogramme von ihren Menschen anlegen. Deshalb sei dir immer bewusst: **Kein Mensch kennt dich besser, als dein Hund es tut.**

VERHALTEN PROTOKOLLIEREN

Das Wort Ethogramm kommt aus der Verhaltensbiologie und bedeutet Verhaltensprotokoll. Eine schriftliche oder grafische Aufnahme aller beobachteten Verhaltensweisen oder Verhaltensmuster eines Beobachtungsobjekts, wie Tierart oder Mensch. Es lässt sich als Verhaltensinventar oder Aktionskatalog begreifen, denn es umfasst ausführliche und exakte Beschreibungen des beobachteten Verhaltens. Bei einem Ethogramm sollten nur Tatsachen und Fakten aufgelistet werden. Jede Art von Spekulation oder Interpretation gehört nicht zur Aufgabe.

Aus der Praxis

Im Rahmen meiner Hundetrainerausbildung hatten wir alle die Hausaufgabe, zwei Ethogramme von unterschiedlichen Tierarten anzulegen. Es durfte kein Ethogramm von Hunden sein, denn die Verlockung, das Verhalten zu interpretieren, wäre einfach zu groß gewesen. Also bin ich mit meinem Auto zu einer Pferdeweide gefahren, habe davor geparkt und mich dafür entschieden, im Auto sitzen zu bleiben, um als Beobachterin nicht direkt aufzufallen

und um den Pferden keinen Grund zu geben, auf mich zu reagieren und sich vielleicht anders zu verhalten als gewöhnlich. Es waren bestimmt über zehn Pferde und fast alle waren braun mit schwarzer Mähne. Da ich mich für ein Tier entscheiden musste, suchte ich mir den einzigen Apfelschimmel aus, um Verwechslungen zu vermeiden. Ich nahm meinen Schreibblock, Kugelschreiber und die Uhr zur Hand und notierte Ort, Zeit, Datum und Beobachtungsobjekt.
11:00 Uhr: Pferd steht auf der Weide, Kopf nach unten und grast.
11:01 Uhr: Pferd grast und wedelt mit dem Schweif.
11:02 Uhr: Pferd hebt Kopf und schaut nach links.
11:03 Uhr: Pferd nimmt den Kopf nach unten und grast.
11:04 Uhr: Pferd hebt Kopf und geht im Schritt unter die Bäume am linken Rand der Weide.
11:05 Uhr: Pferd senkt den Kopf und grast, steht jetzt im Schatten.
(…)
11:42 Uhr: Pferd reißt Kopf hoch und galoppiert nach Norden zur anderen Seite der Weide.
Nun lag die Weide auf einer Anhöhe mit Hügel und ich konnte mein Beobachtungsobjekt nicht mehr sehen. Ich ließ den Motor an und fuhr eilig durch zwei Straßen einer Wohnsiedlung, um dann wieder am anderen Ende der Weide anzukommen. Dort konnte ich den Apfelschimmel wieder entdecken und setzte meine Beobachtungen fort.

Was lernte ich durch diese Beobachtungen?

1. In 60 Minuten zeigt ein Pferd viele verschiedene Bewegungen. Ich habe Bewegungen wahrgenommen, die mir bis dahin bei Pferden nicht bewusst waren.
2. Ein Pferd erlebt innerhalb einer Stunde mehr auf der Weide, als ich es geglaubt hätte.
3. Es ist nicht mehr möglich, ein Ethogramm anzufertigen, wenn das Objekt außer Sichtweite geht.
4. Es war sehr schwer, absolut nichts in das Verhalten hineinzuinterpretieren. Ich war immer wieder dazu verleitet, so etwas zu schreiben wie: Pferd reißt Kopf hoch, weil es ein anderes Pferd wiehern hört. Aber das war ja nicht die Aufgabe.

Eine andere Ausbildungsteilnehmerin hatte ihre Wasserschildkröte in einem bescheidenen Aquaterrarium eine Stunde lang beobachtet. Nach 60 Minuten fiel ihr auf, dass die Schildkröte immer die gleichen Verhaltensweisen wiederholte. Sie schwamm einige Male im Kreis, krabbelte auf den kleinen Stein, ließ sich zurück ins Wasser gleiten und schwamm wieder mehrere Kreise. Die Teilnehmerin erschrak über ihre Beobachtung und legte am darauffolgenden Tag erneut ein Ethogramm von ihrer Schildkröte an, doch die Handlungen der Schildkröte waren fast identisch wie am Vortag.
Seit fünf Jahren schon lebte diese Schildkröte bei ihr, doch noch nie hatte sie diese über einen so langen Zeitraum filterfrei beobachtet. Ihr fiel auf, dass die Schildkröte, so wie viele andere Tiere in Gefangenschaft, angefangen hatte, Bewegungsstereotypien zu zeigen. Hierbei handelt es sich um ein hochgradiges Stresssymptom aufgrund von problematischen Haltungsbedingungen. Im Fall des Aquaterrariums viel zu wenig Platz, um zu schwimmen, und zu wenige Möglichkeiten, sich anderweitig zu bewegen. Am darauffolgenden Tag kaufte sie ihrer Wasserschildkröte ein viel größeres Aquaterrarium und richtete dieses sehr kreativ ein – mit größeren Schwimmmöglichkeiten, mehreren flachen Steinen, Pflanzen und Wurzeln zum Klettern. Zwei Wochen später erstellte sie erneut ein Ethogramm von ihrer Schildkröte und stellte erfreut fest, dass sich die Bewegungsstereotypie aufgelöst hatte. Das Tier zeigte nun unterschiedliche Verhaltensweisen und machte insgesamt einen entspannteren Eindruck. Sie war sehr froh darüber, ein Ethogramm ihrer Wasserschildkröte angefertigt zu haben. Gut möglich, dass es ihr ansonsten gar nicht aufgefallen wäre.

Aufschluss über Verhalten

Ethogramme können sehr aufschlussreich sein, um eine andere Spezies näher kennenzulernen. Durch ein wertfreies Beobachten fallen uns Verhaltensweisen auf, die für uns vorher unsichtbar waren. Genauso beobachtet uns unser Hund – tagein, tagaus. Nicht nur uns, sondern auch jedes weitere Familienmitglied. Ihm entgeht nichts. Ihm fallen Verhaltensweisen an uns auf, denen wir uns selbst gar nicht bewusst sind. Unsere Hunde beobachten uns sogar so gut, dass sie alle Handlungsketten von uns abgespeichert haben.

Hunde sehen sich selbst als festen Bestandteil der Familie und möchten genauso gern über alle anstehenden Aktivitäten informiert werden, wie die Kinder, der Ehepartner oder die Großeltern. Ein Hund wird im Vorfeld von uns nicht informiert, so wie wir es im Gespräch mit den anderen Familienmitgliedern machen. Aus diesem Grund sucht sich der Hund selbst alle Indizien zusammen, beobachtet uns genau, um unsere nächsten Schritte vorauszuahnen.

Aus meinem Leben

Die zwei Jagdgebrauchshunde meines Mannes wissen bereits sehr früh, wann ihre Dienste gebraucht werden. Das Aufbrechen zu einer bestimmten Tageszeit, die Kleidung, die er anzieht, Räumlichkeiten, die er vorher aufsucht und die Gegenstände, die er zusammenpackt, bieten seinen Hunden genügend Informationen, um an der Haustür zu warten, um ja nicht vergessen zu werden. Erkennen sie Handlungsketten vor Aktionen von meinem Mann, bei denen sie nicht gebraucht werden oder nicht mitdürfen, stehen sie gar nicht erst auf und bleiben lieber im Hundebett liegen.

Nun können wir uns vorstellen, wie sehr unberechenbares und inkonsequentes Verhalten unsererseits einen Hund verwirren und verunsichern kann, da er es ungefiltert wahrnimmt und ihm alle Anhaltspunkte fehlen, uns einschätzen zu können. Uns Menschen genau zu beobachten und Hinweise zu sammeln, ist die einzige Möglichkeit von Hunden, uns zu verstehen. Sind wir hin und wieder inkonsequent, so hat das eine große Auswirkung auf das Verhalten unseres Hundes. Er sieht alles, hört alles, spürt alles, erlebt alles und entdeckt jede noch so kleine inkonsequente Lücke in unserem Verhalten und in unseren Erziehungs- oder Trainingsversuchen.

Es lohnt sich also, von uns selbst hin und wieder ein Ethogramm anzufertigen, besonders in den Momenten, in denen wir uns mit unserem Hund beschäftigen. Damit ist natürlich nicht gemeint, dass du nur noch mit Stift und Zettel herumläufst und dir jede Minute Notizen machst, sondern hiermit ist die Fähigkeit deiner Selbstwahrnehmung gemeint.

Aufmerksamkeit beim Hund

Sei dir bewusst über die Wahrnehmungsfähigkeiten deines Hundes. In den Momenten, in denen du dich mit ihm beschäftigst, sollte deine Aufmerksamkeit auch ganz bei deinem Hund sein. Manchmal sind nur 5 Sekunden deiner Aufmerksamkeit gefragt, weil du z. B. deinen Hund in die Küche schickst, um in Ruhe die Haustür aufzumachen. Gewöhne dir an, in diesen kurzen Momenten deinem Hund die gleiche wache Aufmerksamkeit zu schenken wie er dir. Auf diese Weise kannst du bewusst das abgesprochene Signal anwenden, die dazu passende Körpersprache, und dabei klar, souverän und entspannt auftreten. Deinem Hund wird es leichtfallen, dir zu folgen, mit dir zu kooperieren, und er ist schnell in der Küche, sodass du dich ganz entspannt der Angelegenheit an der Haustür widmen kannst. Lassen wir uns stattdessen stressen und es muss alles schnell gehen, reagieren wir unwirsch, unklar, hektisch und grob. Der Hund wird daraufhin noch aufgeregter reagieren, springt mehr herum, bellt umso mehr und lässt sich auf diese Weise nur schwer in die Küche bringen. Ganz besonders für die Hundeerziehung von jungen Hunden ist das das beste Rezept, konsequenter zu werden.

KAPITEL 6

ZAUBERWÖRTER

Der wesentlichste Unterschied in der Kommunikation zwischen Menschen und Hunden ist das „Wort". Wörter formen die Sprache der Menschheit. Wir benutzen sie, um Informationen auszutauschen, begleitet durch Betonungen, Körpersprache und Mimik.

Weltweit gibt es 7186 unterschiedliche Muttersprachen. Wörterbuchverlage gehen davon aus, dass allein die deutsche Sprache aus bis zu 500 000 Wörtern besteht, wobei der Standardwortschatz sich auf 70 000 Wörter beschränkt. Die Komplexität der Wortsprache wird erst dann klar, wenn wir uns bewusst werden, wozu unsere Wörter fähig sind. Sie können offen sein, herzlich, heilen und motivieren, sie können aber auch gemein, verletzend und zerstörerisch sein. Wörter können bewegen oder ausbremsen, sie können loben oder tadeln. Wörter können die Ehrlichkeit eines Menschen widerspiegeln, können aber auch zum Lügen verleiten. Da ist es nicht verwunderlich, dass der Einsatz von Wörtern in der Kommunikation mit Hunden viele Fallen der Verwirrung und zu guter Letzt der Inkonsequenz in sich birgt.

Wörter können eine große Macht haben, oder sie können alle Macht verlieren. Es liegt immer an dem, der sie ausspricht.

HUNDE BRAUCHEN KEINE WÖRTER

Die Spezies Hund ist in ihrer kommunikativen Fähigkeit bereits vollkommen. Hunde haben keine Wörter und brauchen keine Wörter für ihre Verständigung. Aus diesem Grund dürfen wir uns bewusst machen, dass „Wörter verstehen lernen“ ein besonderes Entgegenkommen vom Hund gegenüber dem Menschen ist. Da ist es nur fair, wenn wir darauf achten, verbale Anweisungen für den Hund so einfach, ehrlich, verständlich und so logisch wie möglich zu geben.

KOMMANDOS – EINE FALLE DER INKONSEQUENZ

Blindenführhunde beherrschen nach einer guten Ausbildung, und je nach Ausbildungsziel, zwischen 30 bis 70 unterschiedliche Kommandos. Das klingt viel. Ist es auch im Vergleich zu einem normalen Familien- und Begleithund, der im Durchschnitt auf 5 bis 12 Kommandos kommt. Dazu gehören „Hier“, „Weiter“, „Sitz“, „Platz“, „Bleib“, „Bei Fuß“, „Warte“ und „Hopp einsteigen“. Hinzu kommen noch „Bring“, „Aus“, „Pfui“, „Langsam“, „Pfötchen geben“ oder Ähnliches. Für unsere klugen Hunde ist das natürlich ein Klacks. Für uns Menschen jedoch bieten selbst diese wenigen Kommandowörter im Alltag eine erstaunliche Inkonsequenz-Falle in der Kommunikation.

Kommandowörter konsequent einsetzen

Für einen Hund ist eine klare Wortwahl unabdingbar für das Verstehen. **Je leichter es für deinen Hund ist zu verstehen, was du von ihm möchtest, umso höher ist die Chance, dass er trotz Ablenkung und geteilter Aufmerksamkeit ansprechbar und kooperativ ist.**

Der Trick besteht darin, eine klare Struktur und Ordnung in den Kommandowörtern zu bewahren. Jede Handlung, die der Hund auf deine Anweisung ausführen soll, wird mit einem ganz bestimmten

Wort „getauft“ und heißt von da an immer so! Zum Beispiel heißt das Hinsetzen immer „Sitz“, das Herankommen mit Vorsitzen immer „Hier“ und das längere Verharren auf einer Stelle immer „Bleib“.

Welche Wörter du dir als Signalwörter aussuchst, liegt ganz bei dir. Da es keine Wörter gibt, die vorgeschrieben oder genetisch beim Hund festgelegt sind, hast du eine unendliche Auswahl an Möglichkeiten. Deinem Hund ist es ziemlich egal, ob du deutsche, spanische oder norwegische Wörter benutzt. Selbst Fantasiewörter sind möglich. Es ist alles nur eine Frage der Verknüpfung. Für deinen Hund ist es aber wichtig, dass du eine Absprache mit ihm triffst, wie etwas heißt und dann auch dabei bleibst.

Aufräumen mit Wort-Signalen

Wörter oder andere akustische Signale für ein und dieselbe Handlung immer wieder zu wechseln, ist anstrengend und verwirrend für deinen Hund. Dies ist die erste kommunikative Inkonsequenz-Falle, in die man als Hundehalter geraten kann. Hundehalter, die sich einer sehr kreativen Kommandogebung bedienen, machen es ihrem Hund unnötig schwer. Bei ihnen heißt das Herankommen mit Vorsitzen mal „Hier“, mal „Komm her“, mal „Schau mal her“, mal „Schnell-Schnell“, mal „Jetzt aber los“ oder als fragenden Vorwurf formuliert: „Kommst du jetzt mal gefälligst HIER HER!?“ Es sind ja nicht nur die Wörter, die sich ständig für das Kommando ändern, sondern auch die Emotionen und die jeweilige Stimmung, weil der Hund unzuverlässig folgt. Eine logische Reaktion, wenn wir Wörter für Anweisungen nach Lust und Laune kopflos ändern.

Sitzt du beispielsweise in einem Auto mit einer normalen H-Schaltung, dann kannst du auch nicht in irgendeinen beliebigen Gang schalten, um anzufahren. Das geht nur im ersten Gang. Der Unterschied zum Hund ist, dass du wegen eines selbst verursachten Schaltfehlers deinem Auto keinen „Ungehorsam“ unterstellst. Mir liegt es fern, Hunde mit Autos zu vergleichen, doch liegt es nahe, dass wir manchmal mehr Verständnis im Umgang mit einer Maschine zeigen als im Umgang mit einem Hund.

Es gibt noch eine weitere Inkonsequenz-Falle bezüglich der Wörter für Anweisungen: Hundehalter, die mit nur einem Signal-Wort unterschiedliche Handlungen vom Hund einfordern – sozusagen das genaue Gegenteil von kreativ. Sie benutzen z.B. das Kommando „HIER" als Überbegriff meistens für das „Herankommen mit Vorsitzen", dann auch mal nur für das „In-die-Nähe-Kommen", ein weiteres Mal fürs nur „Weitergehen", später sogar für das „Bei-Fuß-Laufen". Manchmal benutzen sie es sogar unbewusst für eine Korrektur, um ein bestimmtes Verhalten zu stoppen.

Ein Wort für viele Handlungen ist Inkonsequenz in seiner reinsten Form.

Aus der Praxis

Als ich einen meiner letzten Kunden darauf angesprochen haben, dass er ausschließlich „Hier" als Überbegriff für alle seine Kommandos benutzte, antwortete er: *„Ja und? Mein Hund kennt mich so gut, der kann das genau unterscheiden."* Spannend war nur die Tatsache, dass er ins Training kam, weil sein Hund unter Ablenkung nur schlecht folgte und oftmals gar nicht auf sein Rufen kam. Ich erklärte ihm, dass sein Hund sich viel leichter tun würde, ihn zu verstehen und dadurch zuverlässiger abrufbar wäre, bekäme er genauere Anweisungen als nur ein oberflächliches, multiinterpretierbares „Hier". Denn nicht zu selten bekam der Hund, der angeblich seinen Menschen so gut kennt, Ärger und wütende Ausbrüche von seinem Menschen, weil er eben zögerte und nicht verstanden hatte, was man von ihm wollte.
Wir einigten uns darauf, Ordnung in seine Signalwelt zu bringen und bauten alle wichtigen Anweisungen nochmals einzeln mit

dem Hund auf, diesmal mit entsprechenden Wörtern. Auch wenn Herrchen sich bis heute noch ein wenig schwertut – mit klaren Anweisungen folgt sein Hund jetzt viel zuverlässiger und freudiger. Vorausgesetzt, sein Mensch benutzt das passende „Zauberwort" versteht sich. Das „Hier" mussten wir gänzlich aus seinem Wortschatz verbannen, da sein Hund sowieso nicht mehr wusste, was damit gemeint war.

Wahl der Kommandowörter

Kommandowörter sollten grundsätzlich klug gewählt werden. Am besten eignen sich Wörter, die wir für nichts anderes im alltäglichen Sprachgebrauch verwenden. Füllwörter oder Homonyme sollten möglichst nicht für Kommandos eingesetzt werden. Typische Füllwörter wie „Komm" oder „Hier" sind ungünstig, da wir viel zu oft diese Wörter in der Gegenwart des Hundes aussprechen, ohne sie als Signal zu meinen. Das „Komm" ist dabei auf Platz Eins. „Komm, weiter jetzt." – „Komm, ich lasse dich raus in den Garten" – „Aus jetzt! – Komm, lass das sein!" – „Komm, geh da weg!" – „Komm mal mit" – „Komm, mach mal Sitz" – „Komm, ab da!"

Das Gleiche gilt natürlich auch für das Wort „Hier". „Hier geht's weiter" – „Hier bleiben" – „Hier geblieben" – „Hier bei Fuß" – „Hier lang" und irgendwann heißt es mal wieder „Hier" und der Hund soll genau wissen, dass er jetzt herkommen und vorsitzen soll. Aber was unterscheidet das „Hier" von all den anderen „Hier's"?

Aus diesem Grund verstehen viele Hunde das Wort „Hier" nur insoweit, dass ihr Mensch irgendetwas von ihnen jetzt möchte, aber nicht genau, was. Daraufhin wird der Hund natürlich zögern, weil er auf weitere Hinweise von uns wartet. Bekommt der Hund anstatt weiterer Hinweise nur Ärger, kann das erhebliche Auswirkungen auf die Beziehung zu seinem Menschen haben und folgen wird er deshalb auch nicht besser.

Kommandos in anderer Sprache

Wörter sind nicht die Sprache von Hunden. Es ist unsere Sprache, nur wir wissen ganz genau, was wir mit unseren Wörtern sagen wollen. Aber das heißt noch lange nicht, dass unser Hund das Wort mit der Handlung richtig verknüpft hat.

Aus diesem Grund werden Blindenführhunde in Deutschland mit lateinischen oder italienischen Kommandowörtern trainiert. Dadurch ist ein deutlicher Unterschied für den Hund gegeben, ob es sich um eine Anweisung handelt, die ihn direkt betrifft, oder um menschliches Geplapper ohne jegliche Bedeutung für ihn. Keiner kann sich erlauben, mit den Kommandos eines gut ausgebildeten Blindenführhunds inkonsequent umzugehen. Das geht im schlimmsten Fall auf Kosten der Sicherheit von Hund und Mensch.

Zum weltweiten Tierexport gehört der beliebte, in Deutschland ausgebildete Schutz- und Wachhund. Ob für die Polizei oder Sicherheitsdienste in ganz Europa, Afrika, Südamerika, Nordamerika, Australien oder sogar Asien, erlebt man sehr häufig, dass die Schutzhunde mit den bekannten hartausgesprochenen deutschen Kommandowörtern geführt werden: „Sitz“, „Platz“, „Fuß“, „Fass“ und „Aus“. Auch das macht Sinn, besonders in nicht deutschsprachigen Ländern und dient sowohl der konsequenten Kommunikation mit dem Hund und der allgemeinen Sicherheit, da diese Wörter nicht so leicht verwechselbar sind.

Natürlich musst du jetzt nicht alle Kommandowörter ändern. Du kannst selbstverständlich auch bei deutschen Wörtern bleiben, sogar auch bei „Komm“ oder „Hier“. Nur für Letzteres brauchst du eine gute Selbstwahrnehmung und eine noch bessere Disziplin, dass du diese Wörter für nichts anderes tagsüber mit dem Hund verwendest. Das wiederum kann eine große Herausforderung sein. Mach es dir und deinem Hund leicht. Manchmal ist es einfacher, Neues zu erlernen, als Altes umzulernen. **Gut gewählte Wörter für Anweisungen sind wie wirkungsvolle Zauberwörter.**

Weitere Signale

Andere akustische Signale wie Hundepfeife, Schnalzen, Klatschen oder ein selbst erzeugter Pfiff sind natürlich auch eine gute Alternative. Vorausgesetzt, auch hier herrscht Ordnung. Geräusche haben immer den Vorteil, dass sie emotionsneutral sind und wir den Hund nicht noch zusätzlich mit unserer Stimmung verunsichern.

Noch besser ist, unsere Körpersprache und Handzeichen zu den akustischen Signalen einzusetzen. Somit werden wir am verständlichsten für unseren Hund. Bei Handzeichen verläuft es sich ähnlich wie bei den Wörtern. Setze immer ein Handzeichen für eine Handlung ein. Vermeide auch hier Doppeldeutigkeiten und zu viel Kreativität.

WER SOLL WAS MACHEN?

Von kleinen Feinheiten, die das Ergebnis bestimmen!

Wo wir gerade bei „Kommunikations-Fallen" sind, möchte ich dir noch zwei kleine Feinheiten mit auf den Weg geben, wenn es um Anweisungen geht, die eine große Wirkung haben können.

Erste kleine Feinheit

Zu oft beobachte ich Hundehalter, die ihren Hund ausschließlich nur bei ihrem Namen rufen. Das klingt dann in etwa so: *„Arco."*, *„Aaarco!"*, *„ARCO!!!"*

Allzu oft höre ich mich sagen: *„WAS soll er denn machen?"* und der Kunde antwortet daraufhin: *„Na ja, herkommen, was denn sonst!"* Klar, denke ich mir, nur warum darf der Hund das nicht wissen?

Stell dir vor, du bist dein Hund und schnupperst 30 Meter von deinem Menschen entfernt, in der Wiese. Jetzt hörst du nur, dass dein Name gerufen wird. Allerdings wird dir nicht gesagt, was für eine Anweisung du ausführen sollst. Was ist deine Reaktion?

Wahrscheinlich machst du es wie jeder logisch denkende Hund. Du fühlst dich zwar angesprochen, wartest aber besser mal ab, ob da noch eine Anweisung für dich kommt.

Man gewinnt fast den Eindruck, als fordere der ein oder andere Hundehalter von seinem Hund, dass er bitte schön seine Gedanken lesen soll, damit er sich selbst keinerlei Mühe mehr machen muss, eine klare Anweisung auszusprechen. **Doch ohne Anweisung, kann keine Anweisung befolgt werden.**

Es ist wie bei einem Brief. Du schreibst zwar eine Adresse auf den Umschlag, doch vergisst, die Botschaft aufzuschreiben. Gewöhne dir an, immer erst den Namen deines Hundes auszusprechen und dann gleich im Anschluss die Anweisung. In etwa so: *„Arco, weiter"*. Das klingt wie ein Vor- und Zuname, wie zum Beispiel: Max Mustermann, Felix Meier oder Katrin Kranz.

Ich verstehe ja das eigentliche Bedürfnis des Hundehalters, das dahintersteckt: Man ruft den Hund beim Namen, in der Hoffnung, dass er zu uns herüberschaut, damit wir ihm dann sagen können, was wir eigentlich von ihm wollen.

Viele glauben, dass der Hund nur hört, wenn er uns anschaut. Aber seien wir mal ehrlich. Womit hört denn der Hund? Mit seinen Augen oder seinen Ohren?

Wenn du zögerst, deinem Hund eine Anweisung zu geben, dann wird auch dein Hund mit der Ausführung zögern. Das ist logisch und kein Grund, ärgerlich mit deinem Hund zu werden. Also raus mit der Sprache, sag ihm, was du möchtest.

Zweite kleine Feinheit

Hierbei höre ich mich immer zum Kunden sagen: *„WER denn?"* Das sind dann die Hundehalter, die nur das Signal rufen, aber vergessen, den Adressaten zu erwähnen. Das klingt dann so: *„Hier"*, *„Komm"*, *„Weiter"*.

Befindest du dich auf einem Hundeplatz und hast die ungeteilte Aufmerksamkeit und einen direkten Blickkontakt zu deinem Hund, dann ist es nicht nötig, ihn direkt mit seinem Namen anzusprechen. Doch beim Spaziergang ist dein Hund häufig abgelenkt, nimmt seine Umwelt bewusster wahr und hat nur eine geteilte Aufmerksamkeit für dich. Hört dein Hund jetzt nur ein Signal, fühlt er sich nicht direkt angesprochen, weil du seinen Namen nicht nennst. Die Wahrscheinlichkeit ist groß, dass dein Hund zögern wird oder gar nicht reagiert. Besonders dann, wenn du dich auch noch die ganze Zeit mit anderen Personen unterhältst und plötzlich ertönt aus dem Wasserfall an Wörtern ein „Hier". Der Hund fragt sich, ob er jetzt wohl gemeint ist oder ob wir nur weiter in unser Gespräch vertieft sind. Er wartet erst einmal ab und hofft auf mehr Details. Sind beispielsweise mehrere Hunde dabei, hättest du ja auch irgendeinen der anderen Hunde mit der Anweisung meinen können. Du siehst, einmal aus der Perspektive deines Hundes betrachtet, wird es verständlich, warum kleine Feinheiten in der Kommunikation das Ergebnis bestimmen.

ZUM EIGENEN WORT STEHEN

Wie wir es schaffen, zu unserem eigenen Wort gegenüber unserem Hund zu stehen.

Hast du manchmal das Gefühl, dass dein Hund dich nicht für voll nimmt oder den Anschein erweckt, er würde deine Anweisungen nicht ernst genug nehmen, um diese auch tatsächlich auszuführen? Als wäre das, was du sagst, unwichtig, unbekannt und unbedeutend? Passiert das häufiger, als es uns lieb ist, wirft es einen Schatten auf die Beziehung zu unserem Hund. Unsicherheit macht sich breit und wir bekommen Zweifel, ob das der richtige Hund ist oder ob man wohl selbst der passende Halter für dieses „dickköpfige" Tier ist.

DICKKÖPFIGKEIT BEI HUNDEN?

Es gibt keinen Hund mit einer dickköpfigen Persönlichkeit! Diese ignorante Eigenschaft, so wie wir sie ihm unterstellen, existiert unter Hunden nicht, selbst nicht bei Dackeln. Es ist nur ein menschlicher Versuch, eine Erklärung dafür zu finden, warum der Hund innerlich besser ausgerichtet ist als sein menschlicher Begleiter, gepaart mit einem voll ausgereiften Willen. Der Hund hat einen Plan für seine Aktionen, während sein Mensch erst noch versucht, eine Situation zu begreifen, um herauszufinden, was er eigentlich von seinem Hund möchte.

Gründe für das Nicht-Befolgen verbaler Anweisungen

Natürlich gibt es unterschiedliche Gründe, warum ein Hund auf unsere verbalen Anweisungen nicht reagiert oder nicht reagieren kann. Einige dieser Gründe haben wir bereits besprochen. Doch gibt es auch gravierendere Erklärungen, angefangen von *„er hat es noch nicht gelernt"* über *„er hat noch keinen Bezug zu uns aufgebaut"* bis hin zu *„er kann tatsächlich akustisch nichts mehr wahrnehmen, da er klinisch taub ist"*. Sind alle Gründe ausgeschlossen und der eigene Hund nimmt uns nur dann wahr, wenn wir ihn gefühlt anschreien, dann liegt es erfahrungsgemäß daran, dass wir bisher keine klare Aussage in unser Wort gelegt haben. Unabhängig von der richtigen Wortwahl kommt es durchaus vor, dass wir nicht zu unserem Wort stehen.

Manch ein Hundehalter muss erst völlig genervt vom Verhalten oder dem „Nicht-Folgen" seines Hundes werden, bis er innerlich bereit ist, eine klare Anweisung zu geben. Das allerdings wird dann oft sehr laut, ernst und klingt unangenehm. Man brüllt dem Hund das Kommando ins Ohr, nur um seinem Unmut endlich Luft zu machen. Und wenn das auch noch funktioniert und der Hund darauf endlich wieder „kooperativer" wird, denkt man, man habe einen Hund, den man nur „dominant" führen kann. Doch in Wahrheit schüchtert unser energisches Auftreten den Hund ein, er beschwichtigt daraufhin massiv und wird mit uns vorsichtig.

Es sind interessanterweise diese verzweifelten Momente, in denen wir zwar emotional werden, aber dann auch innerlich zu unserem Wort stehen. Geht das auch einfacher und vor allem ohne diese massive Lautstärke und Theater?

DEFINITION EINER KLAREN ANWEISUNG

Ein Kommando, ausgesprochen ohne jeglichen Interpretationsspielraum und ohne den Eindruck zu erwecken, dass man noch diskutieren könnte. Hierbei kommt es nicht auf die Lautstärke an.

Stimmungswahrnehmung mit allen Sinnen

Hunde haben die außerordentliche Fähigkeit, stets im „Hier und Jetzt" zu sein. Eine absolute Präsenz in jedem Augenblick, mit all ihren Sinnen: Augen, Ohren, Nase, Gespür. Sie messen ihr Leben nicht in Zeit, sondern sie leben in Momenten. Daran denke immer, wenn du mit deinem Hund zusammen bist. Ein Hund ist sich deiner stets bewusst, auch in den Momenten, in denen deine Selbstwahrnehmung ausgeschaltet ist, weil dich anderes beschäftigt.

Er hört an deiner Stimme und erkennt an deinem Ton, in welcher Stimmung du gerade bist und spürt, von welchem Gefühl und welchen Emotionen du dich gerade leiten lässt. Bist du entspannt, lustig, genervt, traurig, gereizt, verunsichert? Dein Hund hört jede noch so kleine Tonänderung in deiner Stimme. Auch nimmt er wahr, wenn wir ihm eine Anweisung geben, er es uns aber nicht glauben kann, da wir etwas anderes meinen oder uns selbst nicht glauben.

In der folgenden Fallgeschichte wird klar, was ich meine und vielleicht wird sich der ein oder andere Leser sogar ein Stück weit wiedererkennen.

Aus der Praxis

Elli, eine zweijährige, wunderschöne, gut gelaunte Weimaraner-Hündin, hat ihre Vorliebe für Mauselöcher entdeckt. Auch ihre Kreise im Freilauf werden immer größer. Ihr Frauchen Sabine ist am Verzweifeln, weil Elli kaum noch auf ihre Kommandos reagiert. Es scheint an manchen Tagen, als hätte Elli vergessen, dass sie als Welpe bei mir in der Hundeschule war. Die Anweisungen, die sie einst perfekt beherrschte, wie „Weiter" oder „Zu mir", scheinen nur noch verblasste Erinnerungen an bessere Zeiten zu sein. Sabine wird von Tag zu Tag unsicherer, Elli frei laufen zu lassen. Sie kann nicht mehr darauf vertrauen, ihren Hund sicher ohne Leine zu führen. Aus diesem Grund vereinbaren wir einen gemeinsamen Spaziergang entlang von Wiesen, Feldern und Waldrändern – genau die passende Kulisse für Ellis neu gewonnene Leidenschaft. Wir lassen Elli laufen und gehen am Waldrand entlang. Sabine erzählt mir, dass sie sehr enttäuscht von Elli ist, und dass sie 9 von 10 Mal zögerlich oder gar nicht reagiert, wenn sie beispielsweise das Kommando „Weiter" von ihr bekommt.

Es dauert nicht lange, da findet Elli auch schon das erste Mauseloch. *„Sabine"*, frage ich, *„was würde passieren, wenn du Elli mit Weiter rufst?" „Ich kann es ja mal versuchen, aber wahrscheinlich wird das nichts"*, kommt prompt die Antwort von Sabine. Sie ruft ihre Hündin mit „E l l i, W e i t e r!" Keine Reaktion seitens des Weimaraners. Nach all den Jahren als Hundetrainerin habe ich ein Gehör dafür entwickelt, der menschlichen Stimme mit den Ohren eines Hundes zu lauschen. Ich nehme ebenfalls die kleinsten Nuancen im Tonfall wahr und merke sofort, ob der Mensch zu dem steht, was er sagt oder eben nicht. Sabine hat eindeutig nichts von dem gemeint, was sie Elli gesagt hat. Nun werde ich neugierig und kündige Sabine an, Elli einmal selbst zu rufen, um zu schauen, ob es einen Unterschied macht. Voller Überzeugung, dass Elli jetzt mit uns sofort weitergehen wird, wenn ich ihr das Kommando „Weiter" gebe, rufe ich sie laut und deutlich, aber freundlich, da sie immerhin 120 Meter entfernt ist, mit „E L L I, W E I T E R!"

Unmittelbar unterbricht Elli ihr eifriges Buddeln, reißt ihren Kopf in die Höhe und springt im Galopp los, um uns am Waldrand einzuholen. Ich lobe Elli, Frauchen ist verblüfft.

Sabine gab zu, dass sie beim Aussprechen des Kommandos gar nicht daran geglaubt habe, dass Elli überhaupt reagieren würde. Noch dazu hatte sie viele Beweise in den letzten Wochen und Monaten mit ihrer Hündin gesammelt, da sie nur schwer abrufbar war. Weil Elli immer weniger folgte, wurde Sabine immer unsicherer und verlor den Glauben daran, dass sie ihren Hund im Freilauf führen könnte. Somit schwang in ihrer Stimme folgende Aussage mit: *„Elli, ich möchte zwar, dass du jetzt mit uns weitergehst, aber du wirst ja sowieso nicht mitkommen!"* Eine freundlich ausgesprochene Anweisung, gewürzt mit einer Prise Enttäuschung und Schuldzuweisung an den Hund. Das kann nicht funktionieren. Als ich gerufen habe, ging ich fest davon aus, dass Elli mich hört und die Anweisung, wie einst eintrainiert, sofort ausführen wird. Somit habe ich keinen einzigen Millimeter an meinem Kommando-Willen gezweifelt, und schon gar nicht an Ellis Fähigkeiten zu folgen. Ich habe der Weimaraner-Hündin ein Signal gegeben und stand mit voller Überzeugung zu meinem Wort. In meiner Stimme lagen Sicherheit, Klarheit und der feste Glaube an Ellis Kooperation. Als ich Sabine dazu aufkläre, wird es ihr schlagartig bewusst. Sie setzt meinen Ratschlag, an Ellis Arbeitsbereitschaft zu glauben, mutig um und für den Rest der Stunde haben wir einen fröhlichen, folgsamen, frei laufenden Weimaraner an unserer Seite. Sabine bekommt wieder Vertrauen in ihre eigenen Führungsqualitäten ihrem Hund gegenüber. Das ist genau das Puzzleteil, das ihr gefehlt hat.
Heute ist Elli immer noch eine Schönheit mit ihren 12 Jahren. Sie durfte jeden Tag in ihrem Leben den Freilauf genießen, nur die Mauselöcher sind jetzt nicht mehr so wichtig.
Das zu sagen, was man meint und das zu meinen, was man sagt, wird leider auch zu wenig in der zwischenmenschlichen Kommunikation praktiziert. Was für ein Glück wir doch haben, einen Hund an unserer Seite zu wissen, der uns stets daran erinnert.

FÜHREN UNTER ABLENKUNG

Folgen unter Ablenkung ist besonders für junge Hunde noch sehr schwer. Aber unter Ablenkung einen Hund klar und konsequent zu führen, ist eine Fähigkeit, in der sich der ein oder andere Hundehalter noch üben darf.

Aus der Praxis

Als Frau Dinkelmeier in die Rente kam, kaufte sie sich gleich einen Pudelwelpen, um sich ihren Kindheitstraum zu erfüllen. Benito kam mit seinem Frauchen zu mir ins Welpentraining und lernte die drei wichtigsten Freilaufsignale wie „Zu mir", „Weiter" und einen Rückrufpfiff für den Notfall. Beide funktionierten wunderbar zusammen und ich hörte fast zwei Jahre nichts mehr von ihnen, bis sie mich um Hilfe bat. Benito wäre jetzt in einer schwierigen Phase, erklärte mir sein Frauchen, da er nicht mehr so gut folgte wie früher. Er lasse sich zu sehr von allen möglichen Reizen ablenken und sei dann nicht mehr abrufbar.

Gleich in der ersten Trainingsstunde dauerte es keine 5 Minuten im Freilauf, bis sich eine Situation ergab, die mir die Augen öffnete und mir zeigte, wo bei den beiden das Problem lag.

Benito sah auf 350 Metern Entfernung eine Bewegung in einem privaten Wildgehege oben am Waldrand. Allerdings lagen zwei große Weidewiesen und eine beruhigte Straße dazwischen. Benito gab Gas und rannte in Raketengeschwindigkeit Richtung Wildgehege. Frauchen stand hysterisch neben mir und schrie in den höchsten Tönen folgende Worte: *„HIERHIN!!! Benito, KOMM JETZT HIERHIN!"* Ich blieb ruhig, aber doch erstaunt über ihre unproduktive Wortwahl, da ich noch ganz genau wusste, dass wir Benito nie das Signalwort „Hier hin" beigebracht hatten, sondern das Wort „Zu mir".

Ich bat Frau Dinkelmeier, Ruhe zu bewahren, während ich den kleinen Ausreißer zurückholte.

Als ich ihre Kommandogebung ansprach, war ihre Reaktion sofort abwehrend, da sie fest davon überzeugt war, sie hätte gerade ihren Pudel mit „Zu mir“ zurückgerufen und nicht mit „Hierhin“. So viel zum Thema Selbstwahrnehmung.

Auch mit diesem Beispiel wird deutlich, dass nicht nur unser Hund unter Ablenkung folgen muss, sondern auch wir in dieser Situation klare Anweisungen geben müssen. In diesem Fall war es für Benitos Frauchen erschreckend, dass er über die Straße rannte, auch wenn dort pro Tag nur drei Autos entlangfahren. Sehen wir in Stresssituationen Horrorszenarien vor unserem geistigen Auge vorbeihuschen, ist uns sowohl Selbstdisziplin als auch eine klare und konsequente Signalgebung fast unmöglich.

Ich bin fest davon überzeugt, dass jeder Mensch lernen kann, auch in Stresssituationen effektiv, richtig und klar mit seinem Hund zu kommunizieren. Genauso wie ich davon überzeugt bin, dass jeder Hund lernen kann, auch unter starker Ablenkung abrufbar zu sein. Meine Lösung ist, dass wir uns erstens in unserer Selbstwahrnehmung üben, damit wir überhaupt realisieren, was hier passiert ist. Und zweitens hilft es, wenn wir im Nachhinein unser erlebtes Drehbuch umschreiben. Das bedeutet, dass uns klar wird, was wir hätten besser machen können und uns dann bis ins Detail die Erinnerung verbessert abspielen, wie ein gelungener Spielfilm am Samstagabend mit Happy End.

Es ist bewiesen, dass es unserem Unterbewusstsein völlig egal ist, ob wir etwas tatsächlich erlebt haben oder ob wir es uns nur vorgestellt haben. Auf diese Weise programmiert man sein Unterbewusstsein und kann das richtige Verhalten in kommenden Stresssituationen in Zukunft abrufen.

Nicht „zu seinem Wort zu stehen“ geht auch anders, wie folgendes Beispiel aus der menschlichen Welt hervorhebt.

Wie steht es mit der Glaubwürdigkeit?

In unseren sozialen Beziehungen wird ein Chef einer Firma interessanterweise von seinen Angestellten ähnlich bewusst und sehr genau wahrgenommen. Die Angestellten spüren, in welcher Stimmung er heute Morgen ist, haben sich genau gemerkt, was er zu wem wie gesagt hat und was er heute von dem, was er angekündigt hat, auch umgesetzt hat oder was eben nicht.

Überwachungskameras werden diesbezüglich völlig überbewertet. Angestellte bemerken einfach mehr, besonders, wenn das eigene Job-Schicksal in dieser Firma von dem Verhalten und der kommunikativen Fähigkeit des Chefs abhängt.

Was, glaubst du, passiert, wenn der Chef Ereignisse ankündigt, Umsetzungen verspricht, Ziele plant und keine von diesen oder nur wenige einhält? Oder schlimmer noch, er verteilt Aufgaben, die er dann gar nicht einfordert? Er wird zu einem Mann, der nicht zu seinem Wort steht und verliert in den Augen seiner Mitarbeiter seine Glaubwürdigkeit.

Leider gibt es immer wieder Chefs, Geschäftsführer und Bosse im wahren Leben, die nicht zu ihrem Wort stehen. Doch was sind die Folgen im Betrieb, mit denen der Chef zu rechnen hat?

Das Erste, was passiert, ist, er verliert den Respekt seiner Mitarbeiter. Denn das, was er sagt, wird nicht mehr für wichtig empfunden. Sein Wort ist sozusagen nichts mehr wert. Er ist schlichtweg inkonsequent in Wort und Tat.

Wie stehen die Chancen für den Chef, seine Mitarbeiter zu motivieren, ihnen Aufgaben zu erteilen, oder sie fürs Zu-spät-Kommen zu ahnden, damit alle in Zukunft die Regeln beachten? Wie sieht es mit dem allgemeinen Arbeitsklima im Betrieb aus?

Die Antwort liegt auf der Hand: Das Arbeitsklima ist getrübt und man spürt, dass sich etwas am Horizont zusammenbraut. Der Betrieb droht unterzugehen, vergleichbar mit einem sinkenden Schiff. Denn der Erfolg und das Wachstum einer Firma hängt von einer guten Führung ab. Fehlt es an kommunikativen Fähigkeiten seitens der Führungspersonen, dann sind Missverständnisse das Ergebnis und schwächen die Firma. Die Mitarbeiter verlieren die Motivation und werden frustriert, die Krankmeldungen häufen sich und wahrscheinlich haben einige von ihnen bereits innerlich gekündigt. Fehlende Zielsetzung im Betrieb und keiner, der für Ordnung sorgt, alles verursacht durch einen inkonsequenten Chef, wird keine Firma unbeschadet überstehen.

Wird nun ein neuer, kompetenter Chef eingesetzt, der zu seinem Wort steht und das umsetzt, was er angekündigt hat, dann wächst der Respekt der Mitarbeiter. Sie haben nun einen genauen Plan, an den sie sich halten können, sie wissen, was von ihnen erwartet wird, ihre Arbeit wird wieder wichtig und sie halten sich auch an die Betriebsregeln, weil sie diese als funktionstüchtige Spielregeln verstehen. Das Arbeitsklima ist gut, das Verhalten der Mitarbeiter untereinander wird fairer und kollegialer. Bekommen sie seitens der Geschäftsführung sogar noch Anerkennung, bringen sie sich im besten Fall immer mehr mit ein und schaffen es, den Betrieb schneller voranzubringen, wie ein Segelschiff im Wind steuern sie Richtung Erfolg.

Wenden wir dieses Beispiel nun auf die Beziehung zu unserem Führungsverhältnis zu unserem Hund an, erscheint es logisch, dass der Hund nur so gut folgen kann, wie wir ihm Anweisungen fair und klar vorgeben, sowie festgelegte Regeln konsequent einfordern.

„Zu seinem Wort stehen“ bedeutet also, dass wir genau das tun beziehungsweise einfordern, was wir mit unseren Worten angekündigt haben.

Rufst du zum Beispiel „Arco, Hier“, dann willst du auch, dass er ganz herankommt, wie es zwischen euch ursprünglich abgesprochen war und trainiert wurde. Inkonsequent wäre, wenn du „Arco, Hier“ rufst und es reicht dir heute ausnahmsweise, dass er von einer bestimmten

Situation ablässt und nur etwas in deine Nähe kommt. Deine Erwartungen stimmen nicht mit der ursprünglichen Absprache überein. In diesem Fall reicht es dir, dass dein Hund nur den „halben Job" macht. Somit stehst du nicht zu deinem Wort und legst auch keinen Wert darauf, dass sich dein Hund die Mühe macht, ganz zu dir zu kommen. Es ist dir heute nicht wichtig, dass dein Hund sich an eure Absprache hält. Aber was lernt dein Hund? Er lernt, dass es manchmal nicht notwendig ist, auf „Hier" ganz heranzukommen, sondern dass es auch genügt, nur in die Nähe zu kommen. Doch wie sieht es morgen aus? Was passiert, wenn du morgen wirklich möchtest, dass dein Hund ganz herankommt – er aber gelernt hat, dass der „halbe Job" ausreicht? Wirst du dann ungeduldiger, lauter, gereizter oder wirst du sogar böse auf ihn? Hat er das verdient? Nein! Hier wird klar, dass deine eigene Inkonsequenz die gute Mitarbeit deines Hund verhindert und ihn in Zukunft unzuverlässig macht. Wenn dir die Anweisung nicht wichtig ist, warum sollte es für deinen Hund wichtig sein? Wenn du keinen Wert auf die richtige Ausführung legst, warum soll der Hund sich dann noch Mühe geben? Lass deinen Hund merken, dass dir die Zusammenarbeit mit ihm wichtig ist. Bei uns ist es ja auch so. Wenn wir merken, dass wir jemandem wichtig sind, dann ergibt die Zusammenarbeit automatisch mehr Sinn.

EIN WORT IST NUR EIN WORT

Doch ausgesprochen, braucht das Wort einen Adressaten, um etwas bewirken zu können.

Wörter sollen auch einen Adressaten bekommen. Sie müssen nicht nur ausgesprochen werden, sondern sie müssen auch mit einer gewissen Kraft bzw. Präsenz ausgesprochen werden, die beim Gegenüber ankommt. Besonders, wenn es sich um Anweisungen handelt, die du an deinen Hund richtest, sollten diese den Hund auch erreichen. Es geht hier nicht darum, dass man lauter werden soll, schreien oder überdeutlich die Wörter ausspricht. Wir wollen ja nicht die gesamte Nachbarschaft Sonntagvormittags aus dem Bett brüllen, wenn wir mit unserem Hund in der Wohnsiedlung eine Runde drehen, oder beim Waldspaziergang Rehe und Hasen in Panik versetzen. Es geht hier um die Glaubwürdigkeit, die Kraft und die Bedeutung, die wir unseren Wörtern beimessen. Das erreichst du, indem du zuerst deine volle Aufmerksamkeit wie ein Scheinwerfer bündelst und diese auf deinen Hund richtest. Werde dir bewusst, welche Handlung du von deinem Hund sehen möchtest und gib ihm erst dann das Kommando mit einer Glaubwürdigkeit, die niemand anzuzweifeln vermag.

Aus der Praxis

Es gibt Situationen, in denen kann ich meinen Hunden im Flüsterton eine Anweisung geben und sie folgen. Vor Kurzem gab es solch eine Situation. Während ich mit meinem Kopf eigentlich beim Schreiben dieses Buches war, sah ich aus dem Augenwinkel, wie mein Zwergdackel Zwieback und mein Coonhound Franz Josef in ihren Bewegungen einfroren und gemeinsam in die Ferne blickten. Ich schaute auf und sah, dass beide einen Reiter fixierten, der in unsere Richtung galoppierte. Bewusst der Tatsache, dass dies eine Situation war, die sich ein pflichtbewusster Dackel, der etwas auf sich hält, nicht nehmen lassen würde, sich garantiert aktiv mit Gebell darum zu kümmern, blieb ich ganz ruhig und flüsterte: *„Zwieback, Franz Josef, schaut mal her.“* (Das Signal fürs Herankommen ohne Vorsitzen.) Ich sah ein Ohr beim Dackel zucken, aber noch nicht die Reaktion, die ich haben wollte. Also wiederholte ich mich, verstärkte dabei meine Aufmerksamkeit für das Kommando und flüsterte erneut die Anweisung. Beide drehten sich, trotz des auf uns zu galoppierenden Pferdes, sofort zu mir und kamen her. Wir drehten uns daraufhin um und gingen ein Stück in die andere Richtung, bis der Reiter wieder außer Sicht war.

„Zu seinem Wort stehen“ bedeutet demzufolge auch, dass wir innerlich ausgerichtet sind. Wir haben sozusagen unser inneres Navi programmiert, uns für ein Ziel entschlossen und dieses wortwörtlich nach außen kommuniziert.

Stehen wir mit unserer Stimme, unserer inneren Ausrichtung und unserer Konzentration zu unserem Wort, dann ist die Außenwirkung stark. Sehr stark sogar! Wir sind nicht nur glaubwürdig, wir werden auch respektiert, angenommen, ernst genommen und wahrgenommen.

Stimmen also dein „Innen“ und dein „Außen“ überein, haben deine Worte eine große Macht auf dein Umfeld. Und das nicht nur in der Menschenwelt. Ein Hund, der dich bis dato draußen ignoriert hat, wird dich auf magische Weise beachten und dir seine Aufmerksamkeit schenken. Ob er dann deine Anweisung ausführt oder nicht, liegt dann nur noch daran, ob er im Vorfeld von dir gelernt hat, was er tun soll.

Vermittelst du deinem Hund Sicherheit, weil du zu deinem Wort stehst, dann wird er sich gut fühlen und dir gern folgen. Sicherheit ist eine große Motivation, nicht nur für uns Menschen, sondern auch für unsere Hunde.

Denke daran – dein Hund bemerkt an dir alles und weiß in jedem Augenblick, wie viel Wichtigkeit du deinen Wörtern bzw. Anweisungen beimisst. Daher wird er immer der Erste sein, dem es nicht entgeht, wenn du nicht zu deinem Wort stehst. In solch einem Fall wird er wahrscheinlich nicht auf deine Anweisungen so reagieren, wie du es dir wünschst und er wird folglich der Erste sein, der deinen Frust darüber zu spüren bekommt.

Probiere es aus – steh zu deinem Wort und beobachte, was es für einen Unterschied macht.

KAPITEL 7

ÄRA DER UNVERBINDLICHKEIT

In seinem TEDx-Vortrag bot Autor und Redner Fabian Neidhardt seinem Publikum einen selbstkritischen Blick auf die verloren gegangene, gesellschaftliche Fähigkeit, Verbindlichkeiten zu leben. Wir leben in einer Unverbindlichkeits-Ära.

Durch die vielen unterschiedlichen Möglichkeiten der Kontaktaufnahme, per Anruf, E-Mail oder Messenger-Dienste, wird Unverbindlichkeit zu einem normalen Verhalten, da man fast jederzeit jeden erreichen kann. Unterschwellig wird dies sogar von jedem erwartet. Trifft man z. B. einen alten Freund beim Einkaufen wieder, heißt es: *„Hey, wir sollten uns mal wieder treffen. Wie sieht es bei dir nächsten Samstagabend aus?"* – Freund: *„Ja klar, gute Idee. Lass uns am Freitag noch mal kurz absprechen, ob es passt oder nicht."* Eine ganz normale Konversation in unserer Gesellschaft, die jeder kennt. Möchte sich jeder seine Unverbindlichkeit bewahren oder ist dieses Verhalten gesellschaftlich angelernt und wir merken gar nicht, dass wir einen eleganten Bogen um Verbindlichkeiten machen?

Vor hundert Jahren hat man sich Briefe geschrieben und das schnellste Kommunikationsmittel war ein Telegramm, in wenigen Ausnahmen auch schon ein Telefonanruf. Man musste sich entscheiden, wann und wo man sich trifft. Absagen 15 Minuten vorher funktionierten nicht, weil man es nicht kommunizieren konnte.

Wir sind es nicht mehr gewohnt, eine klare Abmachung auszusprechen, dazu zu stehen und diese einzuhalten. Im Beruf läuft es zum Glück noch verbindlicher ab, aber privat findet man es immer seltener.

Verbindlich ist verpflichtend, zuverlässig und bindend. Man steht zu seinem Wort bzw. zu einer Abmachung und man übernimmt die Verantwortung für sein Handeln.

KONSUMVERHALTEN

Auch das Internet fördert in uns unverbindliches Konsumverhalten. Besonders das Online-Einkaufen lockt den Verbraucher mit enorm viel Unverbindlichkeit. Angebote wie „erst Anprobieren und später bezahlen“ oder 14 Tage kostenloser Rückversand oder 30 Tage Geld-Zurück-Garantie macht es uns sehr einfach, unverbindlich einzukaufen. Wir müssen uns nicht sofort entscheiden, sondern erst, wenn das Produkt da ist. Dann überlegen wir uns, ob wir es wirklich behalten wollen oder nicht, oder ob wir es überhaupt gebraucht hätten oder nicht.

Selbst Ehen haben heute schon fast unterschwellig etwas Unverbindliches. Sich scheiden zu lassen, ist zwar nicht billig, aber es wird heutzutage jedem möglich gemacht und wird gesellschaftlich akzeptiert. Viele Celebrities beispielsweise haben schon drei oder vier Ehen hinter sich und es wird als „normal“ in solchen Kreisen betrachtet. Früher wurde man dafür diskriminiert und verlor sein gesellschaftliches Ansehen dafür, dass man es gewagt hatte, eine Verbindlichkeit unter Gottes Segen wieder zu brechen.

Aus meinem Leben

Nachdem ich mir Gedanken zum Thema Unverbindlichkeit gemacht habe, verstärkte ich meine Aufmerksamkeit auf mein Umfeld und meine Selbstwahrnehmung und hielt Ausschau nach Unverbindlichkeit jeglicher Art. Ich selbst musste erschreckend feststellen, dass ich besonders im privaten Bereich oft unverbindlich war. Als Beispiel: Ich wollte ein Treffen mit Bekannten und Freunden vereinbaren. Doch durch lauter höfliches angelerntes Verständnis für Unverbindlichkeit auf beiden Seiten kam fast kein Treffen mehr zustande.
Selbst innerhalb der eigenen Familie fiel mir mein unverbindliches Verhalten auf. Zwar nicht in den wichtigen Angelegenheiten, wie z. B. das Einhalten eines Zahnarzttermins meiner Tochter, sondern eher in den kleinen Dingen wie Wäsche waschen oder diese eine Sorte Chips vom Einkaufen mitbringen oder bezüglich der Verabredungen bei kleinen Freizeitbeschäftigungen mit meinen Töchtern. Da wir alle wissen, dass Kinder durch Nachahmen lernen, stellte ich mit noch größerem Erschrecken fest, dass auch sie sich in meiner Gegenwart Unverbindlichkeit angewöhnt hatten. Anweisungen von mir wie: *„Martha, räumst du bitte deine Bastelsachen wieder auf?“*, bekam ich die Antwort: *„Ja klar, mache ich später.“* Und die Bastelsachen lagen immer noch an derselben Stelle unaufgeräumt, als sie bereits zu Bett ging. Da wir ja nicht nur ein Vorbild für unsere Hunde sind, sondern auch für unsere Kinder, habe ich mir mehr Verbindlichkeit im Alltag in den kleinen Dingen wieder angewöhnt. Und siehe da, meine Kinder reagieren darauf mit mehr Verbindlichkeit ihrerseits und werden auch in den „kleinen Dingen“ zuverlässiger.

UNVERBINDLICHKEIT MIT HUNDEN

Warum ich von der Theorie der Unverbindlichkeits-Ära erzähle, ist deshalb interessant, weil wir unsere angelernte Unverbindlichkeit auch in den Umgang und in die Kommunikation mit unseren Hunden einfließen lassen.

Manche Hundehalter sprechen eine Anweisung an ihren Hund wie eine sauber ausgereifte Unverbindlichkeit aus. Sie sagen zwar „Charly, Weiter", aber in ihrer Stimme schwingt folgende Aussage mit: *„Charly, wenn du nachher Lust und Zeit hast, würde ich mich freuen, wenn du vielleicht in Betracht ziehen könntest, eventuell mit mir weiterzugehen."*

Eine Anweisung an deinen Hund sollte stets verbindlich sein. Denke daran: Auch das Signal „Charly, Weiter" ist eine klare Anweisung und kein Vorschlag.

Wenn es dir wichtig ist, dass dein Hund jetzt etwas Bestimmtes für dich tut, dann setze auf Verbindlichkeit und auf eine klare Aussage. Wenn es dir nicht wichtig ist, dass dein Hund jetzt etwas Bestimmtes für dich ausführt, dann sage lieber nichts und gebe ihm den Raum, das machen zu dürfen, was er möchte. Wir müssen ja nicht alles kommentieren und schon gar nicht unnötig etwas einfordern.

Dem Hund eine Anweisung zu geben, ist, wie eine klare Entscheidung zu treffen. Probiere es mal aus, so machst du dich auf jeden Fall glaubhafter in den Augen deines Hundes.

Hunde sind immer verbindlich. Wenn sie etwas tun, sind sie immer da, im Hier und im Jetzt.

TEIL 3 – KONSEQUENZ IM HUNDETRAINING

KAPITEL 8

GRUNDKOMMANDOS

Hundetraining bedeutet das Aufbauen von Anweisungen, Verknüpfungen und Konditionierungen, die wir dann unter Signalkontrolle bringen. Hiermit sind natürlich die sogenannten Grundkommandos gemeint (z. B. „Sitz", „Platz", „Bleib", „Fuß", „Steh", „Hier", „Weiter", „Bring", „Such", „Aus"), einen Rückruf für den Notfall, alle Anweisungen an den Hund, die auch auf Entfernung funktionieren sollen, Alltagsanweisungen (z. B. „Raus da", „Ab", „Rauf", „Runter", „Auf die Seite") und nicht zu vergessen alle lustigen Tricks (z. B. Pfötchen geben, sich im Kreis drehen, auf zwei Beinen stehen, Slalom durch die Beine). Jagdbegleithunde, Blindenführhunde, Diensthunde im Schutzdienst, Hütehunde, die an der Herde arbeiten, Rettungshunde, Behindertenbegleithunde, Schlittenhunde, Hunde, die das Militär unterstützen, haben alle individuelle Signale, die ihnen für ihre Arbeit antrainiert werden.

VIELFALT AN SIGNALEN

Wissenschaftliche Untersuchungen haben ergeben, dass Hunde bis zu 250 unterschiedliche Signale erlenen können. Natürlich brauchen wir für unsere Begleithunde weitaus weniger, für manch einen reichen schon drei bis fünf Signale, um ein zufriedenes Leben mit seinem Hund zu führen. Dass Hunde 250 Signale unterscheiden können, glaube ich aus meinen Erfahrungen sofort und ich wäre sogar offen zu behaupten, sie können noch mehr. Doch die wenigsten Hundehalter brauchen so viele Signale und es wäre auch schwer, im Alltag die Konzentration aufzubringen, alle Signale auseinanderzuhalten. Ich habe schon Hundehalter erlebt, die selbst bei drei unterschiedlichen Signalen überfordert waren.

Dazu passt eine charmante Fallgeschichte, wie clever Hunde verknüpfen und unsere Mankos in der Signalgebung so elegant ausbügeln, dass sie uns trotzdem gut dastehen lassen.

Aus der Praxis

Herr Gutenberg war bereits in Rente und seine etwas jüngere Ehefrau war eine erfolgreiche Managerin im Messebetrieb. Herr Gutenberg war viel zu Hause, sein Leben wurde im Ruhestand immer ruhiger und unspektakulärer, vor allem im Vergleich zu dem Arbeitsalltag seiner Frau, die täglich 10 Stunden arbeitete, tagsüber mit Hunderten von Menschen zu tun hatte und Messen für Hunderttausende Besucher auf die Beine stellte. Organisation war ihr Supertalent, während Herr Gutenberg entspannt in den Tag hineinlebte und sich um den Haushalt kümmerte. So kam es, dass sich das Leben eines Tages einen kleinen Scherz erlaubte. Es war ein trüber Morgen im März, mit leichtem Nieselregen. Herr Gutenberg zog sich seine Jacke über und brachte den Müll raus. Als er sich wieder umdrehte, um ins Haus zu gehen, stand plötzlich ein nasser, zotteliger grauer Hund vor seiner Tür. Nachdem er sich umgeschaut hatte, aber niemanden sah, der offensichtlich zum Hund gehörte, nahm er ihn mit ins Haus, trocknete ihn ab und suchte ihn nach einer Nummer ab, einem Anhänger oder einer Tätowierung, irgendetwas, das die Suche nach seinem Besitzer erleichtern würde, doch er konnte nichts finden. Er rief seine Frau an, erzählte ihr von dem ungewöhnlichen Besucher und fragte sie, was er nun tun solle. Sie gab ihm eine ganze Liste an Anweisungen. Also informierte er die Polizei, das städtische Tierheim, die Feuerwehr und die zwei größten Tierkliniken in der Nähe. Schließlich suchte er die nächste Tierarztpraxis auf, um nachzusehen, ob der Hund einen Chip trug. Alles ohne Erfolg. Das Tierheim hatte keinen Platz mehr frei und bat ihn, den Hund so lange aufzunehmen, bis sich jemand wegen des Fund-Hundes melden würde.

Herr Gutenberg hatte keinerlei Erfahrungen in seinem Leben mit Haustieren und schon gar nicht mit Hunden. Seine Frau hatte auch noch nie einen Hund, aber sie betrachtete die Situation als ein neues Projekt, das sie durchaus bereit war zu managen. Beruflich war es ihre Aufgabe, für jedes ungewöhnliche Problem eine schnelle umsetzbare Lösung zu finden.
Sie schrieb eine Liste für den Hund und Herr Gutenberg war für die Umsetzung eingeteilt. Somit kaufte er Hundefutter, einen Napf, Leine und Halsband, ein Hundekörbchen, einen Anschnall-Hundegurt im Auto und was man sonst noch so braucht. Es vergingen acht Wochen, doch niemand meldete einen Hund als vermisst, der ihm ähnelte. Da das Ehepaar Gutenberg sich bereits an den kleinen strubbeligen Kerl gewöhnt hatte, beschlossen sie, ihn zu behalten. Sie nannten ihn Charly und der nächste Punkt, der auf der Liste stand, war der Besuch einer Hundeschule.

Herr Gutenberg vereinbarte einen Termin mit mir. Es musste ein Zeitpunkt sein, der in die Mittagspause seiner Frau passte, denn sie wollte auf jeden Fall mit dabei sein. Sie kamen mit getrennten Autos. Herr Gutenberg kam mit Charly und seine Ehefrau im Businesskostüm mit schicken Pumps, die sie noch schnell wechselte, um dann das Projekt „Training mit Charly“ anzugehen. Im Laufe der nächsten zwei Wochen hatten wir drei Trainingseinheiten im

Stadtwald und Charly fand das super. Er hatte richtig Spaß, neue Signale zu lernen. Frau Gutenberg war irre schnell in „Informationen aufnehmen und zu verarbeiten". Einmal erklärt, einmal gemacht und sie hatte es bereits verinnerlicht. Ihr Ehemann hatte es nicht so leicht, er kam schnell durcheinander und verwechselte die Wort-Signale und die dazugehörigen Handzeichen. Er rief das „Weiter" und machte das Handzeichen für das Herankommen, fürs Herkommen machte er das Handzeichen für „Sitz". Charly folgte recht zögerlich und manchmal kam er gar nicht, wenn sein Herrchen versuchte, ihm eine Anweisung zu geben. Mir tat es irgendwie leid für Herrn Gutenberg, weil er diesem Hund so selbstlos ein tolles, neues Zuhause gegeben hatte und jetzt so frustriert bemerkte, dass es ihm schwerfiel, den Hund klar zu führen. Frau Gutenberg erkannte das Problem schnell und schlug gleich eine Lösung vor: *„Schatz, wenn ich heute Abend wieder zu Hause bin, dann schreibe ich dir gleich eine Liste. Die nimmst du dann einfach zu jedem Spaziergang mit und kannst dann immer vorher kurz nachlesen, welches Signalwort mit welchem Handzeichen gemacht wird und was es bedeutet."*
Gesagt – getan!

Zwei Wochen später hatten wir wieder einen Termin mit Charly, allerdings ohne Frauchen, da sie bei der Arbeit aufgehalten wurde. Ich wusste, dass Herr Gutenberg sich nicht leicht damit tat, die Signale zu geben und auseinanderzuhalten und fragte ihn vorsichtig, wie die letzten zwei Wochen denn gelaufen wären? Ein leichtes Lächeln huschte über sein Gesicht und er meinte, dass es sehr gut mit Charly klappt. Ich freute mich und dachte, er habe die Signale richtig für sich einsortiert bekommen und Klarheit in den Anweisungen gefunden. Doch das war nicht der Fall.
Frau Gutenberg hatte, wie versprochen, eine Liste mit allen bisher aufgebauten Signalen, den Handzeichen und was sie bedeuten auf einem gelben Zettel erstellt. Diesen nahm Herr Gutenberg immer mit auf die Spaziergänge. Er hatte den Zettel zweimal gefaltet und in seine obere Jackett-Tasche gesteckt. Bevor er Charly eine Anweisung gab, nahm er ihn heraus, schaute kurz darauf, gab Charly dann eine Anweisung und belohnte ihn für die Ausführung.

Er erzählte mir: *„Irgendwie hat Charly sich diesen Ablauf eingeprägt. Ich brauche jetzt nur noch in meine Jackett-Tasche zu fassen, mit dem gelben Zettel zu winken und Charly kommt sofort angerannt, um sein Leckerchen abzuholen. Gestern kam er sogar schon angerannt, als ich nur meine Hand zur Jackentasche bewegte. Ich glaube, dass ich den Zettel bald gar nicht mehr brauche."*

Mir kamen die Tränen vor lauter Lachen. Charly war ein toller Hund und ein Meister in der Anpassungsfähigkeit. Die beiden hatten erst mal ihren Weg gefunden, denn mehr Kommandos, außer dem „gelben Zettel", brauchte Herr Gutenberg nicht für Charly. Ich traf die beiden ein halbes Jahr später wieder und sie machten einen sehr zufriedenen Eindruck.

Warum hapert es so oft an der Ausführung?

Hunde verstehen schnell und verknüpfen noch schneller, also sollte es für uns Hundehalter eigentlich sehr einfach sein, ihnen die notwendigen Signale beizubringen. Aber warum sieht man dann immer wieder Hunde, bei denen man das Gefühl hat, dass sie das Signal entweder nicht verstehen oder sich sträuben mitzuarbeiten?

Zu oft habe ich Hundehalter erlebt, die Monate, manchmal sogar Jahre brauchen, bis ihr Hund annähernd z. B. auf das Signal „Bleib" reagiert. *„Ständig muss ich meinen Hund korrigieren"*, *„Immer muss ich ihn daran erinnern"*, sind Sätze, die ich sehr oft von Hundehaltern zu hören bekomme.

Der Grund, warum Hunde über einen längeren Trainingszeitraum trotzdem die Anweisungen und Signale nicht zuverlässig befolgen, wie es von uns Menschen erwünscht ist, wird dich wahrscheinlich nicht überraschen: Fehlende Klarheit in der Kommunikation zum Hund, fehlende innere Ausrichtung des Hundehalters und vor allem fehlende Konsequenz im Training. Alle drei Gründe spielen oft zusammen und hindern den Hund daran, zu verstehen und im schlimmsten Fall verunsichert das den Hund noch zusätzlich.

Ein Hund kann nur so gut mitarbeiten, wie wir es ihm vorgeben! Geben wir klare Anweisungen auf eine Art, die der Hund versteht und setzen diese konsequent um, also immer auf die gleiche Weise, dann kann ein Hund gar nicht anders – er wird uns mit seiner Kooperation entgegenkommen und automatisch gut folgen. Auch wenn ich mich hiermit wiederhole, möchte ich erwähnen, dass Hunde sehr gern mit uns zusammenarbeiten, völlig unabhängig von der Rasse, sobald sie uns verstehen und sich von uns verstanden fühlen.

GEMEINSAM LERNEN

Handlung und Interaktionen, die miteinander funktionieren, machen beiden, Hund und Mensch, sehr viel Spaß. Wir sehen das z. B. bei unseren Kindern. Etwas Neues zu lernen, wie Fahrradfahren oder Schwimmen, kann am Anfang etwas holprig sein, bis man den Dreh endlich raushat. Dann gibt es kein Halten mehr! Es wird den ganzen Tag, bis es dunkel wird, Fahrrad gefahren. Es macht plötzlich irrsinnig viel Spaß. Meine Tochter hat letztes Jahr das Häkeln von ihrer Tante gelernt und als sie endlich die passende Feinmotorik dafür entwickelte und ihre Ergebnisse sehr gelungen aussahen, konnte sie in den Wintermonaten gar nicht mehr damit aufhören. Sie häkelte bis spät in die Nacht und morgens noch vor der Schule. Uns Erwachsenen geht es auch so. Haben wir etwas verstanden, ergibt es plötzlich einen Sinn und wir haben Spaß dabei. Lernen wir z. B. eine neue Fremdsprache und verstehen im Urlaub die Einheimischen, überkommt uns ein Glücksgefühl.

Im Hundetraining erlebe ich es ebenfalls. Kommt ein Hundehalter zu mir, weil sein Hund nur schlecht abrufbar ist und ich baue die Anweisung mit klarer Körpersprache, Handzeichen und passendem Wortsignal neu auf, sodass der Hund mich versteht, ist er erst einmal erstaunt, dass es bei mir reibungslos funktioniert. Erkläre ich ihm dann, was er alles richtig machen kann, damit sein Hund ihn versteht, lasse ich es ihn selbst versuchen. Sobald das gut klappt und sein Hund nun freudig angerannt kommt, muss ich ganz häufig den begeisterten Hundehalter erst einmal bremsen. Er kann gar nicht genug von diesem Erfolgserlebnis bekommen und meint nun, alle paar Meter seinen Hund rufen zu müssen. Er empfindet nach den frustrierenden Vorerfahrungen mit seinem Hund nun ein Glücksgefühl, weil es endlich funktioniert. **Wenn die Kommunikation passt, macht das gemeinsame Arbeiten erst richtig Spaß.**

Fangen wir mit dem Spaß an. Zuerst sollte erwähnt werden, dass allein du entscheidest, welche Signale und Anweisungen dir wichtig sind und für dich Sinn machen. Ich stelle dir hier ein paar Grundsignale vor, bei denen es bei den meisten Hundehaltern an Klarheit und Konsequenz fehlt. Meist sind es nur Kleinigkeiten, die du in deiner Körpersprache, im Einsatz der Stimme, im Timing oder im Schwierigkeitsgrad ändern kannst, um einen Erfolg zu sehen. Sozusagen ein kleines „Aufpolieren" deiner Signalgebung. Lass uns gemeinsam die Parameter für die Zusammenarbeit mit deinem Hund günstig verändern.

Deine Vorteile:

› Dein Hund versteht schneller.
› Dein Hund lernt schneller.
› Dein Hund macht weniger Fehler, die von dir unbewusst provoziert werden.
› Dein Hund wird zuverlässiger in der Ausführung der Anweisungen.
› Dein Hund hinterfragt und diskutiert weniger mit dir, ob er es nun machen soll oder nicht.

KAPITEL 9

RUHESIGNALE

Ruhesignale sind alle Anweisungen für einen Hund, die ihn in seiner Bewegung einschränken oder stoppen. Hierzu gehören beispielsweise „Sitz“, „Platz“, „Bleib“, „Steh“ oder „Halt“, aber auch das „Bei Fuß“-Signal.

Beim Signal „Sitz“ soll der Hund mit seinem Hintern den Boden berühren und sich in die Sitzposition begeben, bis er von uns die Erlaubnis bekommt, sich wieder frei bewegen zu dürfen oder wir ihm ein anderes Signal geben.

Doch viele Hunde setzen sich auf das „Sitz“-Signal hin, um dann gleich wieder aufzustehen. So schnell kann man gar nicht gucken und der Hund macht wieder etwas völlig anderes. Viele Hundehalter macht das wahnsinnig, dass der Hund nicht ruhig sitzen bleiben kann und korrigieren ihn permanent, erst freundlich, dann immer unfreundlicher. Die Stimme wird lauter, die Körpersprache bedrohlicher und häufig kann der Hund einem Leinenruck am Halsband oder einem „Runterdrücken des Hinterteils“ nicht entgehen.

Diese „Diskussion“, wie viele Hundehalter dieses Szenario bezeichnen, ist eigentlich nur ein Missverständnis, ausgelöst durch eine fehlende Regel, die wir Menschen versäumt haben, unserem Hund beizubringen. Das wirkt sich auf alle Ruhekommandos aus, wie uns die fehlende Geduld beim „Bleib“ und das ungeduldige Vorauslaufen-Wollen beim „Fuß“ beweisen.

DAS AUFLÖSE-SIGNAL

Der Hund hat nie gelernt, wie lange er die Ruheposition beibehalten soll. Gibst du deinem Hund das Signal „Sitz“ oder „Bleib“, wie lange soll er dann sitzen bleiben? Zehn Sekunden, zehn Minuten, eine Stunde oder für immer? Genau diese Information fehlt deinem Hund.

Die Lösung ist genauso logisch wie einfach: Der Hund soll so lange die Position beibehalten, bis du ihn wieder aus der Übung entlässt. Dafür ist ein sogenanntes Auflöse-Signal zu empfehlen, das für den Hund bedeutet, dass die Übung für ihn beendet ist und er sich wieder frei bewegen darf. Leider versäumen viele Hundehalter, ein Auflöse-Signal von Anfang an zu etablieren und wundern sich, dass ihr Hund nie so zuverlässig folgt, wie sie es sich wünschen. Dem Auflösen von Ruhesignalen wird leider viel zu wenig Aufmerksamkeit geschenkt. Das ist schade, denn die Auswirkungen sind für beide Seiten, Hund und Mensch, sehr frustrierend. Hunde haben eine klare Absprach mit uns verdient – nur dann können sie Ruhesignale gut ausführen.

Hilf deinem Hund, die Bedeutung von Ruhesignalen zu verstehen! Dadurch wird er für dich zuverlässiger und du ersparst ihm und dir sehr viel Ärger. Es bedarf nur deiner Konsequenz. Löst du jedes Mal das Ruhesignal wieder auf, dann wird dein Hund in Zukunft auch zuverlässig und geduldig darauf warten.

Wahl eines Auflöse-Signals

Welches Signal du für das Auflösen verwenden möchtest, liegt an dir. Ich möchte dir hiermit nur empfehlen, ein unverwechselbares Signal zu verwenden, das im Alltag nie vorkommt, außer wenn du den Hund aus einer Übung entlässt. Ich erlebe viele Hundehalter, die z. B. das Wort „Okay" wählen, das aber auch im Alltag viel zu häufig einfach so gesagt wird. Grundsätzlich empfehle ich ein bestimmtes Handzeichen, kombiniert mit einem Wortsignal.

Aufbau eines Auflöse-Signals

Falls du und dein Hund noch kein gemeinsam funktionierendes Auflöse-Signal habt, stelle ich dir hier eine bewährte Möglichkeit vor.

Bevor ich den Hund aus einer Anweisung entlasse, möchte ich ganz kurz, dass er Blickkontakt mit mir hält. Nur für eine Sekunde, damit wir uns beide aufeinander konzentrieren. Ich hebe also meine Hand hoch, in Höhe meiner Augen und sage „Pass auf". Sobald mein Hund hoch zur Hand und in mein Gesicht schaut, geht die Hand wieder runter und weist den Hund an, dass er wieder gehen darf, kombiniert mit dem Wortsignal „Fertig". Gern mache ich dabei einen Rückwärtsschritt, wenn der Hund sich direkt vor mir im Kommando befindet, oder ich gehe einen Schritt vorwärts, sollte der Hund neben mir im Kommando verweilt haben, wie beispielsweise beim „Bei Fuß".

Anstatt „Pass auf" kannst du z. B. auch „Schau" sagen, „Guck her" oder „Achtung". Und anstatt „Fertig" kannst du auch „Frei", „Das war's", „Jetzt" oder „Lauf" sagen. Entscheide dich für bestimmte Wortsignale und bleibe ab heute dabei.

Um das Auflöse-Ritual zu trainieren, benutze ich zu Beginn ein Leckerchen, welches ich in die Hand nehme, die ich nach oben führe, um den Hund freizugeben. Der Hund kann sich dann gern die Futterbelohnung aus meiner Hand nehmen, wenn er bei „Frei" aus dem Ruhesignal aufgestanden ist. So bekommt er erst die Belohnung, wenn er das kurze Auflöse-Ritual bis zum Ende ausgeführt hat. Auf diese Weise lohnt es sich für den Hund, noch kurz in der Ruheposition zu verharren, denn Futter gibt es erst, wenn er die Erlaubnis bekommen hat aufzustehen. Von Woche zu Woche kann man die Leckerchen auch ausschleichen, je nachdem, wie weit das allgemeine Training fortgeschritten ist, bis man diese schließlich nicht mehr braucht.

Zu Beginn kurze Zeitspannen

Wendest du das Auflöse-Signal im Training zum ersten Mal an, dann halte die Zeit zwischen Ruhe- und Auflöse-Signal so kurz wie möglich. Somit hat er gar keine Chance, schon vorher aufzustehen. Sobald dein Hund nach einigen Wiederholungen (die müssen nicht alle an einem Tag erfolgen) merkt, dass es sich lohnt, kurz innezuhalten, um auf dein Signal zu warten, kannst du die Zeitspanne von Mal zu Mal vergrößern. Sollte dein Hund aufstehen, ohne von dir das Auflöse-Signal bekommen zu haben, führst du ihn mit Handzeichen wieder an die Stelle zurück und wiederholst dein Ruhesignal, z. B. das „Sitz". Schimpfen für frühzeitiges Aufstehen bringt nichts! Bleib ruhig, korrigiere ihn souverän und wiederhole die Übung. Wähle die Verweilzeit kürzer, damit er bei der Wiederholung alles richtig machen kann. Das Leckerchen bekommt er allerdings erst, wenn er das Auflöse-Signal abgewartet hat.

Fügst du ab jetzt das Auflösen konsequent in alle Ruhesignale ein, wird dein Hund viel kontrollierter auf dein Signal warten. Er lernt, von Mal zu Mal mehr Geduld zu haben und vertraut darauf, dass du das Signal auch jedes Mal auflöst. Gerade junge Hunde und reizreaktive Hunde profitieren von der erlernten Geduld. Andere nennen es auch Impulskontrolle.

Das Auflösen eines Ruhesignals bietet dem Hund Klarheit und für uns die Chance, konsequent zu sein.

Aus meinem Leben

Smilla war mein erster Trainingsbegleithund. Eine Mischung aus Border Collie und Riesenschnauzer. Als ich sie bekam, wohnte ich in der Stadt. Da mein vorheriger Hund leider nicht alt wurde, weil er dem Verkehr zum Opfer fiel, habe ich mir geschworen, dass Smilla absolut straßensicher wird. Ich bekam sie mit acht Wochen und habe sie in einer beruhigten Wohngegend nachts um 23 Uhr, wenn kein Verkehr war, daran gewöhnt, immer auf dem Bürgersteig zu laufen. Erreichte sie das Ende des Bürgersteigs, war ihre Aufgabe, stehen zu bleiben und auf mein Signal zu warten, um dann gemeinsam mit mir die Straße zu überqueren. Das erforderte von mir hohe Aufmerksamkeit und absolute Konsequenz, denn auch ich musste mich an die Regel halten, ihr jedes Mal das Signal „Schau“ und „Rüber“ zu geben, bevor wir die Straße überquerten. Wenn ich sah, dass auch nur eine ihrer Krallen von der Bürgersteinkante ragte, habe ich den kleinen Welpen gleich an der Brust mit der Hand ausgebremst und sie mit einem „Nein“ leicht wieder auf den Bürgersteig bugsiert. Ging sie dann wieder auf dem Bürgersteig weiter oder wartete mit etwas Abstand von der Bordsteinkante, lobte ich sie mit freundlicher Stimme. Später habe ich bewusst Ablenkungen eingebaut, z. B. bin ich selbst ohne Ankündigung über die Straße gegangen. Kam sie mir nach, habe ich sie sofort korrigiert. Ohne „Schau“ und „Rüber“ durfte sie NIE auf die Straße. Von Mal zu Mal erhöhte ich die Ablenkung und rannte alleine über die Straße zur anderen Seite und wieder zurück, und auch hier durfte sie mir nicht folgen und musste auf dem Bürgersteig bleiben. Dann warf ich hin und wieder meinen Hut auf die Straße, dem sie nicht hinterherrennen durfte. So sah sie etwas auf die Straße fliegen, durfte aber nicht hinterher. Andere Reize, wie andere Hunde, Katzen, Menschen, die sie kannte, waren ebenfalls Teil des Trainings. Sie wurde so zuverlässig, dass ich nie eine Leine brauchte. Ich kann mich noch daran erinnern, dass ich mit ihr quer durch München ohne Leine gelaufen bin.

Auch im Hundetraining begleitete sie mich und meine Hundekunden stets ohne Leine. An einem Sommertag spazierte ich mit einer Kundin und ihrem Hund durch den Stadtwald. Der Hund war noch jung, wild, ungestüm und zog an der Leine. Als wir aus dem Wald zur Straße kamen, galt meine gesamte Aufmerksamkeit dem Kundenhund. Wir überquerten diese Straße und noch zwei weitere, bis wir zum Parkplatz kamen, an dem unsere Autos standen. Hier besprachen wir die Trainingsstunde und planten einen neuen Termin, bis mir auffiel, dass Smilla gar nicht mehr bei uns war. Innerlich regte ich mich darüber auf, wo sie wohl sein könnte, oder ob sie irgendetwas Unerwartetes abgelenkt hatte. Und dann fiel es mir wieder ein! Ich hatte ihr vor lauter Ablenkung durch den Kundenhund am Bürgersteig kein Signal gegeben, um die Straße zu überqueren. Ich joggte sofort die drei Straßen zurück und tatsächlich – da stand sie, direkt an der Bürgersteigkante und schaute mich erwartungsvoll mit schräg gestelltem Kopf an, als ob sie mich fragen würde, ob ich sie vergessen hätte. Ihren Blick in diesem Moment werde ich nie vergessen. Ich gab ihr dann das Signal und sie freute sich riesig darüber, endlich die Straße überqueren zu dürfen. In dieser einen Situation hatte ich unsere Abmachung an der Straße vergessen – Smilla aber nicht. Sie hat in dieser Situation nicht an unserer Abmachung gezweifelt, sie hatte fest daran geglaubt, dass ich sie wie immer mit einem Signal über die Straße schicke. In diesem Moment wurde mir klar, dass Hunde sich mehr auf unsere Absprache verlassen, als wir uns dessen bewusst sind. Ich nahm mir fest vor, Smilla in dieser Hinsicht nie wieder zu enttäuschen. Ihre Konsequenz war ein Geschenk für meine Konsequenz ihr gegenüber, als ich die Straßensicherheit mit ihr im Welpenalter einstudierte.

SIGNAL „BLEIB“

Eigentlich wollen wir mit der Anweisung „Bleib“ von einem Hund nicht viel. Er muss nicht besonders viel tun, außer an einer bestimmten Stelle auf uns warten, bis wir wiederkommen und die Anweisung auflösen. „Fuß“-Laufen, aus dem Wasser apportieren oder eine verletzte Person in den Trümmern finden, ist schon etwas umfangreicher für einen Hund – und doch tun sich viele Hunde schwer, an einer Stelle auf uns zu warten. Woran liegt das? Trennungsangst, Hyperaktivität, fehlende Konzentration, Kooperationsmangel oder einfach nur fehlende Übung?

Aus meiner Erfahrung liegen die häufigsten Ursachen in Missverständnissen im Übungsaufbau und Inkonsequenz seitens des Hundehalters.

Bevor ich hier auf die gängigen Missverständnisse eingehe und erkläre, wie man dem Hund helfen kann, diese Übung schnell zu verstehen, möchte ich noch einen grundsätzlichen Gedankenanstoß zum „Bleib" geben, damit auch wir diese Übung verstehen.

Immer wieder fragen mich Hundehalter: „*Warum brauche ich eigentlich das Kommando „Bleib"? Wenn „Sitz" und „Platz" bedeutet, dass der Hund in dieser Position verharren soll, bis es aufgelöst wird, warum braucht er dann noch das Signal „Bleib"?*" Die Frage ist gut, doch findet diese Art der Anweisungen meist nur Anwendung auf dem Hundeplatz, ist aber für den Alltag eines Begleithundes weniger geeignet.

„Bleib" bedeutet, dass der Hund an einer bestimmten Stelle warten soll, auch wenn wir weggehen und sogar außer Sicht sind, bis wir wiederkommen und das Signal auflösen. Je nach Schwierigkeitsgrad kann das schon mal ein Weilchen dauern. Der Hund darf während des Wartens selbst entscheiden, ob er in der Sitzposition bleibt oder ob er sich hinlegt, weil es ihm zu lange dauert, oder ob er sich hinstellt, weil der Boden zu nass ist oder zu kalt oder bei Gefälle zu schräg. Wichtig ist nur, dass er an der zugewiesenen Stelle bleibt. Auf Dauer ist die Sitzposition für einen Hund sehr schwierig, da die Durchblutung der hinteren Beine gestaut wird. Das ist für den Hund unangenehm und macht es ihm teilweise sogar unmöglich, in dieser Position zu verharren. Deshalb sollte er die Chance bekommen, es sich so angenehm wie möglich zu machen, damit er genügend Ruhe für die Übung hat.

„Sitz“ und „Platz“ sind Anweisungen von meist kurzer Dauer und werden schnell wieder aufgelöst. Möchten wir unseren Hund aber darüber informieren, dass es länger dauern kann und wir uns zudem von ihm entfernen, dann ist es nur fair, ihm das „Bleib“-Signal zu geben. Auf diese Weise bekommt er die Erlaubnis, es sich „bequem“ zu machen und er braucht sich um uns keine Sorge zu machen, auch wenn er uns nicht sehen sollte. Er kann darauf vertrauen, dass wir wiederkommen und das Signal auflösen.

Aus der Praxis

Der Ort, an dem wir einen Hund absetzen, ist auch ausschlaggebend dafür, ob es dem Hund überhaupt möglich ist, diese Übung auszuführen oder nicht.
Eine Kundin wollte mit ihrem Boxer-Rüden das „Bleib“ im Wald üben. Sieben Mal musste sie ihn korrigieren, ihn immer wieder bitten, sich hinzusetzen und war enttäuscht, dass die Übung nicht genauso gut funktionierte wie am Vortag. Beim achten Mal schaute sie zufällig auf den Waldboden und stellte fest, dass sie ihren kurzhaarigen Hund mitten in eine Armeisenstraße abgesetzt hatte.

Der Dalmatiner-Junghund einer anderen Kundin hatte ein ähnliches Problem mit dem Untergrund. Es war schon Abend, doch tagsüber war es unerträglich heiß, wir hatten über 30 Grad im Schatten. Sie gab ihm auf einem asphaltierten Feldweg die Anweisung „Sitz“ und wollte ihm das „Bleib“ im Anschluss geben, doch dazu kam es nicht, weil der Hund immer wieder aufstand und nervös beschwichtigte. Bei der vierten Aufforderung ging der Hund vom Asphalt und setzte sich zwei Meter von Frauchen entfernt auf den Wiesenstreifen. Die Frau stand unsicher da und wusste nicht, ob sie ihn dafür loben oder lieber korrigieren sollte. Ich bückte mich schnell und prüfte die Temperatur vom Asphalt – er war sehr heiß. *„Auf jeden Fall belohnen“*, sagte ich, *„dein Hund ist großartig!“*. Der junge Dalmatiner spürte, dass der Asphalt zu heiß war und bot ihr eine für ihn machbare Lösung auf dem Wiesenstreifen an. Es lohnt sich immer wieder, die Lage aus der Sicht des Hundes zu betrachten.

Auch Gerüche können ein erhebliches Problem für einen Hund darstellen. Bei typischen Gassi-Strecken sind die ersten 100 Meter links und rechts häufige Markierstellen und Haupt-Löse-Plätze von zahlreichen anderen Hunden, die dort regelmäßig spazieren gehen. Das sind ebenfalls unangenehme Stellen für einen Hund, sich hinzusetzen. Sollte sich dein Hund am Wegesrand plötzlich „anstellen" und zögern, sich hinzusetzen, gehe einfach ein Stück weiter und versuche es erneut.

Aufbau der „Bleib"-Übung und das Aufdecken von Missverständnissen

Hunde achten enorm auf unsere Körpersprache, da sie viel eindeutiger ist als unsere Wörter. Sie reagieren immer sofort auf unsere Körpersprache und oft völlig unabhängig von dem, was wir dabei sagen. Aus diesem Grund solltest du genau wissen, wie du deinem Hund über Körpersprache helfen kannst. Zur Körpersprache gehört nicht nur ein Handzeichen als Signal, sondern auch die Sprache deiner Augen, also wo und wann du hinschaust, sowie dein Oberkörper und deine Beine, wohin sie sich bewegen oder wo sie sich hindrehen. Folgendes Beispiel beschreibt ein Szenario, das sich nur allzu oft zwischen Mensch und Hund abspielt.

Aus der Praxis

Lisa gibt ihrem Hund Arco das Signal „Sitz". Jetzt streckt sie ihre flache Hand aus, hält sie fast direkt vor seine Nase und gibt ihrem Hund mit lauter und ernster Stimme die Anweisung „BLEIB!". Dann geht sie erst ein paar Schritte rückwärts, schaut ihrem Hund fast permanent in die Augen, streckt ihre Hand erneut in seine

Richtung und sagt zur Erinnerung „B L E I B", während sie mit einem Kopfnicken ihre Aussage verdeutlichen möchte. Sie ist körperlich leicht angespannt, da sie jeden Moment damit rechnet, dass Arco wieder aufsteht. Sie geht ein paar Schritte weiter, dreht sich ab und zu ihrem Hund zu und sagt wiederholt das „Bleib", streckt ihm erneut ihr Handsignal entgegen und starrt ihm immer noch in die Augen. Jetzt, wie schon befürchtet, steht Arco auf und will einen Schritt auf sie zu machen. Da ertönt zur Korrektur ein noch lauteres und sehr strenges „Arco, BLEIB" von ihr. Es klingt wie eine Bedrohung. Sie geht dabei einen Schritt auf ihn zu, um ihn zu bremsen. Lisa wiederholt mit Nachdruck das „Sitz" und dann das „Bleib". Arco steht allerdings wieder auf und sie zerrt ihn ruppig am Halsband zurück zur ursprünglichen Stelle und drückt ihn mit einem bösen „Bleib jetzt" in die Sitzposition. Während sie wieder ein paar Schritte rückwärts geht, wiederholt sie das Wortsignal ständig, wie bei einer kaputten Schallplatte. Dann steht Arco erneut auf und das ganze Spiel geht von vorn los. Nach der fünften Korrektur hat sie es endlich geschafft, sich zwanzig Schritte vom Hund zu entfernen. Sie dreht sich direkt zu ihm, ruft ihn freudig mit „Hier" und freute sich riesig, dass er kommt. Diese Situation beschreibt nicht diesen einen Tag und diese eine Situation. Es war nicht einfach nur ein Tag, an dem ihr Hund nicht folgte, sondern Arco verhält sich seit Monaten wie beschrieben. Lisa regt sich darüber auf, dass die Übung für ihren lebhaften Springerspaniel viel zu schwer ist und er einfach keine Geduld hat. Ich erkläre ihr, warum ihr Springerspaniel das „Bleib" noch nicht verstanden hat und was sie anders machen kann, um ein gutes Ergebnis zu erzielen. In diesem Fallbeispiel hat Lisa fünf Dinge ungünstig gestaltet:

Problem 1: Lisa hat ihrem Hund die flache Hand direkt vors Gesicht gehalten. Abgesehen davon, dass das einfach unangenehm ist, sind Hunde eher weitsichtig und sehen alles direkt vor ihrer Nase nur verschwommen. Auch hat sie durch ihre laute und ernste Stimme den Hund beunruhigt.
Lösung: Besser ist, das Handsignal in Höhe des eigenen Oberkörpers zu machen. So muss der Hund hochschauen, die Hand ist etwas weiter entfernt und der Hund hat eine Chance, diese optisch wahrzunehmen. Ein leises, entspannt ausgesprochenes „Bleib"

wäre von Vorteil gewesen, da sie dadurch ihrem Hund Ruhe vermittelt hätte, die er besonders für diese Übung braucht. Hunde haben ein viel feineres Gehör als wir Menschen, daher können wir getrost leiser mit ihnen reden als mit unseren Mitmenschen.

Problem 2: Während Lisa von ihrem Hund weggeht, starrt sie ihm unentwegt in die Augen. Ein direkter Blickkontakt von uns zum Hund vermittelt diesem entweder eine Bedrohung oder eine Aufforderung, ganz nach dem Motto: *„Ich will jetzt etwas von dir."* Doch da Lisa nur möchte, dass ihr Hund dort auf der Stelle bleibt, ist ihr direkter Blickkontakt zum Hund sowohl überflüssig als auch verwirrend. Ihr Hund bekommt das Gefühl, dass sie etwas von ihm will, und wird deshalb aufstehen und zu ihr gehen.
Lösung: Sie muss sich angewöhnen, nachdem sie ihrem Hund das „Bleib"-Signal gegeben hat, von Arco wegzuschauen. Es reicht völlig aus, ihn nur aus dem Augenwinkel zu beobachten, während sie auf den Boden oder auf seine Pfoten schaut. Den direkten Blickkontakt in solch einer Situation zu vermeiden, wird für Arco einen großen Unterschied machen.

Problem 3: Sich vom Hund zu entfernen und dabei mit ihm zu reden, versteht der Hund als Einladung, uns zu folgen und somit ist es für das „Bleib"-Signal kontraproduktiv. Kombinieren wir das mit dem erwähnten Blickkontakt zum Hund, machen wir es dem Hund fast unmöglich, für uns das „Bleib" auszuführen.
Lösung: Nachdem Lisa ihrem Hund das „Bleib" gegeben hat, sollte sie das Reden einstellen und ruhig sein. Alles andere bringt unnötig Unruhe und erzeugt Missverständnisse.

Problem 4: Lisa hat ihren Hund auf Entfernung aus der Warteposition abgerufen. Das ist nicht zu empfehlen. Hunde, die grundsätzlich aus dem „Bleib" abgerufen werden, sitzen sprichwörtlich auf „heißen Kohlen". Vergleichbar mit einem Galopper in der Start-Box warten sie nur darauf, dass sich der Hundehalter endlich zu ihnen umdreht, um sie heranzurufen. Viele können das Signal dann nicht mehr abwarten und rennen einfach los.
Lösung: Solange der Hund das Kommando noch nicht sicher ausführt, sollte sie immer zu ihm zurückgehen, um es dort aufzulösen, wo sie ihn abgesetzt hast. So lernt Arco: *„Bleib bedeutet,*

dass es etwas länger dauern kann und ich muss so lange auf dieser Stelle bleiben, bis mein Mensch wieder zu mir kommt und mich aus der Übung entlässt".

Problem 5: Lisa hat Arco mit einem schimpfenden und lauten „Arco, Bleib!" empfangen, als er unerlaubt auf sie zukam. Abgesehen davon, dass sie unbewusst alles gemacht hat, um ihrem Hund das Warten zu erschweren, ist es immer schlecht, aus einer Anweisung eine Bestrafung zu machen. Was soll der Hund lernen? Dass „Bleib" eine Anweisung ist, oder dass „Bleib" bedeutet, etwas falsch gemacht zu haben? Zum Korrigieren gäbe es Millionen anderer Wörter, denen wir uns bedienen dürfen, vorausgesetzt, es ist notwendig. Doch Anweisungen sollten nie missbraucht werden, da man damit ganze Übungen erschwert und der Hund unnötig verunsichert wird. Das gilt natürlich für alle Anweisungen und Trainingssignale, nicht nur für das „Bleib".
Lösung: Beachtet Lisa alle bereits genannten Details, gibt sie ihrem Hund die Möglichkeit zu warten und die Chance ist groß, dass sie ihren Arco gar nicht erst korrigieren muss. Steht er trotzdem frühzeitig auf, wird er korrigiert, indem sie ihn ruhig an die Stelle zurückführt und ihm erneut die Anweisung „Bleib" gibt. Jetzt sollte sie die Übung wiederholen, es ihrem Hund aber einfacher machen, indem sie eine kürzere Distanz wählt. Waren ihm beispielsweise 10 Schritte Entfernung schon zu weit und er ist aufgestanden, sollte sie sich das nächste Mal nur 8 Schritte von ihm entfernen. Anschließend sollte sie sofort wieder zu Arco gehen, ihn belohnen und das Signal auflösen, bevor er es selbst auflöst. Schritt für Schritt kann sie die Entfernung weiter ausbauen.
Für Lisas Arco ist es das Allerwichtigste zu lernen, dass er so lange im „Bleib" verharrt, bis sie das Signal wieder auflöst. Das erfordert von ihr selbst Konsequenz und Aufmerksamkeit, die sich in Zukunft jedoch auszahlen werden.

Trainierst du mit deinem Hund das „Bleib", kannst du die Übung auch zwei- oder dreimal hintereinander machen, bevor du sie mit dem Auflöse-Signal beendest. Beim ersten Zurückkommen kannst du deinen Hund mit einem Leckerchen belohnen, aber so, dass er nicht von der Stelle aufsteht. Gib ihm erneut ein leises „Bleib". Das wiederholst du zwei Mal und beim dritten Mal kommst du wieder und beendest die Übung mit deinem „Pass auf" und „Weiter" und dem entsprechenden Handsignal.

Für junge und sehr unruhige Hunde empfiehlt sich, die Übung wortwörtlich Schritt für Schritt aufzubauen. Erst ein Schritt, dann zwei Schritte und dann drei Schritte Entfernung, bis du die Distanz erreicht hast, die du dir wünschst und für deinen Alltag mit deinem Hund brauchst. Später lohnt es sich, das „Bleib" zu generalisieren, indem du es im Alltag in unterschiedlichen Situationen und an unterschiedlichen Orten trainierst: mal daheim, beim Spaziergang, in der Stadt, im Restaurant, während du die Spülmaschine einräumst, wenn du im Garten Laub kehrst, wenn du das Auto ausräumst und wenn du Wäsche in die Waschküche bringst.

WIE HÄUFIG SOLLTE GEÜBT WERDEN?

Es ist nicht notwendig, jeden Tag mit seinem Hund zu trainieren. Im Training geht es immer um Qualität und nicht um Quantität. Ständige monotone Wiederholungen können dazu führen, dass die Kooperationsbereitschaft deines Hundes sinkt und das möchten wir nicht provozieren.

Gestalte die Übungen abwechslungsreich, erhöhe Schritt für Schritt die Schwierigkeit, indem du beispielsweise Ablenkungen einbaust oder für kurze Momente (die du dann von Mal zu Mal verlängern kannst) sogar außer Sicht gehst. So lernt dein Hund, auch wenn er dich nicht sieht, die Anweisung trotzdem so lange einzuhalten, bis du zurückkommst und das Signal auflöst.

Übe nur, wenn auch du in der Stimmung bist, gute Nerven und Zeit hast und selbst genügend Konzentration aufbringst, das Signal immer zuverlässig aufzulösen und deinen Hund aus der Übung zu entlassen.

DIE ZAUBEREI DER VERKNÜPFUNG

Gesprochene Wörter sind kein Teil der Hundesprache. Hunde könnten auch sehr gut mit uns zusammenleben, wenn wir gar nicht mit ihnen sprechen würden. Doch für uns ist es einfacher, Wörter zu benutzen. Es ist unsere Sprache und wir haben das Glück, dass Hunde so freundlich sind, uns in dieser Hinsicht entgegenzukommen. Aber wie lernen Hunde die Bedeutung der unterschiedlichen Wörter?

Der Zauber liegt in der Verknüpfung. Wir müssen nur den Moment abpassen, in dem der Hund ein bestimmtes Verhalten zeigt und zeitgleich ein passendes Wort aussprechen. Wird das konsequent in diesen Momenten wiederholt, verknüpft der Hund die Handlung mit dem Wort. Unser neues Wortsignal ist damit aufgebaut.

Über den Lernweg der Verknüpfung kann man alle Anweisungen mit einem Hund trainieren und braucht dazu weder Leine, Klicker, noch Leckerchen. Eine Methode, die ich auch gern bei Hunden empfehle, die draußen zu aufgeregt oder zu verunsichert sind, eine Futterbelohnung anzunehmen.

Wortverknüpfung „Auf den Weg"

Jenseits des Weges warten all die spannenden Wildtierspuren darauf, vom Hund erkundet zu werden und wenn er Glück hat, findet er auch die Wildtiere selbst. Das kann an der langen Leine zu Verwicklungen im Gebüsch führen und ohne Leine zu einem wildernden Hund. Wie schön wäre es da, wenn es eine Anweisung gäbe, die den Hund aus dem Busch und wieder zurück auf den Weg holt?

Diese Anweisung aufzubauen, ist mit jedem Hund sehr einfach, ob mit oder ohne Leine. An langer Leine hat man es als Hundehalter erst einmal leichter, die Verknüpfung aufzubauen. Möchte dein Hund den Weg verlassen und zerrt bereits mit ganzer Körperkraft Richtung

Busch, brauchst du nur die Leine festhalten und ihn so daran hindern, weiter in den Busch zu zerren. Halte ihn fest und warte ab, ohne etwas zu sagen. Keine Sorge, auch wenn es die ersten Male etwas dauert, sobald dein Hund merkt, dass es kein Weiterkommen gibt, wird er sich seinen Weg zurückbahnen. In dem Augenblick, indem sich dein Hund umdreht und mit allen vier Pfoten wieder zurück auf den Weg kommt, sagst du dein Zauberwort. Ich persönlich benutze gern das Wortsignal „Auf den Weg", manche nehmen auch „Raus da", was natürlich genauso funktioniert. Doch für mich und meine Hunde ist das keine Option, weil ich „Raus da" bereits mit einer anderen Handlung verknüpft habe. Ich benutze es z. B., wenn ich in der Küche am Kochen bin, die Hunde mir im Weg stehen und den Raum verlassen sollen. Mit dem „Raus da" möchte ich Distanz von meinen Hunden. Gehe ich dagegen auf einem Waldweg spazieren und der Hund verschwindet im Busch, soll er ja wieder in meinen Nahbereich kommen und auf dem Weg weiterlaufen. Aus diesem Grund benutze ich das Signal „Auf den Weg".

Erfahrungsgemäß brauchst du ca. 20 bis 30 Wiederholungen in den nächsten Tagen oder Wochen, je nachdem, wie oft du die Chance hast, die Handlung mit dem Wort zu verknüpfen. Danach kannst du das Wortsignal als tatsächliche Anweisung einsetzen. Das bedeutet, dass du jetzt dem Hund das Wortsignal „Auf den Weg" geben kannst, wenn er gerade im Busch ist. Sobald er auf das Signal richtig reagiert, lobst du ihn mit freundlicher Stimme, gibst ihm aber kein Leckerchen. Futterbelohnung in dieser Situation wäre fatal, da dein Hund wahrscheinlich eine Handlungskette aufbaut. Er würde lernen, wie er sein zweites Frühstück erarbeiten kann, indem er einfach ständig in den Busch rennt, damit er zurück „Auf den Weg" gerufen wird und dann seine Bezahlung dafür bekommt. Solche Handlungsketten sollten tunlichst vermieden werden, sonst wird es denkbar stressig mit dem Hund.

SIGNAL „STEH STILL“

Es gibt viele Missverständnisse, die über Verknüpfung aufgebaut werden und wir bemerken es leider allzu oft nicht. In meiner Ausbildung zur Tierarzthelferin hatten wir Hunde und Katzen, die sehr ängstlich und aufgeregt waren, wenn sie auf dem Behandlungstisch stehen mussten.

Wie oft habe ich erlebt, dass man zappelnde Hunde mit einem festen Griff packte und ihnen ein streng ausgesprochenes „Steh“ oder „Steh jetzt still“ ins Ohr knurrte. Funktionierte das nicht so wie erhofft, wiederholte man sich und wurde lauter, bis alle im Wartezimmer es auch hören konnten. Hat ein lautes „Steh still“ geholfen? Nein, natürlich nicht. Woher soll ein Hund wissen, was „Steh still“ bedeutet? Hat er es jemals erklärt bekommen? Wohl kaum.

Nach meiner Ausbildung als Tierarzthelferin habe ich eine Zusatzausbildung zur Hundepflegerin gemacht, bezüglich Frisieren, Trimmen und Scheren von Rasse- und Mischlingshunden. Auch im Hundesalon, in dem ich monatelang gelernt habe, wurde mit zappelnden Hunden auf dem Tisch genauso verfahren, wie ich es aus der Tierarztpraxis kannte.

Ich stellte mir oft die Frage, wie sollte ein Hund lernen, dass „Steh still“ ruhig stehen zu bleiben bedeutet, wenn er diese Wörter immer dann hört, wenn er unruhig und zappelig ist. Da ist es logisch, dass „Steh still“ für einen Hund eine ganz andere Bedeutung bekommt.

Diese Fehlverknüpfung liegt nur am falschen Timing unsererseits und ist völlig unabhängig von unserer Wortwahl. Wir könnten „Steh still“ auf russisch „stoyat’na meste“ sagen, oder auf koreanisch „gamanhi seoissda“, oder auf finnisch „Pysy paikallasi“, der Hund würde es immer mit seinem Verhalten in diesem Augenblick verknüpfen.

Verknüpfung von Handlung und Wort

Bald machte ich mich selbstständig und bot Hausbesuche an, um Hunde zu frisieren. Mein ehemaliger Chef aus der Tierarztpraxis hatte viele Kunden für mich. Alle Hunde, die ich besucht habe, waren nervös auf dem Tisch, zappelten herum und versuchten immer wieder herunterzuspringen. Das erschwerte mir die Arbeit enorm, doch wollte ich diese Hunde, die eh schon Angst hatten, nicht auch noch an einem Trimmtischgalgen aufhängen und mich mit Gewalt durchsetzen. So nahm ich mir die Zeit und teilte meinen Hausbesuch in vier Termine auf.

Termin 1: Beim ersten Termin sorgte ich für eine angenehme Erfahrung auf dem Tisch. Ich hob die Hunde hoch, stellte sie auf den Tisch, auf dem sich lauter Leckerchen befanden. Ich streichelte sie, lobte sie und gab ihnen weitere Leckerchen.

Termin 2: Ich trainierte mit ihnen „Steh still", jedoch anders, als man es mir damals zu oft vorgemacht hatte. Jedes Mal, wenn ich meine Hände vom Hund nahm und dieser ganz ruhig und entspannt auf dem Tisch stand, sprach ich die Wörter „Steh still" leise und freundlich aus und gab ihm dann ein Leckerchen. Das habe ich einige Male wiederholt.

Termin 3: In diesem Termin zeigte ich den Hunden mein Werkzeug und fing an, leicht zu bürsten. Stand der Hund dabei auch still, sagte ich „Steh still" und belohnte wieder mit einem Leckerchen. Das Gleiche wiederholte ich mit der Schere, dem Kamm, dem Trimmmesser und zum Schluss mit der Schermaschine. Danach hatten die Hunde zwar eine komplette Mahlzeit an Hunde-Leckerchen in sich, waren immer noch nicht frisiert, doch ihre Erfahrungen auf dem Tisch waren zum ersten Mal in ihrem Leben angenehm.

Termin 4: Beim letzten Besuch konnte ich in kleinen Schritten mit dem nun richtig verknüpften „Steh still" die Hunde, ohne sie festzuhalten oder festzubinden, auf dem Trimmtisch in Ruhe frisieren.

Es ist ein schönes und sicheres Arbeiten, wenn die Hunde erst einmal verstanden haben, was sie auf dem Tisch erwartet und was wir von ihnen auf dem Tisch erwarten. Auf diese Art verknüpfen Hunde alles Mögliche mit unseren Wörtern. Ganz besonders, wenn wir zu den Menschen gehören, die so ziemlich alles an ihrem Hund verbal kommentieren. Ich kann dazu nur sagen: „Pass auf, was du sagst! Du ahnst nicht, was dein Hund damit verknüpft." So trainieren wir unsere Hunde den ganzen Tag, aber eben oft unbeabsichtigt und planlos.

SIGNAL „LANGSAM"

Die wohl häufigste Fehlverknüpfung ist das Signal „Langsam". Wie oft erlebe ich Hundehalter, die genau in dem Moment ein lautes langgezogenes „LAAANGSAAAM" von sich geben, wenn ihr Hund mit Vollgas in die Leine schießt? Haben sich diese Hundehalter jemals die Mühe gemacht, ihrem Hund beizubringen, dass „Langsam" bedeutet, die Geschwindigkeit zu reduzieren, die Beinchen langsamer zu bewegen und im Schritt zu gehen? Wohl kaum. Aber was verknüpft der Hund mit diesem allzu oft unbewusst benutzten Wort? Er lernt: „Langsam" bedeutet schnell zu sein und mit voller Kraft in die Leine zu schießen. Also genau das Gegenteil von dem, was wir damit beabsichtigt haben.

Eine Kundin von mir wollte, dass ihr Bernhardiner lernt, im Winter einen Holzschlitten am Brustgeschirr zu ziehen. Es war sehr leicht, ihm das Ziehen auf Kommando beizubringen. Wir haben anstatt „Langsam" nur „Vorwärts" gesagt, wenn er sich in die Leine stemmte. Hundebesitzer können interessanterweise sehr konsequent mit diesen unbewussten Fehlverknüpfungen sein, ohne dass sie es selbst an sich wahrnehmen.

Das „Aus“ – „Aus und bist du jetzt ruhig“ – wird auch sehr zuverlässig gebrüllt und geschimpft, wenn der Hund mal wieder am Gartenzaun kläfft. Selbst hier stellt sich die Fragen, ob du deinen Hund damit erfolgreich vom Bellen abhalten kannst, oder ob du eher beim Hund den Eindruck erweckst, dass du mitbellst. Auch wenn ich mich hier wiederhole, aber es lohnt sich immer, die Situation aus der Sicht des Hundes zu sehen.

Die Häufigkeit der Verknüpfung bestimmt für den Hund die Bedeutung. Doch manchmal ändern wir eine Verknüpfung und wundern uns, dass der Hund uns missversteht.

Aus der Praxis

Ilse hat eine zweijährigen Berner Sennenhund/Schäferhund-Mischlingshündin namens Kira. Kira düst im Wald immer unerlaubt ab und rast dann für einige Minuten durchs Unterholz.
Ich wollte mir das einmal genauer anschauen und wir verabredeten uns im Wald und ließen Kira frei laufen. Kira lief erst entspannt mit uns mit, es gab nichts Auffälliges an ihrem Verhalten zu sehen. Plötzlich lief sie ein wenig vor, blieb stehen, spannte sich an und starrte in die Ferne, als würde sie etwas Spannendes sehen. In genau diesem Moment rief Ilse ein lautes und erschreckendes „Kira, NEIN“. Dies gab Kira den Startschuss und sie düste davon. Frauchen rief noch einmal hinter ihr her mit „Hier“, aber Kira rannte weiter. Während Ilse fluchte und sich über ihren Hund aufregte, beobachtete ich Kira, wie sie ohne Plan und sichtlich erfolglos, was das Aufstöbern von Wild betraf, fast willkürlich durch den Wald lief. Nach nur 3 Minuten war Kira wieder an unserer Seite und ging mit uns entspannt des Weges. Nach ca. 10 Minuten gab es die gleiche Situation. Kira blieb stehen, spannte sich an und starrte in die Ferne. Für unsere Augen gab es in dieser Richtung nichts zu entdecken, aber das soll ja nichts heißen. Genau in diesem Moment schrie Ilse wieder „Kira, NEIN“ und Kira gab Vollgas und raste los. Ilse fluchte wieder. Sie machte sich sichtlich Sorgen um den Hund. Ich schaute auf die Uhr und auch diesmal war sie nach ca. 3 Minuten wieder zurück.

Ich kannte den Wald und wusste genau, wo dort das Rehdickicht ist und wo die Hasen wohnen, aber Kira hatte nicht die Absicht, Wild aufzuscheuchen, denn dafür war sie in diesem wildreichen Waldstück viel zu erfolglos. Selbst eine Katze, die ich gesehen hatte, war für Kira nicht von Interesse. Also schloss ich jagdliche Motive für ihr Verhalten aus.

Mittlerweile bekam ich den Eindruck, dass Kiras „Abdüsen" antrainiert war und es sich hier um eine Fehlverknüpfung handelte. Auf mein Nachfragen hin erfuhr ich, dass Ilse mit Kira das „Nein" im Welpenalter erfolgreich eingesetzt hatte, um eine Handlung zu unterlassen, wie z. B. das Anknabbern von Möbeln. Allerdings benutzte sie es eine Zeit lang fast nicht mehr, da Kira sich im Haus und Garten benahm. Doch beim Abgehen im Wald nutzte Ilse wieder das „Nein", das Kira jetzt allerdings nicht mehr als Verbot verknüpfte, sondern als Startschuss wahrnahm. Denn immer auf „Kira, NEIN" gab sie Gas.

Wir gingen wieder mit Kira im Freilauf spazieren, nahmen uns aber vor, beim Erstarren keinen Ton zu sagen, sondern ruhig umzudrehen und in die andere Richtung weiterzugehen. Die nächste Situation ließ nicht lange auf sich warten und Kira erstarrte erneut. Wie vereinbart, wandten wir uns von Kira kommentarlos ab und gingen langsam in die entgegengesetzte Richtung. Kira zögerte. Sie schaute erst zu uns und dann wieder in die Ferne, zögerte erneut und raste kurz los, um nach einer halben Minute wieder bei uns zu sein. Wir lobten ihr Wiederkommen und gingen alle zusammen weiter, bis Kira erneut erstarrte. Wir blieben wieder kommentarlos stehen, drehten uns dann um und gingen entspannt von Kira weg. Die Mischlingshündin war sichtlich irritiert. Sie blieb noch ein paar Sekunden stehen, schaute zu uns, schnupperte am Boden, blickte wieder kurz in die Ferne, schaute erneut zu uns und drehte sich diesmal in unsere Richtung, um sich uns wieder anzuschließen. Ilse war baff, mit solch einer Reaktion hatte sie nicht gerechnet. Beeindruckend, was alles nicht passiert, wenn der Startschuss fehlt.

Mit all diesen unterschiedlichen Beispielen wird klar, dass man jede Handlung eines Hundes unter Kommandokontrolle bringen kann, nur mit Hilfe von Verknüpfungen. Der Trick liegt auch hier mal wieder in der Konsequenz. Je zuverlässiger wir die Handlung mit einem Signal benennen, umso eher stellt der Hund die richtige Verknüpfung her. Doch Fehlverknüpfungen in der Beziehung zum eigenen Hund zu erkennen, bedarf einer guten Selbstwahrnehmung.

SIGNAL „BEI FUSS“

Auch wenn nicht jeder dieses Signal braucht, möchte ich es trotzdem erwähnen, um auf ein paar Missverständnisse und Fehlverknüpfungen hinzuweisen, die ich häufig beobachtet habe.

„Bei Fuß“ ist kein Ersatz für Leinenführigkeit. Das einmal vorweg. Es ist eine Anweisung, die für sich steht und völlig unabhängig von einer Hundeleine ist. Ursprünglich bedeutet es, dass der Hund an der linken Seite des Hundeführers auf einer Höhe gehen soll. Am besten mit seiner rechten Schulter quasi an unserem linken Knie klebend, aufmerksam zu uns hochschaut. Die Idee war, dass es ein Kommando gibt, das uns erlaubt, den Hund in engen Situationen unter Kontrolle sicher zu führen. Also nur für kurze Strecken und nicht, um einen Hund den gesamten Spaziergang über zu kontrollieren, denn einmal im „Bei Fuß“ darf der Hund auch nicht zurückfallen, um zu schnuppern oder um sich zu lösen. Also denkbar ungeeignet, um es den gesamten Spaziergang vom Hund zu verlangen. Denn halten wir unseren Hund z. B. im „Bei Fuß“ für eine lange Strecke, lassen ihn aber mal schnuppern und sich lösen, dann sind wir schon wieder inkonsequent in der Durchsetzung und im Training.

Es gibt Möglichkeiten, „Bei Fuß“ über Lob und Futterbelohnung oder über Spielmotivation aufzubauen. Früher gängig und leider heute immer noch praktiziert, sind aber Techniken, die über Leinenruck den Hund in die „richtige" Position bringen und korrigieren. Kurz gesagt, bei der einen Technik wird das erwünschte Verhalten belohnt und bei der anderen das unerwünschte Verhalten korrigiert. Objektiv betrachtet, können alle erdenklichen Varianten zum erwünschten Ziel führen, jedoch nur, wenn das Signal passend verknüpft wird und es vermieden wird, den Hund zu verwirren. Inkonsequente Signalgebung, macht aus jeder Aufbauvariante ein Chaos. Es führt zu Missverständnissen und Fehlverknüpfungen und minimiert den Lernerfolg. **Zuerst muss klar sein, dass das Signalwort (hier „Bei Fuß") lediglich eine bestimmte Anweisung an den Hund ist. Es sollte nicht dafür missbraucht werden, als Korrektur eingesetzt zu werden.**

„Bei Fuß" über Leinenruck

Hier wird das „Bei Fuß" an der kurz gehaltenen Leine aufgebaut. Der Hundehalter gibt seinem Hund das Signal „Bei Fuß" (oder auch nur „Fuß") und geht zügig voran. Bleibt der Hund zurück, springt zur Seite oder stürmt nach vorn, verlässt also die Seite des Hundehalters, reagiert der Mensch mit einem knappen Leinenruck und wiederholt das Signal „Fuß" in scharfem Ton. Das wird sehr oft wiederholt. Für den Hund wird es immer unangenehmer, weil die Stimmung ins Negative kippt, er verunsichert wird und ein Ruck auch schmerzhaft ist. Das Ziel: Der Hund soll lernen, dass es angenehmer ist, an der Seite seines Menschen zu bleiben, als sich zu entfernen. Doch über diese Vermeidungsmotivation kann der Hund die eigentliche Bedeutung von „Bei Fuß" gar nicht verstehen lernen. Er macht ausschließlich die Erfahrung, dass er beim Kommando „Bei Fuß" einen Leinenruck vermeiden kann, wenn er eng am Bein seines Menschen läuft. Im besten Fall wird der Hund gelobt, sobald er neben seinem Hundehalter „richtig" läuft. Was bei diesem Trainingsaufbau schiefläuft, ist die Tatsache, dass das Wortsignal „Fuß" meist dann ausgesprochen wird, wenn der Hund etwas „falsch“ macht und mit einem Leinenruck korrigiert wird. Auf diese Weise verknüpft er das „Fuß“ mit dem Ruck und nicht damit, am Bein seines Menschen zu laufen.

„Bei Fuß“ mit Leckerchen und Lob

Baut man das „Bei Fuß“ über positive Motivation mit Leckerchen und Lob auf, kann man den gleichen Verknüpfungsfehler machen wie beim Leinenruck. Erst vor Kurzem hatte ich eine Kundin, die ihren Hund mit guter Laune und Futter motiviert hat, an ihrer Seite zu laufen. Sie kommentierte das „Neben-ihr-Herlaufen“ immer mit „Prima“. Doch sobald der Hund sich mit seiner Aufmerksamkeit oder sogar mit seinem gesamten Körper abwandte, rief sie „Bei Fuß“, mit der Absicht, ihn daran zu erinnern, was von ihm gerade verlangt wird. Somit sagte sie viel häufiger das „Bei Fuß“, wenn der Hund gerade unkonzentriert war. Nach kurzer Zeit verband der Hund mit dem Wort „Bei Fuß“, sich von Frauchen abzuwenden. Und bald gab er die Kooperation zur Mitarbeit ganz auf. Wir machten eine Pause und ich nutzte die Zeit, um meiner Kundin die Sache mit der Verknüpfung und dem Timing zu erklären. Ich sagte ihr, sie könne ruhig das leichte Klopfen auf ihrem linken Oberschenkel beibehalten, aber sie solle das Wort „Bei Fuß“ weglassen. Stattdessen solle sie weiterhin „Prima“ sagen, nicht, weil er es richtig macht, sondern, weil er neben ihr herlaufen soll. Denn diese Handlung hatte er bereits super mit dem Wort „Prima“ verknüpft. Siehe da, der Hund lief besser an ihrer Seite als je zuvor.

Die Lösung für jede erdenkliche Aufbauvariante von „Bei Fuß“ wird nun sichtbar: **Spreche das Signalwort aus, wenn dein Hund es richtig macht und nicht, wenn er es gerade falsch macht, oder wenn er nicht mehr mitmachen möchte.** Übe zuerst nur ein paar Schritte und steigere die Anzahl nach und nach. Achte darauf, dass dir die Übung auch Spaß macht, lass den Ernst weg. Hast du schlechte Laune bei einer Übung oder du wirst für den Hund spürbar ungemütlich, dann fragt sich jeder Hund natürlich: „*Warum soll ich etwas für Herrchen oder Frauchen machen, wenn es ihnen dabei schlecht geht und sie selbst keine Freude daran haben?*“

Dann wäre noch zu bedenken, dass es jedem Lebewesen, ob Hund oder Mitmensch, schwerfallen wird, eng und dicht an deiner Seite zu laufen, während du schlecht gelaunt bist oder Druck machst.

Korrektur bei Übungen

Nachdem der Hund die Übung verstanden hat und ihr bereits einen höheren Schwierigkeitsgrad trainiert, wird es Situationen geben, in denen du deinen Hund auch einmal korrigieren musst, z. B. wenn er sich aus der Übung „schleicht“. Nimm dazu aber niemals das Signalwort, sondern ein Unterbrechungssignal, das der Hund bereits kennt, z. B. „Kscht“, „Na“, „Nein“. Sobald er wieder konzentriert ist, wird er gelobt. Jetzt wird klar, dass ein gutes Timing beim Aufbau der Signalwörter essenziell für den Erfolg ist, damit der Hund überhaupt das lernen kann, was wir uns vorstellen.

Beobachte dich selbst aus den Augen deines Hundes, dann wird dir schnell klar, was er tatsächlich mit deinen Signalen verknüpft.

Auflöse-Signal

Doch es gibt noch eine weitere Kommunikationsfalle, besonders beim „Bei Fuß“-Signal. Zwar ist der Hund während dieser Anweisung mit uns in Bewegung, aber doch eingeschränkt. Und auch hier stellt sich die Frage: Wie lange soll der Hund im „Bei Fuß“ bleiben? Somit haben wir es hier mit einem Ruhesignal zu tun, das von uns immer aufgelöst werden muss.

Das führt uns zum nächsten Punkt, der völlig unterschätzt und leider oft vergessen wird und der Grund dafür ist, warum sich Hunde aus der Übung schleichen, sich zurückfallen lassen oder sich ganz abwenden: Es gibt keine klare Absprache, wie lange der Hund „Bei Fuß“ gehen soll, weil der Mensch kein Auflöse-Signal aufgebaut hat. Fehlt das Auflöse-Signal, wird der Hund immer wieder selbst entscheiden, wann er die Übung beendet und nicht mehr mit macht. Daher sollte das „Bei Fuß“-Gehen immer von uns Menschen aufgelöst werden. Hat der Hund gelernt, dass diese Anweisung so lange gilt, bis er von uns aus der Übung mit einem Auflöse-Signal entlassen wird, werden ihm die Spielregeln bald klar. Er wird so lange „Bei Fuß“ laufen, ohne dass er ständig korrigiert oder daran erinnert werden muss, bis der Mensch anhält und ihn freigibt. Halten sich beide Seiten an die Spielregeln, erspart es dem Hund viel Ärger und wir brauchen ihn nicht ständig zu motivieren oder zu korrigieren.

Nachdem wir uns diese Verknüpfungsfallen genauer angeschaut haben, wird klar, dass wir durch inkonsequente Vorgehensweise im Hundetraining, durch selbst produzierte Fehlverknüpfungen, kombiniert mit der entstehenden schlechten Stimmung dem Hund gegenüber, der erhoffte Erfolg ausbleibt. Die Übungen werden zäh für beide Seiten. Am Ende haben wir einen Hund, den wir als trainingsresistent, schwer erziehbar oder sogar als dominant bezeichnen. Dabei liegt der Fehler gar nicht beim Schüler, sondern beim Lehrer.

SO GELINGT DAS FUSSLAUFEN

Baust du diese Tipps in dein Training mit ein, wird das „Bei Fuß“ eine der leichtesten Übungen für dich und deinen Hund.

1. „Bei Fuß“ ist eine Anweisung, keine Korrektur! Um es gut zu verknüpfen, sprich das Kommando also nur aus, wenn sich dein Hund in der richtigen Position befindet.
2. Achte auf eine entspannte Stimmung.
3. Beginne mit wenigen Schritten und steigere die zurückgelegte Strecke von Mal zu Mal, bevor du Ablenkungen mit aufnimmst.
4. Die Übung ist erst beendet, wenn du deinem Hund dein Auflöse-Signal gibst.

KAPITEL 10

BEWEGUNGSSIGNALE

Zu den Bewegungssignalen gehören alle Anweisungen, bei denen der Hund in Bewegung bleiben kann, hierzu zählen das Signal „Weiter", das Herankommen ohne Vorsitzen oder ein Rückrufsignal für den Notfall. Bei diesen Anweisungen ist der Hund in seinem Bewegungsfreiraum nicht eingeschränkt, weshalb sie von uns auch nicht aufgelöst werden müssen. Das Signal „Weiter" bedeutet, dass der Hund in eine von uns vorgegebene Richtung gehen soll. Entweder soll er auf unsere Höhe aufholen, mit uns eine Richtung ändern oder uns überholen. In dem Moment, in dem sich unser Hund in die richtige Richtung bewegt, ist die Anweisung ausgeführt. Beim Heranrufen ohne Vorsitzen ist die Übung in dem Moment beendet, in dem er bei uns ist. Beim Rückrufsignal für den Notfall reicht es, dass der Hund abdreht und wieder in unsere Richtung gerannt kommt, und damit ist auch sein Job getan. Es gibt für den Hund keinen Grund, nach der Ausführung eines Bewegungssignals inne zu halten oder zu verharren, wie es bei den Ruhesignalen der Fall ist.

DAS DILEMMA MIT DEM HERANRUFEN

Ich glaube, es gibt kein Signal, bei dem so viele Missverständnisse vorherrschen, wie beim einfachen Heranrufen. Einige dieser Missverständnisse haben wir bereits aufgedeckt. Hunde kommunizieren in erster Linie über Körpersprache, Blickkontakt und Mimik, viel weniger über Lautgebung. So kommt es, dass Hunde unsere Körpersprache wie die eines anderen Hundes interpretieren. Sie beobachten uns genau und achten darauf, dass das, was wir sagen, auch mit unserer Körpersprache übereinstimmt. Gibt es Unstimmigkeiten in dem, was wir sagen und was unsere Körpersprache ausdrückt, so werden wir für einen Hund unglaubwürdig. Es verunsichert ihn und er wird nur zögerlich oder gar nicht herankommen. Folgende Fallgeschichte erklärt gut, was ich damit meine.

Aus der Praxis

Frau Kaiser hatte mit ihren vorherigen beiden Hunden regelmäßig den Hundeplatz besucht. Nach dem Tod der beiden holte sie sich einen jungen Labrador namens Balu ins Haus. Auch mit ihm übte sie, wie auf dem Hundeplatz gelernt. Doch Balu, sechs Monate jung und ein ziemlich gut gelauntes Kerlchen, ist nur sehr schwer wieder heranzurufen, wenn er mal von der Leine ist. Deshalb holte sich Frau Kaiser bei mir Rat.

Bei unserem ersten gemeinsamen Spaziergang ließen wir Balu ohne Leine laufen. Er hatte einen riesigen Spaß, sprang über die Wiesen und schaute hin und wieder zu uns, kam auch manchmal von ganz allein zurück und rannte wieder voran, erkundete die Wegränder und fand natürlich auch große Äste, die er stolz durch die Gegend schleppte. Nun bat ich Frau Kaiser, ihren lustigen Labrador heranzurufen, so wie sie es sonst auch tat, um mir ein Bild von der besagten Situation zu machen.

Frau Kaiser blieb stehen, rief ihren Hund mit einem scharfen und knappen „Balu, HIER!“. Dabei spannte sie ihren Körper an und zeigte in einer steifen Bewegung mit ihrem Zeigefinger auf die Stelle, an die ihr Hund kommen sollte, direkt vor ihre Füße. Während des gesamten Vorgangs starrte sie ihrem Hund direkt in die Augen.
Balu schaute zur ihr, blieb aber in Entfernung stehen und fing an, vor sich auf dem Boden zu schnuppern. Frau Kaiser wurde ungeduldig und wiederholte ein scharfes, unfreundliches „HIER!“ und zeigte wieder auf den Boden vor ihren Füßen. Die Art, wie sie ihrem Hund das Signal gab, wirkte leicht militärisch. Balu bewegte sich nun langsam in ihre Richtung, ließ sich aber sehr viel Zeit, baute ein paar Schlangenlinien ein, schnupperte immer wieder auf dem Boden und setzte sich sogar kurz hin, um zu pieseln (fürs „Beinchen heben“ war er noch zu jung). Frau Kaisers Ungeduld wuchs und sie wurde noch lauter. Nun blieb Balu etwa 5 Meter vor ihr stehen, schaute in eine andere Richtung und tat so, als wäre Frauchen gar nicht vorhanden. Frau Kaiser wurde ungehalten, ihre Stimme klang jetzt bedrohlicher und sie benutzte diesmal gleich mehrere Wörter: „Balu, kommst du jetzt HIERHIN!“. Balu kniff seine Rute ein, duckte seinen Kopf und kam sehr vorsichtig in ihre Nähe, drehte aber kurz vor ihr ab, sodass er mit dem Rücken zu ihr stand, und gähnte gestresst. *„Genau das ist mein Problem“*, protestierte Frau Kaiser. *„Das macht er absichtlich. Er weiß ganz genau, dass er mich damit auf die Palme bringen kann.“*

Leider ist das sehr typisch für uns Menschen, dass wir das Verhalten unseres Hundes als ein gegen uns gerichtetes Verhalten interpretieren. Als hätte der Hund sich ein neues Hobby zugelegt: *„Wie kann ich Frauchen wahnsinnig machen?!“* Aber was hätte der Hund davon? Unsere Interpretationsfantasie eilt den Tatsachen oft voraus, ist aber keineswegs hilfreich und schon gar nicht realistisch. Aber warum kommt der Hund nicht, wenn Frau Kaiser „Balu, HIER“ ruft?

Du kannst es dir wahrscheinlich schon denken. Es ist ihre Körpersprache, die den Labrador verunsichert. Das gesprochene Wort bedeutet „herkommen", aber ihr Stillstand, ihre angespannte Körperhaltung, das leichte Nach-vorn-Beugen, um auf den Boden vor ihr zu zeigen, und das Anstarren des Hundes signalisieren dem Hund ungute „Spannung". Hunde haben eine ähnliche Körpersprache, wenn sie Aggressionen hemmen, bzw. sich nochmals zurückhalten. Diese Spannung im Körper eines Hundes bedeutet für jeden anderen Hund, dass hier Abstand gewünscht ist, sonst knallt es. Das Gleiche signalisierte die Körperhaltung von Frau Kaiser.
Balu war schlicht verunsichert. Ihre Stimme rief ihn zwar heran, aber ihre Körpersprache sagte, er solle bloß wegbleiben. Wie soll ein Hund sich da trauen, zu seinem Menschen zu kommen?

Zeigt jemand nach außen hin, dass er sichtlich aggressiv ist, diese Aggression aber nochmals zurückhält, möchte man als Hund alles tun, um ihn nicht noch mehr zu reizen. Ein schnelles, direktes Herankommen könnte als Angriff verstanden werden, und genau das wollte Balu um jeden Preis vermeiden. Er beschwichtigte sein Frauchen, indem er alles machte, was das Gegenteil von einem Angriff ist. Balu bewegte sich langsam und zögerlich, er lief Umwege und vermied eine gerade Strecke, er wandte den Blick ab, um sie nicht zu provozieren und zeigte sich unterwürfig in ihrer Nähe, um sozusagen mit der „Weißen Fahne" zu winken, damit sie sich beruhigt und wieder freundlich wird. Allerdings erreichte er damit genau das Gegenteil, da Frau Kaiser seine Bemühungen, „den Frieden zu bewahren", fehlinterpretierte.

Nachdem Frau Kaiser die Situation aus der Sicht ihres Hundes verstand, einigten wir uns auf eine einladende Körpersprache. Wir bauten ein neues Handzeichen auf. Sie hielt nun ein Leckerchen in ihrer Hand, ließ sie seitlich am Körper hängen und winkte damit ihren Hund heran, um ihn durch die kleine Bewegung aufmerksamer zu machen. Um aus der stocksteifen Körperhaltung herauszukommen, ging sie ein/zwei Schritte rückwärts. Dies symbolisiert zudem, dass sie ihm Platz macht und er gerne herankommen darf. Ihr starrer Blick wurde ebenfalls ersetzt. Indem sie vom Hund zu ihrer winkenden Hand schaute, signalisierte sie ihm nun, dass er seine Aufmerksamkeit auf ihre Hand lenken sollte. Als sie diese kleinen Veränderungen bei ihrem Balu anwandte, kam er die nächsten beiden Male zwar vorsichtig, aber weitaus schneller als zuvor. Er war sich noch nicht ganz sicher, ob er ihrer Stimmung trauen konnte. Nachdem er jedoch merkte, dass ihre Stimmung freundlich blieb, gab es keinen Grund mehr, sein Frauchen zu beschwichtigen. Zum Schluss fand Balu das Herankomm-Spiel super und Frau Kaiser war wieder stolz auf ihren Hund, denn jetzt kam er jedes Mal schnell und freudig auf sie zu.

Frau Kaiser darf aber auch auf sich selbst stolz sein. Denn kommt unser Hund auf Ruf schnell und auf direktem Wege auf uns zu, dann haben wir alles richtig gemacht. Falls dein Hund dich beschwichtigt und sich zu viel Zeit lässt, wenn du ihn rufst, versuche, wie hier beschrieben, deine Körpersprache anzupassen und selbst lockerer zu werden. An der Reaktion deines Hundes siehst du, ob alles passt.

IGNORIEREN VON ANWEISUNGEN

Was tun, wenn der Hund deine Anweisung nicht befolgt? Hier ein Beispiel aus der Praxis:

Thomas hatte seine Husky-Hündin bisher recht gut trainiert. Er konnte sie an vielen Stellen ohne Leine laufen lassen und sie folgte ihm relativ gut, wären da nicht all die vielen Mäuse in der Wiese. Yuma war eine ausgezeichnete Mäusejägerin. Kein Mäusel-Sprung war umsonst. Doch es gab Situationen, da war Yuma mit dem Mäuseln so beschäftigt, dass sie nicht auf Thomas‘ Signale folgte. Wenn er sie rief, schaute sie kurz hoch und machte weiter mit ihrer Mäusekunst.

Er rief sie wiederholt und das gleich mehrmals, doch Yuma kam nicht, obwohl er seine Stimme und Körpersprache gut eingesetzt hatte. Es endete immer damit, dass Thomas irgendwann zu Yuma hingehen musste, sie an die Leine nahm und von der Wiese zog, denn sie ging nicht freiwillig von ihren Mäusen weg. Das war die einzige Konsequenz, die Yuma als Antwort für ihr „Nicht-Folgen“ von ihrem Menschen bekam. Aber ihr Folgen auf seine Signale wurde dadurch nicht besser.

Thomas bat mich um Hilfe, wie er Yuma dazu bringen könne, trotz Mäusen auf sein Rufen zu folgen. Ich erklärte ihm, dass er einen Plan B brauche und Yuma eine Konsequenz, die sie zu anderen Entscheidungen bewog. Die Signale „Weiter“ und „Zu mir“ hatte Thomas mit Yuma bereits gut aufgebaut und ohne Mäuseablenkung klappten diese Anweisungen wunderbar. Das war wichtig, denn so musste man nicht an den Grundlagen arbeiten.

KONSEQUENZ VON NICHT-FOLGEN

Wir dürfen einem Hund verständlich machen, dass wir nicht einverstanden damit sind, dass er unserer Anweisung nicht nachkommt. Und zwar auf eine für den Hund verständliche Art und Weise, die ihn in Zukunft dazu bewegt, beim ersten Rufen zu uns zu kommen, allerspätestens beim zweiten. Dabei sollten wir stets fair bleiben, geplant handeln und berechenbar für unseren Hund sein. Berechenbar bedeutet in diesem Zusammenhang, dass wir vorab eine Handlung ankündigen, damit der Hund eine Chance bekommt, es richtig zu machen.
Die Stärke der Konsequenz soll der Hundepersönlichkeit angepasst sein. Sensible und leicht beeindruckbare Hunde brauchen oft nur einen Hauch von einer Konsequenz und sind schon beeindruckt. Ein Hund mit einem unerschrockenen Charakter, der nur schwer zu beeindrucken ist, braucht ein präsenteres Auftreten unsererseits und eine Konsequenz, die bei ihm auch als solche ankommt.

Plan B mit Yuma

Das Ziel war, dass Yuma lernt, aufs Wort zu folgen, trotz Freilauf und Ablenkung in der Wiese. Dafür musste Thomas eine geplante Konsequenz aufbauen, damit Yuma für die Zukunft motiviert bleibt, seinen Anweisungen zu folgen, egal wie stark die Mäuse locken. Thomas hat folgende vier Schritte mit in das Training eingebaut.

Schritt 1: Yuma war ca. 80 Meter entfernt und mäuselte. Thomas rief mit einer klaren, freundlichen Stimme „*Yuma, weiter*", gab sein Handzeichen und ging in die andere Richtung. Yuma schaute kurz hoch, wandte sich dann jedoch wieder den Mäusen zu.

Schritt 2: Jetzt rief Thomas seine Hündin erneut mit „*Yuma, weiter*" und feuerte sie mit einer etwas lauteren, höheren Stimme an. Er rief „*Uiii, Yuma, auf geht's, hopp hopp, los jetzt!*", aber die Hündin schaute wieder nur kurz hoch und mäuselte einfach weiter.

Schritt 3: Thomas ging nun kommentarlos in Yumas Richtung, bis er etwas näher an ihr dran war (einmal in ihrer Nähe, ist es für Yuma leichter, auf seine Anweisung hin zu reagieren, und macht es ihr gleichzeitig schwieriger, ihn zu ignorieren). Nun sprach Thomas eine deutliche Verwarnung aus, um Yuma zu vermitteln, dass er mit ihrem Zögern nicht einverstanden war. Hierzu benutzte er eine deutlich tiefere und sehr ernste Stimme: „*NA-NA-NA, jetzt aber, zackig! Los jetzt!*" In diesem Moment schaute Yuma erschrocken zu ihm hoch. Nun hatte er kurz ihre Aufmerksamkeit und nutzte dies, um ihr erneut mit freundlicher Stimme die Anweisung „*Yuma, weiter*" zu geben. Folgt Yuma der Anweisung, wird Thomas entspannt loben und mit ihr aus der Wiese gehen. Reagiert Yuma nicht, wird Thomas zur angekündigten Konsequenz wechseln, also zu Schritt 4.

Schritt 4: Die Konsequenz wäre, es ihr leidig zu machen und sie in die Richtung zu scheuchen, in die sie hätte gehen sollen. Dafür geht Thomas um Yuma herum, macht sich groß, breitet seine Arme aus, geht auf sie zu, äußert mit lauter und dunkler Stimme großen Unmut

„Ab da! Schluss jetzt! Gehst du da weg!“ und bewegt sie so wieder in die gewünschte Richtung. Sobald Yuma von den Mäuselöchern ablässt und mit ihrem Halter wieder auf dem Weg ist, sollte er sie nochmals erneut heranrufen, damit sie jetzt eine Chance hat, alles beim ersten Mal richtig zu machen und er sie dafür belohnen kann. Somit wird auch die Stimmung zwischen beiden wieder gelöster.

Bedenke: Die Geste, einen Hund wegzudrängen, kombiniert mit einer bedrohlichen Stimme, ist sehr stark und die allermeisten Hunde sind davon mächtig beeindruckt. Aus diesem Grund vermeiden wir auch hier den direkten Blickkontakt mit dem Hund, damit es nicht als Angriff verstanden wird. Es sollte gerade so unangenehm sein, dass dein Hund in Zukunft solch ein Auftreten von dir zu meiden vermag, denn das ist der springende Punkt.

Angedachtes Ziel der vier Schritte

Die Voraussetzung für diese Strategie ist, dass du dich an die Reihenfolge hältst, wenn dein Hund auf deine sonst sehr gute Anweisung hin nicht reagiert. Nach ein paar Wiederholungen der aufeinanderfolgenden vier Schritte wird sich dein Hund den Ablauf merken. Er macht die Erfahrung, dass nach deiner Verwarnung bei Schritt 3, immer Schritt 4 folgt, und wird in Zukunft bei Schritt 3 bereitwillig herankommen, um deine angedrohte oder besser noch, deine versprochene Konsequenz zu vermeiden. Doch auch Schritt 3 ist unangenehm für unseren Hund, da wir mit unserer tiefen, strengen Stimme bedrohlich wirken. Bald wird dein Hund lernen, dass es durchaus angenehmer ist, beim ersten oder zweiten Rufen heranzukommen, denn da bist du als Hundehalter noch entspannt und lustig.

Warum das funktioniert? Hunde sind von Natur aus Konfliktlöser und möchten jeden unnötigen Stress mit uns Menschen vermeiden. Wenn wir ihnen die Möglichkeit geben, ihre Chancen auszurechnen, werden sie sich immer für die friedvolle Variante entscheiden.

Auf den Charakter kommt es an!

Wie stark und beeindruckend du das mit deinem Hund ausführst, liegt ganz an der Persönlichkeit deines Hundes. Hier plädiere ich auf dein Bauchgefühl.

Ich hatte letztens eine sehr zarte Galga, eine spanische Windhund-Hündin, im Training. Bei ihr hatte schon ein „Kscht" gereicht, um meiner Anweisung zu folgen. Dagegen reagierte ein dreijähriger, sehr selbstbewusster Hovawart-Rüde bei den Schritten 1 bis 3 überhaupt nicht. Bei Schritt 4 habe ich alle Kraft in meine Stimme gelegt, bin auf ihn zu und habe ihn mit deutlicher Körpersprache vom Feld gedrängt. Er hat sich zwar gefügt, doch beeindruckt war er kaum.

Stimmlage

Es ist sehr wichtig zu lernen, unsere eigene Stimme als Trainingswerkzeug einzusetzen. Eine hohe Stimmlage wird von einem Hund eher positiv einsortiert. Freudig, aufgeregt, mit hohen Tönen, ähnlich wie das Fiepsen und Winseln eines Hundes, der sich freut, wenn sein Mensch wieder nach Hause kommt. Eine tiefe Tonlage ähnelt einem Knurren mit dem Fletschen der Zähne, um sein Gegenüber auf Abstand zu halten.

Möchten wir unseren Hund loben, motivieren und freudig anfeuern, dann nehmen wir am besten dazu eine hohe Stimmlage oder Wörter mit I-Lauten wie Prima oder Supi. Dies wäre angebracht bei Schritt 2, um seinen Hund anzufeuern und zu motivieren. Die tiefe Stimmlage setzen wir dann gekonnt bei Schritt 3 und 4 ein. Doch sobald der Hund kooperiert und seine Bereitschaft zeigt, unseren Signalen zu folgen, wechseln wir umgehend unsere Stimme von dunkel und tief nach hoch und freundlich. Somit vermitteln wir ihm genau im richtigen Moment, was für uns passt und was eben nicht.

Wiederholungen

In der Praxis hat es sich gezeigt, dass die allermeisten Mensch-Hund-Teams das gesamte Prozedere nur drei- oder viermal bis zur Konsequenz durchlaufen müssen, bis der Hund unsere Anweisung nicht mehr infrage stellt. Auch hier haben wir wieder einmal den Vorteil, dass wir bei konsequenter Umsetzung in Zukunft diese Schritte der unangenehmen Konsequenz nicht mehr brauchen und dem Hund und uns ganz viel Stress ersparen, da er jetzt viel besser folgt. Natürlich gibt es junge Hunde, die vielleicht nach zwei oder drei Monaten nochmals nachfragen, ob es Schritt 4 noch gibt. Spätestens dann bemerken sie, dass er immer noch existiert.

Viele Hundehalter berichten mir sogar, dass sie sich viel sicherer fühlen mit dem Wissen, dass es einen Plan B gibt. Dadurch rufen sie ihren Hund schon beim ersten Mal viel souveräner und selbstsicherer, sodass ihr Hund die Anweisung erst gar nicht infrage stellt. So kam Schritt 4 noch nie zum Einsatz.

Was uns Hundehalter stark verunsichert, ist die Hilflosigkeit, die wir empfinden, wenn wir unseren Hund nicht führen können, weil er sich nicht abrufen lässt. Vielen geht es so, dass sie nicht weiterwissen, wenn der Hund nicht folgt und am Ende ist paradoxerweise der Hund daran schuld, dass es ihnen schlecht geht. Fangen wir an, unseren Hund dafür verantwortlich zu machen, leidet die Beziehung zum Hund und wir werden unfair mit ihm. Das möchte in Wahrheit keiner. Da ist es doch besser, wir haben einen Plan B und bauen gezielt Konsequenzen ein. Natürlich geht das erst, wenn man die Kommandos gut aufgebaut und der Hund sie verstanden hat.

Schritt 4 nicht bei Hundebegegnungen!

Gehen wir von folgender Situation aus: Dein Hund ist gerade in Gesellschaft anderer Hunde. Sie beschnuppern sich und tauschen vielleicht anfängliche Spannungen aus, weil es zwei halbstarke junge Rüden sind, die sich gegenüberstehen. Sie werden steif, brummeln ein wenig und tänzeln langsam umeinander herum. Dein Hund ist durch den anderen Hund sehr abgelenkt und angespannt und reagiert nicht auf dein Rufen, weil es für ihn auch riskant wäre, ohne eine friedliche Klärung dieser Angelegenheit sich schnell zu entfernen.

Führst du hier Schritt 1, 2 und 3 aus, wirst du feststellen, dass dein Hund nicht reagiert. Würdest du jetzt zu Schritt 4, der Konsequenz übergehen, könntest du mit deiner tiefen Stimme und der bedrohlichen Körpersprache die angespannte Stimmung zwischen den beiden Hunden zur Eskalation bringen und womöglich eine körperliche Auseinandersetzung auslösen. Das möchte keiner!

Es ist logisch, dass man eine angespannte Situation nicht besänftigen kann, indem man weitere Anspannung hinzufügt. Im Falle von angespannten Hundebegegnungen ist es hilfreich, den Hund mit „*Weiter*“ zu rufen, während man sich von beiden Hunden entfernt. Dadurch gibt man den Hunden mehr Raum und sie können ihre Unstimmigkeiten friedlich lösen.

Auch bei sonstigen Hundebegegnungen oder aus einem Spiel mit anderen Hunden, würde ich den eigenen Hund nicht heranrufen, wenn die Ablenkung für ihn noch zu groß ist. In solchen Fällen wäre es eine Möglichkeit, seinen Hund bei der passenden Gelegenheit wieder an die Leine zu nehmen und sich aus der Situation etwas zu entfernen.

Es ist einfacher, das Signal zum Heranrufen erst einmal mit größerem Abstand zu anderen Hunden zu üben, bevor wir von Mal zu Mal die Distanz verringern und die Ablenkung erhöhen, bis es auch aus nächster Nähe zu anderen Hunden funktioniert. Trainiere in kleinen Schritten und deinem Hund wird es von Hundebegegnung zu Hundebegegnung leichter fallen, auf deine Signale zu reagieren.

Zusammenfassung Plan B

Schritt 1: Rufe deinen Hund, weil es dir jetzt wichtig ist, mit „Weiter“ oder mit deinem Signal fürs Heranrufen. Denke daran, dass du eine klare Anweisung mit passendem Handzeichen gibst.
Beispiel: „Charly, Weiter“

Schritt 2: Zögert dein Hund, dann wiederhole das Signal und benutze weitere Wörter, um deinen Hund mit hoher und freudiger Stimme anzufeuern oder zu motivieren.
Beispiel: „Charly, Weiter“ – „Hui, auf geht’s, schnell, schnell, hopp, hopp!“

Schritt 3: Gehe komentarlos in die Nähe des Hundes. Verringere deine Distanz zu ihm bis auf 5 oder 10 Meter. Jetzt benutzt du eine dunkle, ernste Stimme, mit kurzen knappen Wörtern, um ihm zu signalisieren, dass du mit seinem Zögern nicht einverstanden bist.
Beispiel: „NA, NA, NA, kscht, los jetzt! Wird’s bald, ab da!“
In dem Moment, in dem dein Hund kurz zu dir hochschaut, wiederhole das Signal „Charly, weiter“ mit freundlicher Stimme und setze die passende Körpersprache ein. Kommt Charly jetzt mit, ist alles fein. Sollte trotzdem keine gewünschte Reaktion vom Hund kommen, gehe über zu Schritt 4, der Konsequenz.

Schritt 4: Gehe kommentarlos bis zu deinem Hund. Baue dich auf, mach dich groß, breite deine Hände aus und benutze eine tiefe und ernste Stimme, um den Hund in die Richtung zu schicken, in die er hätte gehen sollen. Begleite ihn mit der Stimmung für ein paar Meter, bis er beeindruckt ist und mit dir auf dem Weg. Benutze auch hierbei Wörter, die nichts mit dem eigentlichen Signal zu tun haben.
Beispiel: „Aber jetzt! Wird’s bald. Gehst du da weg. Auf gehts, los, los!“
Führe deinen Spaziergang mit deinem Hund fort und nach kurzer Zeit wiederhole bitte das Signal, das er vorhin nicht ausgeführt hat. Jetzt hat dein Hund eine Chance, ohne große Ablenkung das Signal nochmals richtig auszuführen. Beende dein Training immer mit einem Erfolgserlebnis für dich und deinen Hund.

KAPITEL 11

HUNDEPLATZ VERSUS SPAZIERGANG

Auf dem Hundeplatz klappt es super, aber sobald ich mit meinem Hund auf dem Spaziergang unterwegs bin, hört er überhaupt nicht mehr! Eine Aussage, die man von vielen Hundehaltern hört.

Aber warum ist das so, warum hört der Hund z. B. auf dem Hundeplatz viel besser? Gehst du regelmäßig auf einen Hundeplatz, dann weiß dein Hund ja schon, was kommt. Er weiß, dass ihr beide zusammen das Spiel spielt: „*Der Mensch gibt Anweisungen und ich muss sie befolgen*". Doch im Alltag gibt es zu viele Reize und auch eine zu hohe Wahrscheinlichkeit, dass gleich etwas passiert, sodass der Hund auf dem Spaziergang eine andere Umweltaufmerksamkeit hat. Ein Hundeplatz ist eingezäunt, dem Hund bekannt und die anderen Mitwirkenden auf dem Platz kennt er ebenfalls. Die Wahrscheinlichkeit, dass

gleich völlig fremde Hunde, Jogger oder Wild über den Platz rennen, ist sehr gering. Den Menschen gibt die Umzäunung ein Gefühl der Sicherheit und sie können ihren Hund viel entspannter führen.
Ein weiterer, nicht unwesentlicher Grund, warum es auf dem Hundeplatz meist besser funktioniert als außerhalb der Einzäunung, ist, dass wir uns jedes Mal ganz bewusst die Zeit für unseren Hund nehmen. Wir sind eine Stunde NUR für unseren Hund da. Auf den täglichen Spazierrunden sind wir weniger auf das Zusammenarbeiten mit unserem Hund eingestellt als bei den wöchentlichen, kostenpflichtigen Hundestunden auf dem Platz. Auch mental sind wir, wie auch unser Hund, viel mehr abgelenkt.

Aus der Praxis

Ich kann mich noch gut an die Golden Retriever-Hündin Penny erinnern, weil mich die Geschichte damals so verblüffte. Bei der Terminvereinbarung am Telefon berichtete mir ihr Frauchen, dass sie mit Penny regelmäßig seit drei Jahren zweimal wöchentlich auf den Hundeplatz geht und, dass sie gemeinsam die Begleithundeprüfung und auch die Obedience Klasse 1 bis 3 mit Bravour absolviert haben. Sie erzählte mir ganz stolz, dass Penny eine der Besten im Verein sei. Ihr Wunsch war es, mit mir im Wald spazieren zu gehen, sie bräuchte da mal einen Rat, betonte Frauchen. Nicht wissend, worum es in der ersten Trainingsstunde mit Penny ging, begrüßte mich eine adrette Frau, die ihre Nervosität wegen unseres anstehenden Spaziergangs nicht verbergen konnte. Nachdem wir 15 Minuten mit der Golden Retriever-Hündin durch den Essener Stadtwald spazierten, schlug ich ihr vor, sie dürfe Penny gern ableinen, damit ich mir ein Bild von ihr im Freilauf machen könne. Ich werde nie ihr entsetztes „*NEIN, auf keinen Fall. Ich kann sie nicht ohne Leine laufen lassen!*“ vergessen. Jetzt war ich wirklich überrascht, denn laut ihrer Aussage war Penny doch ein top ausgebildeter Begleithund, der selbst die hohe Schule Obedience beherrschte.

Es stellte sich heraus, dass Penny gelernt hatte, jeden Mittwochnachmittag und jeden Samstagvormittag mit Frauchen auf dem Hundeplatz aufmerksam zusammenzuarbeiten. Doch außerhalb des Platzes funktionierte gar nichts. Noch dazu war unser Termin am Dienstagvormittag und die Goldidame kannte weder ihren eigenen Namen, noch reagierte sie auf eines der Signale, die sie auf dem Hundeplatz so zuverlässig ausführte und diese auch NUR mit dem Hundeplatz verknüpft hatte.

Wir mussten umdenken und uns etwas einfallen lassen, damit Penny und ihre Halterin in Zukunft ihre gemeinsamen Spaziergänge außerhalb des Hundevereins genießen konnten. So bauten wir alle Signale neu auf, mit ganz anderen Wörtern als auf dem Hundeplatz. Da dort das Kommando für Herankommen und Vorsitzen „Hier" lautete, verwendeten wir von nun an auf dem Spaziergang „Penny, zu mir". Penny lernte noch weitere Anweisungen wie das „Weiter" und einen Rückrufpfiff für den Notfall. Auch diese Anweisungen sollte die Halterin mit derselben Präsenz aussprechen wie auf dem Hundeplatz. So wuchs das Vertrauen in Penny und ihre Halterin traute sich immer mehr, ihre Golden-Hündin auf den täglichen Spaziergängen frei laufen zu lassen.

Durch diese Geschichte wird klar, dass es zwei verschiedene Welten gibt: den Hundeplatz und das wahre Leben!

Nur weil es auf dem Hundeplatz gut funktioniert, gibt es keine Garantie dafür, dass der Hund bereits im Alltag genauso zuverlässig mitarbeitet. Das erfordert Verständnis vom Hundehalter und natürlich eine klare und konsequente Führung im Alltag. Falls du ähnliche Erfahrungen mit deinem Hund dieser Art gemacht hast, brauchst du keineswegs zu verzweifeln. Dein Hund braucht eben nur eine klare Anleitung für beide Welten.

TEIL 4 – KONSEQUENZ IN DER HUNDEERZIEHUNG

KAPITEL 12

VERHALTEN FORMEN UND GRENZEN SETZEN

Hundeerziehung bedeutet, dem Hund einen bestimmten Weg zu weisen. Hier geht es darum, erwünschte Verhaltensweisen zu formen und zu fördern und unerwünschte Verhaltensweisen zu stoppen.

Es ist, als würden wir dem Hund Schienen für sein Verhalten legen. Wir geben ihm sozusagen eine stabile Richtung vor, in die er sich entwickeln und ausrichten darf.

ERWÜNSCHTES VERHALTEN

Zeigt der Hund von sich aus ein bestimmtes Verhalten, das wir in Zukunft gern häufiger gezeigt bekommen wollen, dann geben wir ihm einfach genau in diesem Moment positive Aufmerksamkeit.

Loben wir ihn konsequent regelmäßig für dieses **erwünschte Verhalten**, dann lernt der Hund schnell, welches Verhalten für uns wichtig ist. Er wird es häufiger von sich aus anbieten und in sein allgemeines Verhalten integrieren, ohne dass wir darum bitten müssen.

Ein erwünschtes Verhalten kann natürlich alles Mögliche sein, wie z. B. das Fiepsen oder Winseln an der Tür, wenn sich dein Hund dringend lösen muss. Ist es ein junger Hund oder ein Hund aus dem Tierschutz und du hast mit der Stubenreinheit Probleme, ist dieses Verhalten für die Zukunft wünschenswert. Lobe ihn fürs „An-der-Tür-Winseln“ und lass ihn in den Garten oder gehe mit ihm spazieren. Bleibst du beim Loben und Rauslassen konsequent, wird dein Hund immer zuverlässiger im Anzeigen und die „Piesel-Unfälle“ im Haus werden immer weniger. In diesem Fall bedeutet „konsequent“, dass ich für den Zeitraum des Trainings, bis das erwünschte Verhalten etabliert ist, eine verstärkte Aufmerksamkeit auf die Bedürfnisse und das Verhalten des Hundes lege. Ich versuche so oft wie möglich, dieses Verhalten an der Tür zu bemerken, um ihn rechtzeitig in den Garten zu lassen.

Oder vielleicht fühlst du dich sicherer, wenn dein Hund im Freilauf häufiger Blickkontakt zu dir aufbaut? Hier brauchst du nur deinen Hund gut beobachten und in jedem Moment, in dem er in deine Richtung schaut, lobst du ihn mit einer freundlichen Stimme. Legst du also für die nächste Zeit konsequent (in dem Fall durchgehend auf dem Spaziergang) deine Aufmerksamkeit auf den Blickkontakt von deinem Hund, wird er merken, dass es dir wichtig ist. Durch deine positive Aufmerksamkeit versteht er, dass es erwünscht ist. Er wird in Zukunft häufiger von sich aus Blickkontakt mit dir aufnehmen.

Hast du den Eindruck, dass dein Hund das erwünschte Verhalten zuverlässig über einen längeren Zeitraum zeigt, kannst du das Loben von Mal zu Mal ausschleichen und schließlich ganz einstellen.

GRENZEN SETZEN

Dasselbe gilt natürlich auch für Grenzen setzen, um unerwünschte Verhaltensweisen in Zukunft vom Hund nicht mehr gezeigt zu bekommen. Haben wir konsequent den Hund daran erinnert, ein unerwünschtes Verhalten nicht mehr zu zeigen und auszuleben, so ist es irgendwann kein Thema mehr. Denn der Hund unternimmt keinen Versuch mehr, dieses Verhalten auszuführen und wir müssen daher nicht mehr aktiv werden, ihn von irgendetwas zu stoppen.

Aber wie setzt man Grenzen und wie korrigiert man einen Hund, sodass er es versteht, ohne dass wir ihn zu sehr verunsichern oder bedrohen?

Unterschied von Korrektur und Bestrafung

Zuerst möchte ich die Begriffe Korrektur und Bestrafung definieren, damit wir alle verstehen, was der Unterschied ist.

Bestrafung ist grundsätzlich emotional und wird oft übertrieben ausgeführt. Wir nutzen sie eher als ein Ventil unserer Frustration und momentanen Überforderung. Das Timing ist meist schlecht, entweder kommt es zu früh, meistens aber viel zu spät, sodass der Hund keinen Zusammenhang zur eigentlichen „Straftat" mehr verknüpfen kann. Meist ist das Ausmaß der Bestrafung unangemessen zur eigentlichen Tat und hat mit Fairness nichts zu tun. Im schlimmsten Fall sind wir noch sehr lang dem Hund gegenüber nachtragend, und im besten Fall tut es uns hinterher fürchterlich leid, wir haben ein schlechtes Gewissen und suchen hoffentlich für die Zukunft nach anderen Lösungen.

Eine **Korrektur** ist grundsätzlich emotionslos und sachlich. Dadurch ist auch das Timing präzise und der Hund versteht, worum es wirklich geht, weil er es genau mit dem Verhalten verknüpfen kann. Bei einer Korrektur zeigen wir gerade nur so viel Einsatz wie nötig, mit so wenig Aufwand wie möglich, um vom Hund die gewünschte Reaktion zu erhalten. Es geht nicht darum, dem Hund weh zu tun, ihn zu bedrohen oder ihn bis ins Innere einzuschüchtern, um sein Vertrauen in uns Menschen gänzlich zu erschüttern. Es geht lediglich darum, dass er ein bestimmtes Verhalten stoppt. Stellt der Hund sein Verhalten ein, entspannen wir unsere Körperhaltung und unsere Atmung, indem wir hörbar, aber ruhig ausatmen. Damit weiß der Hund, dass es uns nur um das eine Verhalten ging und wir nun wieder friedlich mit ihm sind. Hunden ist ein harmonisches Miteinander mit uns Menschen sehr wichtig. Wenn er dann weiß, dass er ein Verhalten stoppen soll, damit auch wir wieder entspannt sind, ist das eine Bestätigung und eine Art Belohnung für ihn.

Wie setzt man Grenzen?

Grenzen zu setzen ist gar nicht so schwer. Es erfordert von dir als Hundehalter nur eine gewisse Aufmerksamkeit, zielstrebige Ausrichtung und die nötige Körpersprache. Ich würde sogar ein akustisches Abbruchsignal empfehlen, das der Hund im Vorfeld richtig verknüpft hat und es so versteht, dass er „etwas sein lassen soll".

Aber auch allein nur mit meiner Körpersprache kann ich einen Hund ausbremsen. In dem Fall wende ich mich mit meinem Oberkörper oder dem ganzen Körper in seine Richtung, ohne mich direkt über ihn zu beugen, gehe vielleicht noch einen Schritt auf ihn zu, blockiere ihn und hindere ihn so daran, sich in eine bestimmte Richtung zu bewegen. Meine Handfläche oder sogar beide Hände kann ich ebenfalls als Barriere blockierend zwischen den Hund und seinem Vorhaben setzen.

Randnotiz: Menschen blocken instinktiv Hunde mit „von sich gestreckten Armen und offenen Handinnenflächen" von sich ab, um sie auf Abstand zu halten. Aus diesem Grund behalte ich gern die offenen

Handinnenflächen als Begrenzungssignal bei, und lass mir ein anderes Handzeichen für das „Bleib"-Signal einfallen. Wie bereits erwähnt, ist es unsinnig und verwirrend für einen Hund, ein und dasselbe Handzeichen für zwei völlig unterschiedliche Aussagen zu benutzen.

Die Körpersprache unterstütze ich gern mit einem akustischen Signal wie ein „Kscht"-Geräusch, manchmal reicht auch ein Schnippen mit den Fingern aus. Für Korrekturen empfehle ich gern Geräusche, da Wörter oft zu emotional eingesetzt werden und eine Stimmung kreieren, die nichts zur Sache tut und im schlimmsten Fall den Hund sogar unnötig aufregt. Wir wollen, dass der Hund etwas Bestimmtes sein lässt und sich dann entspannt. Wir möchten nicht, dass sich unser Hund durch unsere Korrektur noch mehr in die Aufregung hineinsteigert. Denn dann müssen wir wahrscheinlich gleich wieder korrigieren und das wollen wir vermeiden. Die Anleitung, wie du ein Abbruchsignal aufbauen kannst, findest du auf S. 158.

Blickkontakt vermeiden

Folgendes Detail möchte ich dir nicht vorenthalten, denn es ist ausschlaggebend, ob eine Korrektur beim Hund richtig ankommt oder nicht: Vermeide direkten und lang anhaltenden Blickkontakt zum Hund, während du ihn korrigierst. Diesen versteht dein Hund als Bedrohung und Provokation zugleich, besonders, wenn du ihm durch deine Körpersprache den Raum nimmst. Denke bitte immer daran: Bei einer Korrektur wollen wir den Hund lediglich stoppen und nicht in Schwierigkeiten bringen, indem wir ihn aus seiner Sicht mit unserem Blickkontakt unnötig bedrohen.

Gewöhne dir an, dem Hund nur einen ganz kurzen Blick zuzuwerfen, um dann deinen Blick wieder von ihm zu lösen. Blicke dann beispielsweise auf den Boden oder auf deine Hände, um Missverständnisse zu vermeiden.

Aus der Praxis

Anneliese, eine sehr extrovertierte Persönlichkeit mittleren Alters, ersuchte meine Erziehungshilfe, da ihre 9-monatige Vizsla-Hündin namens Tessa laut ihrer Aussage absolut erziehungsresistent sei und sie es einfach nicht schaffe, ihr mehr Ruhe zu vermitteln. Sie klang verzweifelt und bat um ein Treffen in der nahe gelegenen Dorfwirtschaft, damit ich mir anschauen konnte, wie unruhig ihr Hund war, wenn sie ihn irgendwohin mitnahm.
Nach einem kurzen Spaziergang, damit sich Junghund Tessa lösen konnte, betraten wir die Wirtschaft. Tessa war schon am Parkplatz sehr aufgeregt, zog an der Leine Richtung Eingang und dann ihr Frauchen durch das gesamte Lokal. Beide stießen gegen mehrere Stühle und verschoben Tische, bis wir einen Platz im hinteren Eck gefunden hatten. Zum Glück war es ein Wochentag und nur wenige Gäste im Lokal. Wir setzten uns an den Tisch und Tessa zog überallhin und wollte am liebsten das gesamte Lokal inspizieren. Anneliese zog Tessa an der Leine zurück und hielt sie kürzer, doch die Leine war immer auf Zug. Sie kommentierte aufgeregt und lautstark die Unruhe ihres Hundes: *„Tessa, Teeeeessa, TESSA jetzt hör doch auf! Schluss jetzt! Aber – hier jetzt, sitz, aus, Schluss jetzt!!!"* Dann befahl sie ihrem Junghund gleich mehrmals, sich hinzusetzen und zu bleiben. Natürlich fühlte sich Tessa bei diesem Wust an Wortschwall nicht angesprochen, aber erfolgreich hochgepuscht. Frauchen wurde energischer, ruckte an der kurzen Leine und starrte Tessa drohend mit aufgerissenen großen Augen an. Dabei beugte sie sich noch zu der Hündin herunter und war nur wenige Zentimeter vom Vizslakopf entfernt. Daraufhin wurde Tessa richtig nervös, sprang an Anneliese hoch und schnappte wild und ungestüm in Richtung ihres Gesichts. Anneliese war außer sich, gestresst und überfordert, ihren Hund nicht ruhig zu bekommen.

Ich hatte einen guten Einblick in die Thematik bekommen und half Anneliese aus dieser prekären Situation, indem ich mit ihr den Platz wechselte und ihren Hund übernahm.

Tessa sprang auch an mir kurz hoch, weil sie immer noch sehr aufgeregt war. Ich nahm sie ruhig von mir herunter und ließ die Leine etwas locker, während ich ganz bewusst auf den Boden schaute und eben nicht in ihre hübschen Vizsla-Augen. Sie setzte nochmals zum Sprung an, da blockte ich sie mit meiner Hand und einem „Kscht" und verstärkte meine Korrektur, indem ich meine Hand auf ihren Brustkorb legte und sie mit einem schnellen Impuls von mir wegdrückte, während ich das Geräusch machte. Mit meiner Hand blockte ich den Raum zwischen mir und Tessa und meine Augen blickten diesmal auf meinen Handrücken, um tunlichst einen Blickkontakt mit ihr zu vermeiden. Diese Korrektur beeindruckte sie, denn sie hielt kurz inne. Ich nahm diese Gelegenheit wahr, um hörbar, aber entspannt, tief ein- und auszuatmen. Daraufhin gähnte Tessa beschwichtigend, blinzelte, senkte ihren Kopf und die Spannung wich aus ihrem Körper. Sie stellte das Anspringen ein, doch versuchte weiter, an der Leine zerrend alles um unseren Tisch herum zu inspizieren. Ich holte sie an der Leine zurück und ließ diese sofort wieder locker. Denn eine straffe Leine hat noch nie einem Hund zur Ruhe verholfen. Bis dahin hatte ich noch kein einziges Wort mit Tessa gesprochen, auch nicht mit Frauchen. Es vergingen keine zwei Minuten, da legte sich Tessa auf das mitgebrachte Handtuch und war ruhig.

Vizslas sind von Haus aus Hunde, mit einem hohen Energielevel und reagieren auf Reize meist aktiv. Je mehr Reize und Ansprache wir ihnen geben, umso mehr haben sie etwas, worauf sie mit Aktion und Aufregung antworten können. Ich dagegen war entspannt und bot ihr Ruhe. Mein Verhalten glich einer Reizwüste. Von mir kam kein Wort, keine Aufregung und vor allem keine Bedrohung. Es gab nichts, auf das die Hündin hätte reagieren müssen.

Tessa war damals ein Junghund, der, wie jeder andere Junghund, die Körpersprache und Mimik von Menschen so bewertet wie die eines anderen Hundes. Ihr lebhaftes Frauchen hatte eine sehr beeindruckende Mimik. Ganz besonders, wenn sie ihre Augen aufriss, konnte man sogar das Weiß rings um ihre Iris blitzen sehen.

Sich dabei auch noch nach unten direkt über den Hund zu beugen, war einfach zu viel Bedrohung für die Hündin. Für einen Junghund ist es typisch, auf solch ein Verhalten unsicher zu reagieren und aktiv den Menschen anzuspringen, im Versuch, ihn von der Bedrohung abzubringen. Ein unsicherer erwachsener Hund hätte gleich beschwichtigt und sich abgewandt und zurückgezogen. Hunderassen mit ausgeprägtem Schutztrieb dagegen, die bei jeder Art von Bedrohung dazu tendieren, nach vorne zu gehen, hätten die Korrektur von Anneliese nicht geduldet und eventuell mit Aggression reagiert.
Die Quintessenz war, dass das Verhalten von Frauchen zu viel für den Hund war. Sie wollte die Hündin aktiv zur Ruhe zwingen, doch alles, was Tessa brauchte, war ein Vorbild, was Ruhe vorlebte.

Wir tauschten wieder die Plätze und Anneliese bekam strikte Anweisung von mir, entspannt zu atmen und den ständigen Drang, reden zu müssen, vollständig einzustellen. In anderen Worten, ich bat sie höflich, den Mund zu halten. Ich erklärte ihr den Umgang mit der Leine und dass sie Tessa weder in die Augen schauen, noch sich herunterbeugen solle. Tessa brauchte bei ihrem Frauchen etwas länger, um in die Ruhe zu finden, weil sie Annelise bereits mit Aufregung verknüpft hatte. Doch nach 10 Minuten legte sich Tessa auch bei Anneliese auf das Handtuch, ganz ohne Anweisung. Nun gingen wir auch wieder zu unserem Gespräch über, ohne Tessa zu beachten. Anneliese fragte mich dann, ob sie ihren Hund jetzt loben solle, weil dieser doch so ruhig dort lag. Meine Antwort war ein klares „*Nein*“. Würde man Tessa jetzt loben, würde sie sofort wieder aufspringen und in die Aufregung zurückfallen.

Wichtige Details bei der Korrektur

1. Möchten wir einen aufgeregten Hund beruhigen, korrigieren wir zwar seine Aufregung, bleiben selbst jedoch völlig ruhig dabei, um dem Hund ein Vorbild zu sein, indem wir ihm die Ruhe vorleben. Unnötiges Kommentieren, Ansprechen, Schimpfen oder Kommandos einfordern fördert die Unruhe.

2. Ein starrer, direkter Blickkontakt sowie ein bedrohliches Über-den-Hund-Beugen ist ebenfalls kontraproduktiv. Es verunsichert den Hund und er wird noch aufgeregter, als er sowieso schon ist.
3. Ein Hund, der zur Ruhe gekommen ist, wird unter keinen Umständen dafür aktiv gelobt. Das würde die entspannte Atmosphäre wieder unnötig aufheizen und du müsstest ganz von vorne anfangen, um den Hund wieder in die Ruhe zu bringen.

Abbruchsignal „Kscht"

Es gibt viele Möglichkeiten, Unterbrechungssignale für den Hund aufzubauen. Hier beschreibe ich dir eine Möglichkeit, mit der ich persönlich gute Erfahrungen gemacht habe.

Ein Geräusch für ein Abbruchsignal aufzubauen, ist weitaus empfehlenswerter, als ein Wort wie „Pfui" oder „Aus". Geräusche sind meist emotionsneutral und pragmatisch, während Wörter emotional variieren und oft unnötig Stimmung in die Angelegenheit bringen. In diesem Fall nehme ich gern das „Kscht". Natürlich liegt es ganz in deinem Ermessen, welches Signal du dafür einsetzen möchtest. Denke nur immer daran, stets dasselbe Signal zu benutzen.

Das Ziel der Übung ist, dass der Hund aufgrund des Erklingens vom „Kscht" sein Vorhaben innerlich und äußerlich einstellt und keine weiteren Versuche diesbezüglich mehr startet. Klingt einfach, ist es auch.

Wichtig: Dem Hund wird bei dieser Übung zu keinem Zeitpunkt direkt in die Augen geschaut! Wir wollen ihn nur korrigieren und nicht provozieren.

Schritt 1: Präpariere deine Taschen mit ein paar Hundeleckerlies. Nimm eines davon in die Hand, stell dich direkt vor deinen Hund und sag ihm „Arco, nimm", erst dann hältst du ihm das Leckerchen direkt vor seine Schnauze, sodass er es sich gleich nehmen darf. (Der Name „Arco" steht hier natürlich als Platzhalter für den Namen deines Hundes.) Diesen Schritt wiederholst du vielleicht 6- oder 7-mal. Das

„Nimm“ wird hier als Erlaubniswort eingesetzt und bleibt natürlich aus, wenn er es eben nicht nehmen soll, wie bei Schritt 2.

Schritt 2: Jetzt nimmst du ein Leckerchen in die Hand, die du seitlich von dir ausstreckst. Öffne deine Hand: Der Hund kann das Leckerchen gut auf deiner Handfläche liegen sehen. Diesmal kommt von dir kein „Nimm“ und du bleibst auch sonst ruhig.

Wichtig: Hier halte ich das Leckerchen nicht direkt vor seine Nase, sondern eher etwas von ihm seitlich entfernt, sodass er sich hinbewegen müsste, um es sich zu holen.

Die Hand bleibt still an dem Ort, egal, was passiert! Sobald dein Hund sich Richtung offene Hand bewegt, um sich das Leckerchen zu holen, schließt du umgehend die Handfläche und lässt hörbar ein „Kscht“ ertönen. Es sollte so synchron kommen, als wenn das Schließen der Hand das Geräusch selbst verursacht. Der Hund kommt jetzt mit seiner Schnauze zur Hand, leckt und schleckt und versucht, das Leckerchen herauszuholen, doch deine Hand bleibt für einen Moment geschlossen. Einen kurzen Moment später, oder wenn der Hund ein klein wenig zurückweicht, öffnest du deine Hand wieder. Sobald dein Hund zuckt, um wieder an das Leckerchen zu kommen, schließt du deine Handfläche wieder mit dem Geräusch. Lass dann den Hund erneut bemerken, dass das Leckerchen unerreichbar in deiner Handfläche versteckt ist, und öffne sie dann immer wieder.

Wichtig: Die Hand bleibt still an Ort und Stelle, sie wird lediglich geschlossen. Die meisten Menschen haben den Impuls, ihre Hand reflexartig wegzuziehen, damit der Hund nicht ans Leckerchen kommt, aber das ist falsch. Der Hund wird das Wegziehen als Spiel verstehen, wird nervöser, aufgeregter, springt dich eventuell an und versucht, die Hand mit seinen Pfoten zu erwischen. Da dies zu viel Unruhe in die Übung bringen würde, ist es ausschlaggebend, dass du dem Reflex, deine Hand wegzuziehen, unbedingt widerstehst. Auch der direkte Blickkontakt zu unserem Hund erfolgt oft unbewusst und sollte eingestellt werden. Nimm dir einfach vor, ganz leicht am Hund vorbeizuschauen. Viele Hunde probieren es einige Male, bis es ihnen suspekt vorkommt. Sie fangen an, Beschwichtigungssignale zu zeigen, wie Gähnen, sich kurz abwenden, um es dann gleich wieder auszuprobieren, sich hinsetzen und fiepsen, Fang lecken, Blinzeln, Pföteln, sich kratzen und vieles mehr. Das ganze Programm, im Wechsel mit weiteren Versuchen, bis sie innerlich kurz aufgeben, einen weiteren Versuch zu starten. Und hier kommt dein Einsatz. Sobald dein Hund innerlich und äußerlich aufgibt und keinen Versuch mehr startet, lobst du ihn kurz mit deiner sanften Stimme und beendest die Übung, steckst das Leckerchen wieder ein und machst eine kurze Pause.

Nach ein paar Minuten fängst du wieder mit Schritt 1 an und danach wiederholst du Schritt 2. Du wirst jetzt schon ein anderes Verhalten seitens deines Hundes bemerken. Bei den meisten ist auffällig, dass sie jetzt schon viel eher den Versuch aufgeben, an das Leckerchen zu kommen. Sobald dein Hund aufgibt und von der Leckerchenhand Abstand nimmt, machst du wieder eine Pause.

Trainiere es am selben Tag oder auch erst am nächsten Tag weiter, bis sich dein Hund beim ersten „Kscht" sofort abwendet und keinen weiteren Versuch mehr startet. In den nächsten Tagen kannst du das Signal generalisieren, indem du es mit anderen Dingen trainierst. Beispielsweise kann ich einen begehrten Gegenstand (z. B. ein Futterdummy oder einen anderen geschlossenen Beutel mit Futter) auf den Boden in die Nähe des Hundes legen. Sollte er den Versuch starten, es aufzunehmen, ertönt mein „Kscht" und ich halte eine Handfläche blockierend zwischen ihn und das Dummy. Auch hier: Das Dummy wird nicht weggezogen, es bleibt still an Ort und Stelle.

Wichtig: Weniger ist mehr! Das Abbruchsignal sollte nicht zu einem ständigem Hintergrundgeräusch werden. Achte darauf, dass du es nur für Erziehungszwecke einsetzt (natürlich konsequent), bis du es bald gar nicht mehr brauchst.

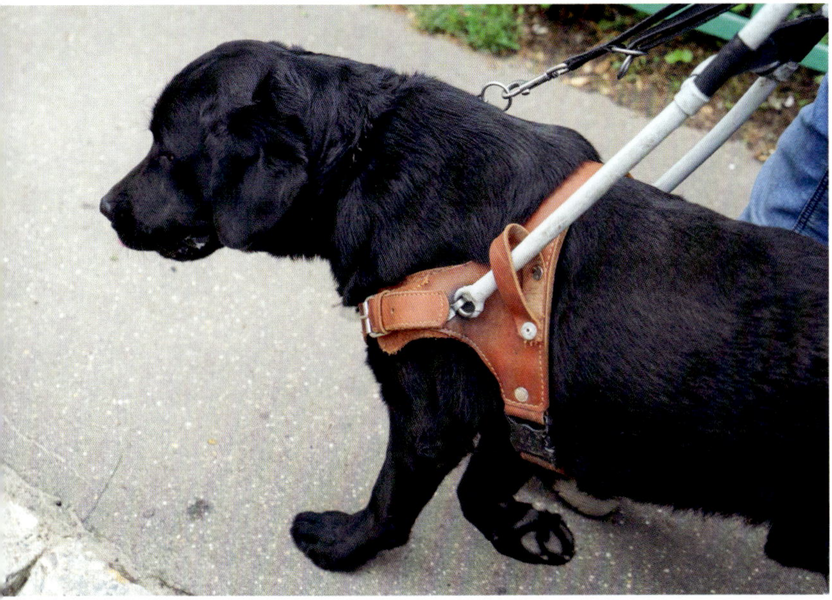

ignale für Arbeitshunde

Im zu vermeiden, dass wir Arbeitssignale im Alltagssprachgebrauch versehentlich aus-prechen und den Hund damit verwirren, werden Blindenführhunde auf lateinische oder talienische Wortsignale trainiert.

ine Handlung – ein Wortsignal …

macht es dem Hund möglich, uns zu verstehen. Kreativität und ständiger Wortwechsel in er Kommandogebung dagegen, verwirrt einen Hund erfolgreich. Ergebnis: Der Hund wird nmer schlechter folgen, weil wir es ihm schwer machen, uns zu verstehen.

Beim Signal „Weiter“ soll sich der Hund von uns in eine bestimmte Richtung weisen lassen. Unsere Körpersprache, in diesem Fall die Hand und Armbewegung, verdeutlicht dem Hund, was wir von ihm wollen.

Einem Hund „Dickköpfigkeit“ zu unterstellen, ist nur eine Erklärung dafür zu finden, warum der Hund innerlich besser ausgerichtet ist, als sein menschlicher Begleiter.

Ein Hund kann nur so gut mitarbeiten, wie wir es ihm vorgeben.

eeindruckende Sinnesleistung
lunde haben die sensationelle Fähigkeit, mit all ihren Sinnen stets im „Hier und Jetzt" zu sein. ie beobachten uns den ganzen Tag und nehmen alles an uns wahr, auch kleinste Details, die ir nicht einmal an uns selbst bemerken würden.

Ruhesignal

Das Besondere an Ruhesignalen wie z. B. „Sitz“, „Platz“, „Bleib“ und „Bei Fuß“ ist, dass diese Signale von uns auch wieder zuverlässig aufgelöst werden müssen. Sagen wir „Sitz‘ müssen wir dem Hund auch sagen, wann er wieder aufstehen und sich frei bewegen darf. Gibt es diesbezüglich keine klare Absprache zwischen Mensch und Hund, wird der Hund immer unzuverlässiger und unruhige in der Ausführung.

Aufmerksamkeitssignal

Bevor wir unseren Hund aus einem Ruhesignal entlassen, möchten wir kurz seine volle Aufmerksamkeit haben. Welches Wortsignal du dafür verwenden möchtest, ist ganz dir überlassen. Beispiele: „Pass auf“, „Schau“, „Guck“, „Achtung“.

Gib deinem Hund das Kommando „Sitz" mit einem Handzeichen.

Halte deine Hand auf Augenhöhe, gib deinem Hund das Wortsignal „Pass auf".

obald er dir kurz seine Aufmerksamkeit chenkt, gehst du einen Schritt zurück, nimmst eine Hand herunter …

… und lässt deinen Hund seine Belohnung aus deiner Hand nehmen. Bitte denke daran, deinen Hund nicht zu streicheln.

Meine Freundin „Smilla' war eine Mischung aus Border Collie und Riesenschnauzer. Durch das konsequente Straßentraining im Welpenalter, wurde sie zu dem straßensichersten Hund, den ich je erleben durfte.

Das Signal „Bleib" bedeutet, dass dein Hund auf einer Stelle verweilt, während du dich von ihm entfernen oder sogar außer Sicht verschwinden kannst, bis du zurückkommst und ihn wieder aus der Übung entlässt.

Auch für das Warten sollte man einen Hund belohnen. Besonders für junge Hunde ist Geduld harte Arbeit.

Die Frau beugt sich über ihren Hund, gibt ihm das Handzeichen fast direkt vor seiner Nase und sagt mit strenger Stimme „Bleib“.

Unmittelbar geht sie los, schaut beim Weggehen immer wieder zu ihrem Hund, wiederholt permanent das Handzeichen und das Wort „Bleeiiib“.

In dem Moment, in dem sich sein Frauchen umdreht, rennt er schon auf sie zu. Sie hat weder gerufen, noch ihn aus der Übung entlassen. Der Hund konnte es einfach nicht erwarten, weil er seinen Menschen falsch verstanden hat.

Jetzt bekommt der Hund Ärger, weil er nicht gewartet hat, bis sein Mensch ihn heranrief. Dabei war es gar nicht sein Fehler.

1 *Etwas Abstand zum Hund, Oberkörper gerade, Handzeichen in Höhe des Oberkörpers, Signal „Bleib" leise gesprochen.*

2 *Zwei Atemzüge vor dem Hund stehen bleiben, ohne gleich loszulaufen. Auf diese Weise kommen wir beide kurz in die Ruhe.*

5 *Immer zum Hund zurückgehen und das „Bleib" vor Ort auflösen.*

6 *Erst wenn man direkt vor dem Hund steht, kann man Blickkontakt aufnehmen.*

; Ruhig weggehen, ohne zu reden, ohne das
Handzeichen zu wiederholen, ohne Blick-
:ontakt zum Hund.

4 Entfernung nur so weit, wie man glaubt, dass der Hund es schafft, zu warten. Einfach einmal den Waldgeräuschen lauschen.

Die Aufmerksamkeit des Hundes auf sich
:nken und ihn mit „Pass auf" …

8 … und „Weiter" aus der Übung entlassen. Nun darf er sein Leckerchen bekommen.

Signal generalisieren

Ein Signal zu generalisieren bedeutet, dass du mit deinem Hund an den unterschiedlichsten Orten, zu unterschiedlichen Zeiten, mit unterschiedlicher Ablenkung trainierst.

„Lernen durch Benennen" kann dem Hund helfen zu verstehen, dass er beim Abtrocknen ruhig stehen muss. Spreche die Wörter „Steh still" zu Beginn immer nur dann aus, wenn dein Hund auch stehen bleibt.

Typische Fehlverknüpfung: Sobald der Hund in die Leine springt, rufen viele Halter reflexartig „Langsam!". Nach einigen Wiederholung hat der Hund folgende Wortverknüpfung gelernt: „Langsam" heißt, mit Vollgas in die Leine springen.

Das Signal „Bei Fuß" bedeutet, dass der Hund an der von dir vorgegebenen Seite, aufmerksam auf deiner Höhe laufen soll, bis er von dir aus der Übung entlassen wird.

Auflösen von „Bei Fuß“
Bei der Übung „Bei Fuß
befindet sich der Hund
an unserer Seite.

Aus diesem Grund wird
er mit „Pass auf“ und
einem Schritt nach vorn
aufgelöst. Nach dem
Signal kann er in den
Freilauf.

Gerade beim Heranrufen kommt es zu den häufigsten Missverständnissen. Es liegt fast immer an unserer Körpersprache, ob ein Hund kommen kann, oder ob er Abstand hält.

Angespannte, steife Körperhaltung, starres Handzeichen, bohrender Blick – alles wirkt auf den Hund eher bedrohlich und nicht einladend. Der Hund beschwichtigt.

Sobald ich meine Körperhaltung und Stimmung ändere und meine Körperspannung auflöse, rast der Hund freudig auf mich zu. Winkendes Handzeichen, einen Schritt rückwärts gehen, einen beweglichen Blick vom Hund zu meiner Hand – alles an mir wirkt für den Hund wie eine Einladung. Es geht keine Bedrohung mehr von mir aus.

1 *Stell dich vor den Hund und sag „Nimm", bevor du ihm ein Leckerchen zum Fressen reichst (5–7 mal wiederholen).*

2 *Halte ihm etwas entfernt ein Leckerli auf deiner flachen Hand hin, diesmal ohne „Nimm", vermeide Blickkontakt.*

5 *Sobald dein Hund daraufhin etwas von der Hand abläßt, kannst du die Handfläche wieder öffnen.*

6 *Wiederhole das Zuschnappen der stillstehenden Hand und das akustische Signal, sobald er wieder ans Leckerchen möchte.*

; In dem Moment, in dem dein Hund zur
Hand möchte, schließt du sie und gibst dein
Unterbrechungssignal, z. B. „Kscht".

4 Vermeide ein Wegziehen deiner Hand, denn das würde den Hund noch mehr animieren, ans Leckerchen zu kommen.

' Wiederhole es so lange, bis der Hund sich
on allein aus der Übung abdreht. Nun hat
r verstanden und hält Abstand.

8 Große Verleitung: hier blocke ich ihn mit meiner anderen Hand und meinem Unterbrechungssignal aus.

Grenzen setzen
Einem Hund Grenzen zu setzen, sollte leicht, einfach und ruhig erfolgen. Hier möchten wir, dass der junge Hund von dem auf der Straße liegenden Würstchen Abstand hält.

Ein erlerntes akustisches Signal und eine blockende Körperhaltung signalisieren dem Hund, dass er sich von seinem Vorhaben abwenden soll.

Generalisieren

Eine Verhaltensweise zu generalisieren bedeutet, diese an diversen Orten, in den unterschiedlichsten Situationen, zu den unterschiedlichsten Tageszeiten, unter verschieden starker Ablenkung mit dem Hund zu üben.

Generalisieren gilt nicht nur für das Aufbauen eines Unterbrechungssignals, sondern auch für alle anderen Anweisungen und Signale wie z. B. „Sitz", „Bleib", „Platz", „Bei Fuß", „Warte" oder „Bring".

Hunde sind Meister im Verknüpfen und das kommt uns im Training und in der Erziehung zugute, doch „jede Münze hat zwei Seiten". Gerade weil unsere Hunde alle noch so kleinen Details miteinander verknüpfen, kann das unser Training mit ihnen auch erschweren. Deshalb ist es immer gut zu überlegen, was der eigene Hund mit einer Übung bisher verknüpft hat bzw. welche Verknüpfung ihm noch fehlt, um herauszufinden, woran es liegen könnte, dass er dieses Mal nicht folgt.

Aus der Praxis

Tay und seine Halterin Beate lernte ich an einem sonnigen, warmen Julitag kennen. Wir gingen gemeinsam durch den Wald und als ich sie fragte, welche Signale und Anweisungen Tay bereits gelernt hat, antwortete sie: *„Er kann zuverlässig „Sitz", „Platz" und „Bleib", aber „Hier" klappt nicht immer so gut."*

Das wollte ich mir einmal anschauen und bat sie, mit Tay „Sitz" und „Bleib" vorzuführen. Jetzt wurde es spannend. Sie gab Tay die Anweisung „Sitz", doch sobald sein Hintern den Boden berührte, war er auch schon wieder aufgestanden. Es bedurfte einiger Wiederholungen, bis er zumindest so lange sitzen blieb, bis die Anweisung „Bleib" von Beate ausgesprochen wurde. Tay schnupperte in die Luft und als sein Frauchen fünf Schritte entfernt war, folgte er seiner Nase, stand auf und ging in eine völlig andere Richtung. Sie musste ihn fast zehnmal zurückholen und die Übung wiederholen, bis Tay es schaffte, wenigstens so lange sitzen zu bleiben, bis Beate sich fünf Schritte entfernte und wieder zu ihm kam, um die Übung zu beenden.

Beate verstand ihren Hund nicht und war genervt, weil Tay nicht so mitmachte, wie sie es anscheinend gewöhnt war. Für mich als Trainerin sah es nicht so aus, als hätte Tay sich widersetzen wollen, sondern er machte den Eindruck, als verstehe er die Übung nicht. Doch laut Beate konnte Tay das „Bleib“ zuverlässig ausführen, weshalb ich sie fragte, wann sie mit Tay im Alltag das „Sitz und Bleib“ denn einsetzt.
Beate antwortete: *„Ich verstehe Tay nicht, er macht es sonst wirklich zuverlässig. Wir gehen bei jedem Wetter spazieren. Kommen wir aus dem Regen nach Hause oder es war so richtiges Matschwetter, dann gebe ich ihm vor der Haustür auf der Fußmatte die Anweisung „Sitz-Bleib“. Tay bleibt dann so lange brav dort sitzen, bis ich wieder aus der Waschküche im Keller mit einem frischen Hundehandtuch nach oben komme, um ihn vor der Tür gründlich abzutrocknen, bevor er ins Haus darf.“*

Das war es also! Tay fehlte die Generalisierung für diese Anweisung. Kein Wunder, dass er im Wald bei schönem Wetter das „Sitz-Bleib“ nicht verstand. Er hat es anders verknüpft. Ihm fehlte das Regenwetter, der Matsch, die Haustür, die Fußmatte, und der Spaziergang war ja hier auch noch nicht zu Ende. All diese Faktoren hatte Tay mit dem „Sitz-Bleib“ verknüpft, ohne diese verknüpften Reize wurde das Kommando von ihm noch nie verlangt oder erklärt. Das konnte Beate auch bestätigen, dass sie es noch nie woanders mit ihm geübt hatte. Sie dachte nur nicht, dass die Auswirkungen der fehlenden Generalisierung einen so starken Einfluss auf Tay hatten.

Fehlende Generalisierung ist ein häufiger Grund, warum Anweisungen mal funktionieren und mal nicht. Wir fingen mit Tay und den Grundsignalen noch einmal ganz von vorne an und zwar gleich hier im Wald. Beate bekam die Hausaufgabe, alle Übungen mit Tay an den unterschiedlichsten Orten zu trainieren. Mal im Wald, mal am Feld, direkt am Auto nach dem Aussteigen – vor dem Einsteigen, im Wohnzimmer, Garten oder irgendwo sonst,

wo sie sich mit ihrem Hund im Laufe der Woche aufhielt. Wichtig war nur, dass sie stets daran dachte, ihren Hund zu trainieren und ihn nicht zu belästigen, indem sie ihm ständig und überall irgendeine Anweisung gab. Es sollte realistisch bleiben und es genügte, am Tag an zwei unterschiedlichen Orten kurz eine Übung einfließen zu lassen.
Zwei Wochen später trafen wir uns wieder und Beate war ganz begeistert von ihrem Tay, da er jetzt alle Übungen auch im Wald so gut ausführte wie daheim.

Aus meinem Leben

Mein Mann ist aktiver Jäger und hat das Jagdrevier in Ramerberg gepachtet. Wir haben große Waldflächen, aber noch mehr landwirtschaftliche Flächen. Jedes Jahr von April bis Juni liegen Rehkitze in den Wiesen, und um unsere Landwirte zu unterstützen, helfen wir ihnen vor dem Mähen bei der Suche nach ihnen. Rehkitze drücken sich in den ersten Wochen auf den Boden in die Wiese, wenn sie Gefahr wittern und haben noch nicht den Reflex zu fliehen. Findet man sie nicht und kann sie nicht vor der Mahd aus den Wiesen holen, ist das Mähwerk vom Traktor ihr sicherer Tod. Unsere Hunde sind bei der Suche immer eine große Hilfe und mittlerweile haben wir auch Drohnen, ausgerüstet mit Wärmebildkameras, um in kürzester Zeit alle Kitze, Junghasen und Katzen rechtzeitig aufzuspüren und um sie aus der Wiese zu retten, bis der Landwirt mit dem Mähen fertig ist.

Vor einigen Jahren lebten noch meine beiden Jagdhunde aus dem spanischen Tierschutz. St. John, ein französischer Pointer, und Birdy, ein Schweißhundmix. Sie waren sehr einfach zu führende Hunde, liefen immer frei und haben bei meiner Arbeit als Hundetrainerin häufig mitgewirkt. Sie kannten alle Signale und führten diese auch mit viel Hundeablenkung zuverlässig aus, da sie auch bei meinen Gruppentrainings und Seminaren dabei waren.

Es war ein heißer Tag im Mai und wir hatten eine sehr große Wiese am Waldrand abzusuchen. Erfahrungsgemäß liegen dort jedes Jahr mindesten zwei Kitze. Der damalige Deutsch Kurzhaar-Rüde und meine beiden Hunde liefen frei mit uns mäanderförmig durch die hohe Wiese, in der Hoffnung, die beiden Kitze zu finden, um sie in eine Hundetransportbox zu setzen, bis die Gefahr vorüber war.
Dann plötzlich rief mein Mann aus 20 Meter Entfernung, dass er eins gefunden hätte, hielt es im Arm, in großen Grasbüscheln eingehüllt, und bat mich, schnell zu kommen, um das zweite Kitz aufzuheben, das gleich daneben lag. Ich solle meine Hunde absetzen und mich heranschleichen, da die Kitze schon recht fit für ihr Alter seien. Ich gab Birdy und St. John die Anweisung „Sitz-Bleib" und schlich mich zügig zu dem Kitz. Kurz davor sah ich, wie es aufsprang und fliehen wollte. Reflexartig setzte ich zu einem Hechtsprung an und dann überschlugen sich die Ereignisse. Kaum hatte ich es gepackt, lag ich schon mit dem Bauch auf dem Boden und Birdy und St. John stürzten sich von links und rechts mit mir auf das Kitz. Ich brüllte beide Hunde an, damit sie aufhörten, und mein Mann half mir, die Hunde mit seinen Beinen abzuwehren, damit sie dem Kitz keinen Schaden zufügten. Kaum hatte ich mich mit dem Kitz im Arm wieder aufgerappelt, wurde ich wütend auf meine beiden Hunde, weil sie nicht in ihrem Kommando „Sitz-Bleib" geblieben waren. Es ist noch einmal alles gut gegangen, dennoch habe ich mich sehr über sie geärgert, während wir die Kitze quer über die Wiese trugen, um sie in eine sichere Box im Schatten zu setzen.

Nachdem mein Ärger verklungen war, dachte ich gründlich nach, woran es wohl gelegen haben könnte, dass meine Hunde nicht im Kommando geblieben sind. Sie waren doch schon oft bei der Kitzsuche dabei.
Ich betrachtete die Situation aus der Sicht meiner Hunde, und da kam mir der Gedanke. Es lag an einem Detail, das sie mit dem „Sitz-Bleib" vorher noch nie erlebt hatten. Birdy und St. John hatten

noch nie diese Anweisung ausführen müssen, während ich mich an ein „Beutetier“ heranschlich und einen Hechtsprung machte, um es zu fangen. Hechtsprünge auf Rehkitze habe ich nun wirklich noch nicht in mein Training mit eingebaut, woher sollten die beiden das dann auch können?

Aber wie konnte ich das trainieren, denn sicherer wäre die Rehkitzsuche auf jeden Fall, wenn meine Hunde diese Übung zuverlässig beherrschen würden.
Ich fing gleich am nächsten Tag damit an, meine Hunde in einer Wiese mit „Sitz-Bleib“ abzusetzen, schlich mich gespielt an ein „unsichtbares“ Kitz heran und täuschte einen Hechtsprung vor. Beide sprangen sofort wieder auf und wurden ganz nervös. Ich ging zurück, setzte sie wieder an die ursprüngliche Stelle ins „Sitz-Bleib“ und fing von vorne an. Es brauchte mehrere Wiederholungen, bis ich beide endlich für das „Sitz-Bleib“ belohnen konnte. Ein paar Tage später, bei der nächsten Rehkitzsuche, fanden wir eine Totgeburt. Ein ganz kleines, frisch geborenes Rehkitz, bereits kalt und steif. Auch wenn es jetzt für den ein oder anderen zart besaiteten Leser makaber klingt, witterte ich meine Chance und nahm das tote Kitz mit, um für die Übung mit meinen Hunden mehr Realität einzubauen. Ich legte das Kitz in meine Nähe in die Wiese, rief meine Hunde zu mir und gab ihnen die besagte Anweisung „Sitz-Bleib“. Dann schlich ich wieder durch die Wiese Richtung Kitz, streckte meine Arme aus, wollte gerade zum Sprung ansetzen, und meine beiden Hunde sprangen wieder auf. Ich korrigierte sie und übte erneut, bis ich beide fürs Sitzenbleiben belohnen konnte, während ich meine Hechtsprungtechnik auf ein zwar totes, aber echtes Rehkitz perfektionierte. Anfang Juni ergab sich dann tatsächlich eine reale Situation bei der Suche nach den Rehkitzen, wo es wieder sicherer war, meine Hunde ins „Sitz-Bleib“ abzusetzen, um ein Kitz zu fangen. Diesmal konnte ich richtig stolz auf meine beiden Hunde sein, es gab sogar Leberkäse für ihre tolle Leistung, still auf Abstand zu bleiben, während ich das Kitz einfing.

Das Fallbeispiel macht deutlich, dass Sondersituationen auch trainiert werden müssen, damit der Hund seine Aufgabe versteht und zuverlässig mitarbeiten kann. Logischerweise kann man im Vorfeld niemals alle sonderbaren Situationen vorhersagen, die man im Laufe des Lebens mit dem Hund zu meistern hat. Aber auch hier ist die gute Nachricht, dass man im Nachhinein, egal wie alt der Hund ist, bestimmte Situationen gesondert nachtrainieren kann. Die Kunst der Generalisierung lässt sich somit auch später noch erweitern. Kommst du also einmal in eine Situation, in der dein Hund überraschenderweise nicht sein geübtes Kommando befolgt, überlege, ob es vielleicht an fehlender Generalisierung liegen könnte und nimm das Training noch einmal neu auf. Die Mühe lohnt sich, macht sogar Spaß und zahlt sich bald aus.

Übergriffiges Verhalten

Fachbücher gehen natürlich immer vom Optimalfall oder zumindest vom Normalfall aus. Aber wir alle wissen, dass das Leben nicht immer so verläuft, wie es in Büchern beschrieben wird und nicht jeder Hund hat selbst im Buch nachgelesen. Deshalb ist es nicht verwunderlich, dass wir es manchmal mit Verhaltensweisen oder Reaktionen von einem Hund zu tun haben, mit denen wir nicht rechneten. Natürlich würde das den Rahmen eines jeden Buches sprengen, jeden „Sonderfall" zu erwähnen. Doch in diesem Fall finde ich es wichtig, dir Folgendes nicht vorzuenthalten. Was tun, wenn der Hund zu übergriffig beim Aufbau eines Unterbrechungssignals wird?

Was ist, wenn er dich plötzlich anspringt, anbellt, protestiert oder dermaßen mit seinen Krallen in deine geschlossene Hand hackt, dass es dich schmerzt?

Es gibt ein paar wesentliche Gründe, warum ein Hund zu solchen übergriffigen Verhaltensweisen neigt:

Grund 1: Er hält unsere Individualdistanz nicht ein und hat grundsätzlich Bedarf, erklärt zu bekommen, wie er diese in Zukunft einhalten soll. Er darf noch lernen, sich uns gegenüber höflich zu verhalten. Gerade aus diesem Grund ist der Aufbau eines Unterbrechungssignals so wichtig. Hat der Hund das Signal verstanden, können wir ihm damit klarmachen, dass er unsere Individualdistanz einhalten soll.

Grund 2: Er ist ein überaus reaktiver Hund und der Trainingsaufbau regt ihn sehr auf, verunsichert und frustriert ihn. Er wird nervös, versteht nicht, was wir von ihm wollen, will aber gleichzeitig unbedingt dieses Leckerchen aus unserer Hand.

Manchmal ist es auch eine Kombination aus beiden Gründen. Zudem gibt es Hunde, mit denen bereits Spiele und Tricks aufgebaut wurden, bei denen eine geschlossene Hand mit verstecktem Leckerchen als Anreiz genutzt wurde, damit der Hund mit seiner Pfote darauf klopft. Oder der Hund hat gelernt, an die geschlossene Faust mit seiner Schnauze zu stupsen. Der Wille, an die Hand zu kommen, ist dann sehr groß, sodass er auch an uns hochspringen würde. Somit ist klar, dass solch ein aufgeregtes Verhalten nicht gegen uns gerichtet ist, sondern es hat etwas mit dem Hund selbst zu tun und mit seinen Vorerfahrungen.

Fairerweise müssen wir uns eingestehen, dass es zwei wesentliche Dinge gibt, die den Hund bei dieser Übung verunsichern und wilde Verhaltensweisen auslösen. Das ist zum einen, wenn wir ihn dabei anstarren und zum anderen, wenn wir aus Versehen reflexartig die Hand mit dem Leckerchen wegziehen. Mit diesen zwei Fauxpas können wir Hunde richtig wild machen.

Wird der Hund uns gegenüber unangenehm und steigert sich so richtig in sein Anspringen, Anbellen und Anknabbern der Hand hinein, brechen wir die Übung kurzfristig ab. Ich nehme kommentarlos die Hand weg, stecke das Leckerchen wieder in meine Tasche und gehe mit dem Hund weiter spazieren oder gehe zu Hause in einen anderen Raum und mache etwas völlig anderes, was nichts mit dem Hund zu tun hat. Nach einiger Zeit wiederhole ich die Übung mit „Nimm" und gebe ihm ein Leckerchen. Habe ich das drei- oder viermal wiederholt, halte ich ihm ein Leckerchen mit offener Hand hin, ohne Erlaubnis, es zu nehmen, mache sofort „Kscht" und schließe gleichzeitig meine Hand, wenn er sich in die Richtung bewegt. Meine Hand öffnet sich wieder, sobald der Hund zurückweicht. Sollte er wieder aufgeregt und übergriffig nervös auf mich wirken, breche ich die Übung erneut ab und wiederhole sie zu einem späteren Zeitpunkt. Für solche Hunde ist es am besten, in nur sehr kurzen Einheiten dieses Signal zu trainieren. Auch wenn wir die Übung nicht bis zum Erfolg durchgezogen haben, hat der Hund trotzallem jedesmal diesen Lerneffekt: Nach dem „Kscht" hat er keine Chance mehr, an das Leckerchen zu kommen.

Was tun, wenn Körpersprache und Signal nicht ausreichen?

An dieser Stelle muss ich noch hinzufügen, dass es manchmal unumgänglich ist, körpersprachlich mehr Einsatz zu zeigen, um einen Hund auf Abstand zu halten, oder um ihn in seinem Verhalten zu stoppen.

Hat man seinen Hund von klein auf, kann man ihm mit nur wenig Aufwand Grenzen schnell verständlich machen und unerwünschtes Verhalten bereits im Ansatz stoppen. Im Welpenalter ist sein Verstand und sein Lerngedächtnis wie ein Scheunentor weit offen und der Welpe versteht schnell, auf kleine Signale zu reagieren.

Als Hundetrainer hat man es allerdings hin und wieder mit Hunden zu tun, die bereits gelernt haben, jegliche Erziehungsversuche von Menschen zu ignorieren. Bei diesen Hunden steigere ich meinen Einsatz, wenn der vorherige Versuch keine Wirkung gezeigt hat. Eine Steigerung wäre, den Hund in Kombination mit dem Abbruchsignal anzutippen. Denn eine Berührung muss im Kopf des Hundes immer sofort verarbeitet werden und man bekommt seine Aufmerksamkeit. Jedoch gab es auch große, schwere Hunde, die ich z. B. nur von mir fernhalten konnte, indem ich sie gleich mit zwei Händen am Brustkorb weg von mir geschubst habe, um dann sofort ein oder zwei Schritte auf sie zuzugehen, um zu verdeutlichen, dass der Hund Abstand halten soll. Das sollte allerdings nicht zur Gewohnheit werden, sondern nur in außerordentlichen Situationen, um beim Hund durchzudringen und manchmal auch, um sich selbst zu schützen.

Aus der Praxis

Eine junge Hundetrainerin suchte vor einigen Jahren meinen Rat bezüglich eines ihrer Kunden. Es ging um ein älteres Ehepaar, das mit seinem Doggen-Rüden, seitdem er 12 Wochen alt war, regelmäßig zu ihr ins Training kam. Der Trainerin war eine „gewaltfreie" Hundeerziehung sehr wichtig und sie hatte in ihrer eigenen Ausbildung zum Hundetrainer gelernt, wenn Hunde sie anspringen, solle sie sich lediglich wegdrehen und den Hund ignorieren, um ihn sowohl zu beschwichtigen, als auch ihm die Aufmerksamkeit für sein Verhalten zu entziehen, damit er sich beruhigen könne. Dies tat sie nun regelmäßig, seit die Dogge im Welpenalter zu ihr kam. Allerdings war das Tier gewachsen und brachte mit ihren 15 Monaten bereits 60 kg auf die Waage. Die Hundetrainerin war ein sehr geduldiger Mensch und blieb ihrer „Wegdreh-Strategie" stets treu. Allerdings hatte diese Maßnahme nicht den Erfolg, den sie sich erhofft hatte, denn das Begrüßungsverhalten des Rüden blieb stürmisch.

Die aktuelle Situation mit der Dogge beschrieb sie folgendermaßen: *„Der Hund, sobald die Kunden mit ihm auf dem Hundeplatz erscheinen, rennt auf mich zu, mit Frauchen im Schlepptau, da der Rüde über die Kraft eines Pferdes verfügt. Sobald er bei mir ist, springt er mich vor lauter Aufregung und Vorfreude mit* *ganzem Körpereinsatz an. Die letzten Male konnte ich durch seine Wucht mein Gleichgewicht nicht mehr halten und fiel zu Boden, um dann von der Dogge im Gesicht abgelutscht zu werden. Ich bin frustriert, da ich mich doch immer weggedreht und ihm möglichst keine Aufmerksamkeit für sein Verhalten gegeben habe. Es fruchtet nicht und ich muss ehrlich gestehen, dass mir der Hund zu viel wird. Ich habe schon Schweißausbrüche, eine Stunde bevor die Leute mit der Dogge zu mir ins Training kommen. Was würdest du jetzt tun?"*

Ich erklärte der jungen Trainerin, dass Doggen da etwas spezieller sind. Diese Rasse neigt dazu, ein „Thema" mit der Individualdistanz im Allgemeinen zu haben.

INDIVIDUALDISTANZ

Individualdistanz ist der jeweilige Abstand, den ein Individuum von einem anderen Individuum braucht, um sich noch wohl und sicher zu fühlen. Wie der Name schon vermuten lässt, ist diese Distanz sehr individuell, da sie variieren kann und von verschiedenen Faktoren abhängt. Bei uns Menschen ist es z. B. so, dass wir bei uns vertrauten Personen, die wir gern mögen, eine weitaus geringere Distanz akzeptieren als von fremden Personen, die uns eher unsympathisch erscheinen. Auch hängt es von unserem persönlichen Empfinden ab. Geht es uns gut, sind wir toleranter bezüglich der Nähe und wenn wir Schmerzen oder Stress haben, dann brauchen wir mehr Abstand zu anderen. Selbst die Tageszeit und der Ort haben Einfluss auf die Individualdistanz. Werde ich nachmittags um 15 Uhr am Hauptbahnhof von einem Fremden angesprochen, der mich nach dem Weg fragt und auf einen Meter herankommt, empfinde ich das gerade noch akzeptabel. Würde mir das jedoch nachts um 00:30 Uhr passieren, wäre es bedrohlich und mir sehr unangenehm, wenn diese fremde Person bis auf einen Meter oder noch näher, ohne mein Einverständnis, auf mich zukommen würde.

Doggen haben kein Gefühl für Individualdistanz, es sei denn, man hat es ihnen von klein auf vermittelt, indem man es für sich selbst und für andere einfordert. Zudem fehlt ihnen auch ein gewisser Bezug zu ihrer eigenen Körpergröße. Sie erinnern mich an einen Kleinwagen-Fahrer am Steuer eines Lkw mit Überlänge, der grundsätzlich die Kurven falsch nimmt. Wie oft erlebt man Doggen, die mit ihrer wild wedelnden Rute aus Versehen ein Glas oder eine Tasse vom Tisch katapultieren, sich erschrocken umdrehen und mit einem empörten Blick um sich schauen, wer von den Anwesenden das wohl gewesen sein könnte. Es ist, als würde „Vorne" nicht wissen, was „Hinten" macht. Zudem lieben viele Doggen Körpernähe und sind der Meinung, dass sie trotz ihrer 80 kg auf jeden Schoß passen.

Bedenkt man diese Eigenschaft in der Welpenerziehung, kann man einer Dogge ein Gefühl von Individualdistanz vermitteln und ihr beibringen, welche Distanz passt und welche unerwünscht ist. Gerade große Hunde wie Doggen müssen lernen, mit Menschen achtsam umzugehen: Menschen werden nicht angesprungen, über den Haufen gerannt, an die Wand gedrückt, die Treppe hinuntergeschubst und schon gar nicht auf der Couch zerquetscht. Bei Pferden und Ponys lässt man das auch nicht zu und sie lernen das alles bereits in ihrem Fohlen-ABC. Von Pferden lässt man sich auch nicht umrennen, sich durch die Stallgasse schleifen oder auf den Fuß steigen. Je größer das Tier, umso wichtiger ist es, dass es lernt, mit uns Menschen vorsichtig zu sein.

Verpasst man allerdings die Gelegenheit in der Welpen- und Junghundphase und lässt viel Nähe besonders bei Aufregung zu, kann man so einen Hund in Situationen, wie die Trainerin sie beschrieben hat, nicht mit Wegdrehen und Ignorieren auf Abstand halten. Auch ein Handsignal, kombiniert mit „Kscht" als Abbruchsignal, würde den wilden Hund nicht beeindrucken. Schon gar nicht, wenn er nie ein Abbruchsignal gelernt hat.

Aus der Praxis

Ich erklärte der jungen Trainerin, dass ich durchaus Reflexe habe, wenn eine Masse von 60 kg versucht, mich aus der Balance zu bringen. Es versteht sich von selbst, dass es mir heilig ist, dass mein Körper im Umgang mit Hunden unversehrt bleibt, sonst kann ich meinen Job nicht mehr ausführen. Also wäre ich, wenn ich an ihrer Stelle wäre, das nächste Mal vorbereitet, wenn der Hund auf mich zukommt: Natürlich vermeide ich den direkten Blickkontakt, um der Dogge keine Einladung oder direkte Aufmerksamkeit zu vermitteln. Doch hebt er schon vom Boden ab, um mich anzuspringen, dann nehme ich beide Hände, berühre ihn an seiner Brust und schubse ihn mit tiefer, knapper Stimme und mit demselben Schwung, mit dem er auf mich zuspringt, von mir weg und gehe dabei ein oder zwei Schritte auf ihn zu. Auf diese Weise signalisiere ich, dass ich gerne Abstand und Raum zwischen uns haben möchte. Ich fordere sozusagen Abstand, indem ich ihm den Raum nehme. Dabei halte ich meine Arme bzw. Hände noch blockend zwischen uns und bin sofort bereit, das Gleiche noch mal zu machen, falls er erneut abhebt.

Sollte das keine Wirkung zeigen, wovon ich allerdings nicht ausgehe, ändere ich meine Strategie. Ist der Hund so emotional, dass er nichts um sich herum wahrnehmen kann, würde ich sofort mit ihm arbeiten und z. B. ein „Sitz"-Signal verlangen, es gleich wieder auflösen, um erneut ein anderes Signal zu fordern. Meine Stimme wäre dabei freundlich und energetisch, damit ich ihn für die Übungen begeistern kann. Dieser kleine Trick hilft recht gut, um einen aufgeregten Hund, der nur auf seiner emotionalen Gehirnhälfte reagiert, so zu beschäftigen, dass er praktisch denken muss. Dadurch wechselt er mit seiner Konzentration auf seine rationale Gehirnhälfte und das emotionale Verhalten beruhigt sich. Das dauert erfahrungsgemäß gar nicht lange, aber der Hund ist dann wieder in der Lage, unsere Reaktionen auf sein Verhalten wahrzunehmen. Dann machen auch Korrekturen wieder Sinn und zeigen Wirkung.

Gewaltfreie Hundeerziehung hin oder her – ein 60-kg-Rüde, der mich anspringt und zu Fall bringt, hat nichts mehr mit gewaltfrei zu tun. Hier müssen dringend neue Regeln aufgestellt werden. Sicherheit und Unversehrtheit für alle gehen immer vor. Noch in derselben Trainingsstunde würde ich mit dem Doggen-Rüden und seinen Besitzern ein Abbruchsignal sauber aufbauen und ihnen erklären, wie sie wann im Alltag mehr Abstand und Individualdistanz einfordern können.

Jedes Lebewesen, unabhängig von Alter, Rang oder Status, hat das Recht, seine eigene Individualdistanz einzufordern.

Wann und wofür setzen wir ein Abbruchsignal ein?

Ganz klar: Für alles, was der Hund jetzt und für die Zukunft lassen soll.

Unterschreitung deiner Individualdistanz, aufgeregte Stimmung, unhöfliches Verhalten Menschen oder anderen Hunden gegenüber, um Bewegungsgrenzen zu setzen, um das Zerstören von Gegenständen zu unterbinden, um jemanden oder etwas in Ruhe zu lassen und für spezielle Besonderheiten, die für das Leben mit deinem Hund einfach wichtig sind. In den folgenden geschilderten Situationen wird klar, wie ein konsequent eingesetztes Abbruchsignal allen das Leben leichter machen kan.

Situation 1

Ich hole gerade den fertigen Braten aus dem Ofen und mein Hund kommt an und streckt die Nase Richtung Braten. Dann blocke ich ihn mit einem „Kscht“ ab. Interessiert ihn der Braten allerdings mehr als meine Grenze, dann wiederhole ich mich und blocke ihn erneut. Hat das keine Wirkung, stelle ich den Braten wieder zurück in den Ofen, gehe auf ihn zu und schicke ihn ganz aus der Küche. Fertig!

Hierbei lernt der Hund sogar, dass es eine Konsequenz hat, wenn er nicht auf meine Grenze angepasst reagiert und Abstand hält. Er muss aus der Küche.

Wiederholen wir das in den nächsten Tagen und Wochen, wenn er zu aufdringlich mit Essen in der Küche wird, dann wird er unsere Grenze nicht mehr infrage stellen. Vorausgesetzt, er hat in der Zwischenzeit nicht die Chance gehabt, Essen aus der Küche zu klauen, während wir nicht zur Stelle waren. Hier wären wir wieder beim Thema, dass man einen Hund nicht erziehen kann, wenn man nicht da ist. Besonders, was fressbegierige Tiere angeht, hilft nur Management während unserer Abwesenheit. Küchentür schließen, Essen außer Reichweite des Hundes aufbewahren, Mülleimer sichern und Speisekammer schließen.

Situation 2

Rüden sind oft dazu geneigt, im Stadtbereich und in der Fußgängerzone an jedem Laternenpfahl, an jeder Hausecke, an jedem Autoreifen, Blumenkübel oder an jedem Werbeaufsteller ihr Beinchen zu heben, um zu markieren. Lässt man das zu, obwohl der Hund vorher ausreichend die Gelegenheit bekommen hat, sich zu lösen, kann es sein, dass sich der Rüde in diese Markier-Sucht regelrecht hineinsteigert, von Mal zu Mal aufgeregter im Stadtbereich wird und ein Weiterkommen erschwert ist. Zudem reißen die Rüden immer wieder kurz, aber kräftig an der Leine, nur weil sie eben dringend an dieser einen Ecke ihr Beinchen heben wollen. Die meisten Hundehalter finden sich damit ab, sind aber hin und wieder genervt und reißen den Hund mit einem Ruck an der Leine weg, wenn er schon wieder sein Beinchen hebt.

Hier finden wir häufig KEIN klares Verhalten seitens des Hundehalters. Zuerst lässt er es ein paarmal zu, dass der Hund markieren darf, und dann ist er nur noch genervt und reißt ständig an der Leine.

Das geht über Jahre so, jedes Mal im Stadtbereich. Der Hund wird nie das übertriebene Markieren sein lassen, solange er einen so inkonsequenten Menschen an seiner Seite hat. Auch das ständige Wegrucken an der Leine bleibt dem Hund leider über Jahre hin nicht erspart.

Inkonsequentes Verhalten vom Hundehalter macht das Leben für einen Hund unangenehmer, stressiger und anstrengender.

Wäre der Hundehalter des Rüden konsequent und klar in seiner Korrektur, würde es vielleicht nur 6 oder 7 geplante Stadtbesuche brauchen, bis der Hund verstanden hätte, dass Markieren in der Stadt nicht erwünscht ist.

Konsequenz ist die fairste Art und Weise, einen Hund zu führen.

Eigentlich wäre es ja so einfach, doch kommen viele Hundehalter gar nicht auf die Idee, in solchen Situationen für Klarheit zu sorgen und finden sich damit ab, dass es halt nervt.

Wohnst du mitten in der Stadt und ihr könnt gar nicht anders, weil du ja auf die Straße gehst, damit er sich lösen kann, dann wäre der Tipp, dem Hund an bestimmten Stellen zu erlauben, sich zu lösen. Bei einer Kundin, die mit ihrem Boxer-Rüden mitten in München wohnt, haben wir eine gute Lösung gefunden. An Bäumen, auf Erd- und Grünflächen darf er sich lösen und natürlich auch im Park, den sie regelmäßig aufsucht. An Autoreifen, Häuserecken, Parkscheinautomaten und geparkten Fahrrädern eben nicht. Das hat wunderbar funktioniert und der Hund ist jetzt viel entspannter an der Leine durch die Straßen zu führen.

Aber wie genau kann man sich das konsequente Korrigieren zum übertriebenen Markieren vorstellen?

Aus meinem Leben

Wir haben das Glück, sehr ländlich zu wohnen. Doch gehe ich hin und wieder mit meinem Zwergdackel-Rüden Zwieback durch die Stadt, dann lass ich ihn vorher an einer Wiese oder an Bäumen die Möglichkeit, sich vollständig zu lösen. Gehe ich dann in die Altstadt Richtung Marktplatz und merke, wie er sich schon in Position stellt, um sein Beinchen zu heben, blocke ich ihn mit einem „Kscht“ aus, halte kurz inne und gebe ihm die Anweisung „Zwieback, Weiter“, damit kein Zögern aufkommt. Die Hundeleine wird zum Korrigieren nicht benutzt. Vielleicht stupse ich ihn die ersten Male beim Ansetzen des Beinchenhebens mit dem Finger an, während ich das „Kscht“ mache, damit er bei all dieser aufregenden Ablenkung um ihn herum genau weiß, dass durchaus er gemeint ist. Wir gehen nur sehr selten in die Stadt und wenn, muss ich ihn nur bei den ersten Malen korrigieren, und er lässt es dann für den Rest des Stadtbummels sein. Würde ich regelmäßig und häufiger mit ihm durch die Innenstadt laufen, bräuchte ich mich nicht mehr darum zu kümmern, da er es gar nicht mehr versuchen würde.

Situation 3

Das Gleiche gilt für die Tauben, die am Boden in der Fußgängerzone nach Essensresten suchen. Zeigt Zwieback leichtes Interesse an einer Taube, dann halte ich kurz inne, blocke ihn leicht aus und korrigiere ihn mit einem „Kscht“, bevor ich ihm das Signal zum Weitergehen gebe.

Situation 4

Mein Rüde Franz Josef ist wohl der fressbegierigste Hund, den ich in meiner Hundelaufbahn kennengelernt habe. Er würde anderen Menschen sogar ihren Döner oder ihr Wurstbrot aus der Hand klauen, wenn ich diesbezüglich versäumen würde, eine Grenze zu setzen. Gehe ich mit ihm z. B. im Park spazieren und wir kommen an jemandem vorbei, der gerade auf der Parkbank sitzt und seine Brotzeit zu sich nimmt, ertönt von mir schon ein „Kscht", wenn Franz Josef auch nur leicht seine große Nase in Richtung Brotzeit dreht, um Witterung von dem köstlichen Duft zu erhaschen. Danach folgt sofort ein „Franz Josef, Weiter", ganz nach dem Motto: aus der Nase, aus dem Sinn.

Situation 5

Welpen erforschen die Welt oral, nehmen vieles ins Maul und knabbern gern alles in der Wohnung an, nur um herauszufinden, was man damit anstellen kann. Sie sind natürlich von keinem bösen Gedanken beflügelt, wenn es um das Erforschen deiner Lieblingsschuhe geht, der Fernbedienung, der Lesebrille vom Vati oder den lustigen Fransen an deinem Teppich im Flur. Hier sind deine Aufmerksamkeit und Präsenz gefragt. Bemerkst du, dass der Kleine z. B. wieder Interesse an den Teppichfransen zeigt, blockst du ihn leicht aus und lässt das vorher trainierte „Kscht" ertönen. Beendet er nach der zweiten Korrektur sein Vorhaben nicht, dann nimm ihn aus der Situation, bevor ihr beide ins Diskutieren kommt und der Welpe es als eine Art Spiel betrachtet, von dir korrigiert zu werden. Vielleicht führst du ihn irgendwohin, wo er an etwas Erlaubtem knabbern darf.

Situation 6

Ohne Kinder wäre das Leben eines Hundes wahrscheinlich viel langweiliger. Dennoch bringen besonders kleinere Kinder viel Bewegung und viel Leben ins Haus. Junge Hunde reagieren reflexartig auf die lebhaften Bewegungen und mischen sich allein schon durch die Stimmungsübertragung gern ein. Sie laufen den Kindern aufgeregt hinterher und springen an ihnen hoch, versuchen sie sogar am Hosenbein festzuhalten oder klauen ihnen das Spielzeug aus der Hand. Was auch immer passiert, es geht so lange, bis einer heult.

Hier sollte man das Abbruchsignal bereits schon im Verhaltensansatz des jungen Hundes einsetzen, nicht erst, wenn sich alles ordentlich hochgeschaukelt hat. Sobald der Hund den Kindern hinterherrennen möchte, oder wenn er bereits die Hosenbeine fixiert – ausblocken und Abbruchsignal. Hat man das Gefühl, dass der Hund gar nicht zur Ruhe kommt, wenn die Kinder lebhaft werden, kann es eine große Hilfe sein, ihm einen Ruheplatz anzubieten, bis sich die Lage wieder beruhigt hat. Ein Ruheplatz ist ein ruhiger Ort, an dem der Hund sich wohlfühlt und den aufregenden Reizen nicht mehr ausgesetzt ist. Für manche Hunde ist es das Auto (vorausgesetzt, es steht in der Garage mit offenen Fenstern), für andere das Schlafzimmer oder Büro. Ist dem Hund eine Box vertraut und er fühlt sich darin sicher, wäre die Box auch ein guter Ruheplatz, allerdings nicht zwingend mitten im Geschehen platziert, sondern in einer ruhigeren Ecke. Viele Hundehalter kommen auf die Idee, ihren Hund an der Heizung festzubinden, damit er die Kinder nicht mehr anspringen kann. Doch das ist keine Lösung! Genauso wenig wie die Anweisung „Platz-Bleib" keine Lösung ist, da der Hund dabei den Reizen immer noch ausgesetzt ist und innerlich förmlich implodiert. Das Problem wird dadurch eher schlimmer als besser.

Gibt es keinen Ruheplatz für deinen Hund, wäre es äußerst ratsam, ihn an einen zu gewöhnen. Hier kann man sehr gut über Ritualisierung arbeiten, indem man dem Hund nach jedem Spaziergang etwas zu fressen und zu trinken gibt und ihn dann z. B. ins Schlafzimmer bringt und dort für eine kurze Zeit lässt. Beginnen kann man mit 5 oder 10 Minuten und steigert es langsam über Tage und Wochen, bis der Hund auch eine Stunde und mehr dort zur Ruhe kommen kann.

Nach der jeweiligen Zeitspanne, beispielsweise im Schlafzimmer, mache ich einfach nur die Tür auf, ohne etwas zu sagen. Falls der

Hund nämlich fest schläft oder sogar gern noch ein Weilchen liegen bleiben möchte, darf er natürlich noch so lange an seinem Ruheort verweilen. Das Ziel der Übung ist, dass man seinem Hund angewöhnt, nach jedem Spaziergang zur Ruhe zu kommen und nicht wie viele junge Hunde dann erst recht aufzudrehen. Denn kommen noch Kinder mit ins Spiel, wird die Atmosphäre ganz schön turbulent. Jeder profitiert davon, dass ein junger Hund gelernt hat, selbst regelmäßig zur Ruhe zu kommen. Hunde, die das nicht gelernt haben, werden für sich selbst und für ihr Umfeld sehr anstrengend. Im gleichen Zuge dürfen natürlich auch die Kinder des Hauses lernen, dass Hunde ein Ruhebedürfnis haben, und dass der „Ruheplatz" deshalb so heißt, weil man ihn dort auch in Ruhe lassen sollte.

Auch Welpen werden groß und stattlich

Welpen sind einfach nur süß, entzückend und so niedlich. Aber auch ein Welpe wird groß! Doch das verdrängen wir, vor lauter Oxytocin-Ausschüttung, während wir ein kleines Fellknäuel im Arm halten. Jetzt ist es noch lustig, wenn er uns, die Besucher oder die Kinder anspringt, er ist mit seinen acht Wochen ja gerade mal so groß wie Vatis Schlappen. In vier Wochen wird er doppelt so groß sein und in sechs Monaten hat er schon fast die Höhe seines Rassedurchschnitts erreicht.

Es gibt so viele Verhaltensweisen, die wir bei einem Welpen dulden. Doch sobald der wilde Junghund, in seiner stürmischen Art, mit seinen 30 kg, beispielsweise zwei Kinder aus Versehen umgerannt hat, wird er plötzlich fürs Anspringen bestraft. Jetzt erlebt uns unser Hund als chaotisch, launisch und inkonsequent, was ihn sehr verunsichert. Er versteht nicht, warum wir aggressiv auf ein Verhalten reagieren, worüber wir sonst gelacht haben und es niedlich fanden. Aber es handelt sich nicht nur ums Anspringen, sondern auch um viele andere Verhaltensweisen, die uns im Welpenalter anfangs amüsieren, später aber zum Problem werden, wie das

- ungefragte Auf-den-Schoß-Springen
- mit den Vorderpfoten auf die Küchenzeile klettern
- Spielen und Scheppern mit seiner Futterschüssel
- aufgeregte Zappeln und uns Ins-Gesicht-Schlecken, während wir versuchen, ihm sein Brustgeschirr anzuziehen
- uns An-den-Waden-Ablecken, wenn wir nur Shorts oder einen Rock tragen
- Aus-der-Tür-Huschen-Wollen, sobald wir die Klinke in die Hand nehmen

Natürlich haben Welpen und Junghunde noch ein ausgeprägtes Spielverhalten und sie sind gern lustig. Wir wollen ihnen auf keinen Fall den Spaß verderben, denn viele Verhaltensweisen lässt der Hund, während er älter wird, sowieso wieder sein, wie z. B. die „dollen 5 Minuten", wenn der Welpe besonders abends in Achterbahnen durch Wohnzimmer, die Küche und den Flur saust, als wäre er die Reinkarnation einer Bodenrakete. Diese Aktivität wird von Mal zu Mal seltener, je älter der Hund wird. Doch bedenke immer, dass Verhaltensweisen verstärkt und gefördert werden, je mehr positive Aufmerksamkeit der Hund von uns für sein Verhalten erntet.

Es geht nicht um alle lustigen Verhaltensweisen, die ein junger Hund zeigt. Es geht nur um die aufgeregten Verhaltensweisen und grenzüberschreitenden Handlungen, die wir bei einem erwachsenen Hund nicht erleben wollen.

Manchmal reicht es schon, dass der junge Hund keine Aufmerksamkeit von uns für diese Verhaltensweisen bekommt und er wird es mit der Zeit einstellen und dieses Verhalten immer seltener ausführen. Ist das nicht der Fall, sollten wir ihm erklären, dass er damit aufhören soll. Eine gute Möglichkeit wäre hier mit einem aufgebauten Unterbrechungssignal.

Wir können uns und dem Hund eine Menge Stress und Verunsicherung ersparen, wenn wir uns in seinem Welpenalter gut überlegen, wo wir bereits konsequent Grenzen setzen sollten. Auf diese Weise wächst der junge Hund mit klaren Spielregeln auf und wird eine Bereicherung für die ganze Familie werden anstatt ein Albtraum der allgemeinen Genervtheit.

Eine Korrektur ist wie eine klar formulierte Anweisung. Es ist eine klare Entscheidung von dir. Lass deinen Hund merken, dass es dir wichtig ist, dass er es jetzt lässt. Und noch wichtiger: sei dabei konsequent!

Was ist, wenn dein Hund auf die Korrektur nicht reagiert?

Zu oft sehe ich Hundehalter, die ihre Hunde korrigieren, aber vom Hund keine erwünschte Reaktion darauf bekommen. Man könnte fast meinen, der Hund nehme seinen Menschen nicht ernst. Das ist natürlich eine frustrierende Situation für den Hundehalter, besonders wenn man feststellt, dass man sich in einer Korrekturschleife mit dem Hund befindet.

Man wiederholt und wiederholt das Unterbrechungssignal, doch erntet keine gewünschte Reaktion vom Hund. Somit kann das Abbruchsignal zu einer Art Hintergrundmusik für den Hund werden und das hat zur Folge, dass es an Bedeutung verliert. Hier ist es das Beste, das Abbruchsignal neu aufzubauen und in gestellten Situationen zu üben, bis der Hund es auch in angespannten Momenten beachtet.

Hunde reagieren unmittelbar auf uns. Selbst das Ignorieren ist eine klare Reaktion seitens des Hundes. Geben wir eine Korrektur mit Körpersprache und Abbruchsignal, sollte der Hund fast zeitgleich sein Verhalten einstellen.

Diese sofortige Reaktion erinnert an das Drücken eines Lichtschalters. Sobald du den Schalter kippst, geht das Licht zeitgleich an oder aus.

Korrigierst du aber deinen Hund, und er reagiert nicht sofort wie gewünscht, dann wiederhole die Korrektur mit verstärkter Aufmerksamkeit deinerseits. Stoppt dein Hund nun das unerwünschte Verhalten oder reagiert mit Beschwichtigungssignalen darauf, wie z. B. mit Blinzeln, Wegschauen, Den-Blick-Abwenden, Schnüffeln, dann hat er die Korrektur akzeptiert.

Ist dies allerdings nicht der Fall und dein Hund vermittelt dir eher, dass du störst oder für ihn gar nicht anwesend bist, dann verstärke deine Korrektur und deinen Körpereinsatz ein wenig, bis er dich und die Korrektur als solche wahrnimmt.

Eine leichte Verstärkung könnte z. B. sein, dass du ihn zeitgleich mit dem Abbruchsignal anstupst. Eine etwas größere Verstärkung wäre z. B., ein oder zwei Schritte auf ihn zugehen, ein kräftigeres Anstupsen und ihn mit zur Seite ausgestreckten Armen abblocken. Musst du noch direkter werden, kannst du ihn mit dem Bein oder einer Hand auch wegdrücken. Hier möchte ich dich aber nochmals daran erinnern, dass du dabei woanders hinschaust, um einen provozierenden, direkten starren Blickkontakt zum Hund zu vermeiden. Denn du willst nur deine Aussage verstärken und sein Verhalten stoppen, und eben nicht das Thema wechseln und es zu einer persönlichen Angelegenheit machen.

Denk daran, sobald dein Hund darauf erwünscht reagiert, atme tief ein und aus. Damit signalisierst du ihm, dass deine Spannung sich auflöst und alles wieder in Ordnung zwischen euch beiden ist.

Junghunde allerdings, können auch einen geübten Hundehalter mit ihrer Antwort auf eine Korrektur verunsichern, da sie anders auf Spannungen, Grenzen setzen und sogar auf Bestrafungen reagieren, als erwachsene Hunde oder Welpen.

Aus der Praxis

Eine junge Frau kam mit ihrem 9 Monate alten schokoladenbraunen Labrador-Rüden ins Training und brauchte dringend Rat zur Erziehung, besonders zu bestimmten Angelegenheiten in der Wohnung.

Sie befürchtete, dass ihr Hund sich ihr gegenüber sehr dominant entwickelte und sie hatte Angst, ihn in Zukunft nicht kontrollieren zu können. Ich bat sie mir zu erzählen, warum sie das glaube, und sie schilderte mir folgendes Ereignis:

„Erst letzte Woche war es so. Ich hatte das Alleinbleiben mit Bruno bereits geübt und wir waren schon auf zwei Stunden, die er locker durchhalten konnte. Doch an diesem besagten Tag wurde ich aufgehalten und der Hund war dann ausnahmsweise 3 Stunden allein. Als ich nach Hause kam, dachte ich, mich trifft der Schlag! Ich sah nur noch Einzelteile der nagelneuen, sehr teuren Pumps, die ich mir extra für die anstehende Hochzeit meiner Schwester gekauft hatte. Ich hatte sie erst am Tag zuvor gekauft und die Schachtel offen auf meinem Bett stehen lassen. Ich brauchte einen Moment, um aus meiner Schockstarre zu kommen und ich war so wütend, dass mir Tränen in die Augen schossen. Aus dem Affekt heraus nahm ich einen Absatz in die Hand, das Riemchen und ein schlabbriger Teil der Sohle hingen noch dran und ich haute dem Bruno schimpfend die Schuhreste um die Ohren. Daraufhin sprang er kurz zurück und ging in die Vorderkörpertiefstellung, als wolle er mich zum Spielen auffordern und bellte mich dabei aufgeregt an. Ich dachte nur – das kann doch nicht sein, dass ihm meine Wut und die Bestrafung so etwas von egal sind und er es sogar noch lustig findet und mit mir spielen möchte. Er nimmt mich einfach nicht ernst, egal, wie sauer ich werde. Ich erzählte meiner Schwester davon und sie vermutete, dass sich Bruno bereits jetzt dominant entwickeln würde und ich aufpassen müsse, dass er mir nicht eines Tages über den Kopf wächst.“

Ich verstand natürlich ihre Sorge, musste aber hier ein deutliches Missverständnis aufklären. Ich erklärte Brunos Halterin, dass Teenager und Junghunde eines gemeinsam haben. Sie benutzen andere Beschwichtigungssignale als Erwachsene.

Anstatt bei Bedrohungen unterwürfig zu beschwichtigen oder sich zurückzuziehen, versuchen sie aktiv, die unangenehme Stimmung zu ändern. Das ist fast wie ein Reflex als Antwort auf beängstigende Situationen mit einem anderen.

Hier ein Beispiel von menschlichen Teenagern: Sollte der 15-Jährige sich unerlaubt Papas Auto ausgeliehen haben, so ist ein Wutausbruch vom Vater fast schon vorprogrammiert. Der 15-Jährige hält sich tapfer. Er lässt die Standpauke über sich ergehen und sobald es still wird, versucht er einen witzigen Kommentar zu machen (was natürlich überhaupt nicht witzig ist), oder lacht gar über die übertriebenen Aussagen seines Vaters und zieht sie ins Lächerliche. Natürlich macht es seinen Vater noch wütender, weil er sein Verhalten als respektlos interpretiert und es unverschämt findet, dass sein Sohn die Tragweite seines Vergehens nicht erkennt. Doch in dem Alter ist es eine aktive Beschwichtigung, Situationen ins Lächerliche zu ziehen, um die Bedrohung abzuschwächen. Wüsste der Vater von dieser Besonderheit, hätte er durch dieses Verhalten seines Sohnes verstanden, dass er ihn mit seinem Wutausbruch bis ins Tiefste erschüttert hat und es genauso verunsichernd für seinen Sohn war, wie er es beabsichtigt hatte. Das Gleiche gilt auch für Labrador Bruno, der mit seinen 9 Monaten nicht mehr weiterwusste. Frauchen, die sich sonst immer freute, ihn zu sehen, wenn sie wieder nach Hause kam, begrüßte ihn diesmal mit einer erschreckend düsteren Stimmung, war wütend, schimpfte laut und schlug ihn mit Schuhresten. Das war außerordentlich bedrohlich für den jungen Hund. Dies hat ihn so sehr verunsichert und erschüttert, dass er sich reflexartig bemühte, mit aufgeregtem Gebell und Vorderkörpertiefstellung die Stimmung zu ändern. Allein dieses Verhalten zeigt, dass

der Hund sie an diesem Tag besonders ernst genommen hat und sehr beeindruckt war.
An dieser Stelle ist auch zu erwähnen, dass der Schuh wahrscheinlich schon Stunden vorher von Bruno bearbeitet wurde und nicht gerade in dem Moment, als sein Frauchen durch die Tür kam. Jede Korrektur, und in diesem Fall Bestrafung, kommt hier viel zu spät, sodass der Hund die Tat der Schuhzerstörung nicht mehr mit unserer Reaktion in Verbindung bringt. Hier ist kein Lerneffekt mehr zu erwarten.
Ebenfalls machte ich sie darauf aufmerksam, dass Junghunde, sobald sie sich überfordert, gestresst oder verunsichert fühlen, dazu neigen, erst recht Dinge klein zu beißen und zu zerstören. Sie solle am besten alles „Wertvolle" gut wegräumen oder dem Hund nur einen bestimmten Bereich der Wohnung zugänglich machen.
Ich bat sie, Bruno in der nächsten Zeit nur kurz allein zu lassen, um dann entspannt nach Hause zu kommen und den Hund friedlich zu begrüßen, um das stressige Erlebnis letzte Woche zwischen ihnen wieder abzuschwächen. Denn wiederholen sich bestrafende Begrüßungen gleich mehrmals, wird der Hund grundsätzlich dazu neigen, Dinge zu zerstören, wenn er alleine bleiben muss, weil er schon Stress bei der Vorstellung hat, wenn Frauchen wieder nach Hause kommt: denn dann gibt es Ärger, dem er nicht entgehen kann. Um sich wegen dieser Besorgnis selbst zu beruhigen, neigen Hunde dazu, mit ihrem Maul aktiv zu werden und es müssen dann Gegenstände daran glauben, die der Hund im Normalfall gar nicht anrühren würde. Anstatt der Schuhe werden es dann die Couch, die Blumentöpfe oder alle Kissen, die er finden kann. Er wird im schlimmsten Fall immer mehr Stress haben, alleine zu bleiben, bis es schließlich ausartet. Denn die wenigsten Menschen können bei diesem Anblick der Zerstörung entspannt bleiben, wenn sie nach Hause kommen. Das gilt es natürlich zu vermeiden, einerseits durch Management und andererseits durch das Vermeiden von aggressivem und verärgertem Verhalten unsererseits, wenn wir wieder nach Hause kommen. Leichter gesagt als getan. Doch versteht man die Zusammenhänge, kann es uns helfen, friedlich zu bleiben.

STARKE REAKTION AUF REIZE

Es gibt Situationen, in denen sich ein Hund emotional so stark hineinsteigert und sich aufregt, dass er für uns nicht mehr ansprechbar ist. Er reagiert auf keine Korrektur, auf kein Signal und ist für diesen Moment wie in einer anderen Welt gefangen. Meist sind es ganz bestimmte Reize, wie beispielsweise die Sichtung von Nachbars Katze, vielleicht Wildtiere im Allgemeinen oder ein Hund auf der anderen Straßenseite. In solchen Momenten hilft es nicht, den Hund zu korrigieren. Die Gefahr besteht, dass aus unserer Korrektur eine Bestrafung wird, weil uns diese Situation selbst überfordert und wir unbewusst grob werden, in der Hoffnung, er würde uns dann endlich wahrnehmen. Meistens gießen wir dadurch nur noch mehr Öl ins Feuer.
Für solche Situationen ist es hilfreich, grundsätzlich dem Hund neue Verhaltensoptionen anzubieten. Er darf lernen, bei Wildsichtung oder bei der Sichtung von anderen Hunden sich schneller zu entspannen und zu beruhigen, um dann wieder ansprechbarer zu werden. Solch ein Training ist möglich und sollte von jemandem begleitet werden, der damit Erfahrung hat und dir in der Anfangszeit mit Rat und Tat zur Seite steht, und mit dir einen Trainingsplan erstellt. Erstens, damit du nicht alleine mit solch einem Verhalten dastehst, und zweitens sehen vier Augen mehr als zwei bezüglich des eigenen Verhaltens dem Hund gegenüber.

ORIENTIERUNG DURCH REGELN

Stell dir vor, du befindest dich an einem unbekannten Ort. Du hast keine Ahnung, wo du bist und es ist stockdunkel. Das Gefühl, „nicht zu wissen, wo man ist", löst bei jedem Stress aus. Man fühlt sich unwohl und wird nervös.

Orientierung ist ein Grundbedürfnis,
nicht nur für uns Menschen, sondern auch für Hunde.

Instinktiv wirst du vielleicht ein Geräusch machen oder „Hallo" rufen – denn der Raum bestimmt den Klang. An Hand der akustischen Wahrnehmung erkennst du sofort, ob es gedämpft klingt oder hallt, ob du draußen oder drinnen bist, ob der Raum klein oder groß ist. Fast gleichzeitig wirst du versuchen zu ertasten, wo der Raum anfängt und wo er aufhört. Du wirst mit deinen Händen den Boden prüfen. Nehmen wir mal an, du fühlst einen kalten und nassen Betonboden, und dein Rufen hallt dir von kahlen Wänden zurück. Das sind schon viele Informationen. Du weißt jetzt, dass du dich in einem Gebäude befindest. Auch wenn wir einen nicht so spektakulären Geruchssinn haben wie Hunde, nimmt unsere Nase trotzdem bestimmte Informationen aus der Umgebung wahr. Vielleicht riecht es feucht und modrig. Jetzt bewegst du dich vorsichtig, die Hände vor dir ausgestreckt, so lange in eine Richtung, bis du an eine Wand kommst. Diese wird von dir näher ertastet. Gibt es einen Lichtschalter oder andere Gegenstände? Um den Raum komplett zu erfassen, gehst du immer weiter tastend an der Wand entlang, um herauszufinden, wie groß der Raum ist, wie viele Ecken es gibt und ob es eine Tür oder einen Gang gibt. Du versuchst dir ein genaues Bild von deinem Umfeld zu machen, du versuchst, dich zu orientieren.

Hast du nach einer gewissen Zeit alles inspiziert und alle für dich möglichen Informationen zu diesem fremden Ort gesammelt, bekommst du wieder ein Stück Sicherheit zurück. Dieser fremde Ort ist jetzt nicht mehr ganz so fremd wie zu Anfang.

Aus meinem Leben

Ein Bekannter von mir (Jahrgang 1955) hatte eine sehr aufregende und haltlose Kindheit, vor allem, was den räumlichen und den sozialen Halt betraf. Er ist im Kinderheim bei den Nonnen aufgewachsen, bis er das achte Lebensjahr erreichte. Bis dahin war alles noch recht überschaubar. Danach musste er das Kinderheim wechseln und verlor dabei die einzige soziale Struktur, die er kannte. In den darauffolgenden Jahren wurde er immer wieder in unterschiedliche Kinderheime gebracht. Es hatte ihn jedes Mal aufs Neue verunsichert, und er musste sich immer wieder neu orientieren. Andere Räume, andere Menschen, anderer Tagesablauf, anderes Essen, andere Regeln und andere Bestrafungen. Ich weiß noch genau, was mich damals an seiner Geschichte so beeindruckt hat. Es war zwar nur ein kleiner Nebensatz, doch haben mich gerade diese Worte berührt: *„Abends, wenn sie das Licht ausgeschaltet haben, war es stockdunkel in dem jeweiligen Schlafsaal. Ich fühlte mich fremd, verloren, haltlos, wie im freien Fall. Ich war immer froh, wenn ich ein Bett hatte, das nah bei einer Wand stand. Ich habe dann immer meinen Arm ausgestreckt und die Wand berührt, das hat mir ein Gefühl von Halt gegeben. Das mache ich sogar heute noch, wenn ich woanders übernachten muss. Ich ertaste die Wand, damit mir der Raum nicht mehr so fremd ist."*

Dieses Beispiel zeigt, wie wichtig Orientierung für ein Gefühl der Sicherheit ist. Doch orientieren wir uns nicht nur räumlich, sondern auch zeitlich und sogar im sozialen Umfeld.

Halt durch Grenzen

Für einen Hund ist das Zusammenleben mit uns Menschen sehr wertvoll, aber noch wichtiger ist die Beziehung zu seinem Menschen. Hunde sind von Geburt an Konfliktlöser, so heißt es in der Fachliteratur. Doch brauche ich nur meine Hunde zu beobachten und weiß es aus erster Hand. Deshalb ist es für Hunde ebenfalls ein essenzielles Bedürfnis, eine klare Orientierung im sozialen Umfeld mit uns Menschen zu bekommen.

Wände stehen hier als Metapher für Regeln, die wir von unserem Hund einfordern und Grenzen, die wir ihm setzen. Der allgemeine Handlungsspielraum wird zwar begrenzt, doch bieten sie dem Hund einen Rahmen, in dem er sich sicher und unbeschwert bewegen kann. Grenzen geben dem Hund inneren Halt. Eine äußere Struktur, die innen wie ein Wegweiser wirkt.

Für ein harmonisches Miteinander sind Regeln und Grenzen notwendig – sie geben Sicherheit. Vergleichbar mit unseren Regeln im Straßenverkehr: Hier gilt es, dass jeder auf den anderen achtgibt und sich selbst konsequent an die vorgegebenen Regeln (Ampeln, Linien, Schilder, Geschwindigkeitsbegrenzungen) hält. Hält sich einer oder mehrere nicht an diese Regeln, ist die Sicherheit für alle Beteiligten nicht mehr gegeben.

Ohne inneren Halt werden selbst junge Hunde anstrengend und verhaltensauffällig.

Besonders ein heranwachsender Hund sucht gefühlt ständig nach Halt. Erstaunlich ist es deshalb nicht, dass fehlende Grenzen und Regeln erhebliche Stressfaktoren für den Junghund sind, weil er sein Umfeld nicht versteht und selbst ständig missverstanden wird. Ihm fehlt die soziale Orientierung. Dieser Stressauslöser lässt sich für den jungen Hund leicht aus der Welt schaffen, indem wir anfangen, eine Struktur vorzugeben, Regeln in den Tagesablauf einbauen und bei Bedarf Grenzen setzen.

Welche Verhaltensgrenzen und -regeln du von deinem Hund einforderst, liegt ganz bei dir, an deinem Hund, an eurem Alltag, an deinen Familienmitgliedern und an deiner Vorstellung, was sich gehört und was eben nicht. Du entscheidest gemeinsam mit deinen Familienmitgliedern, ob dein Hund etwas darf oder nicht. Darf er auf die Couch oder nicht? Darf er sich nachts ans Fußende ins Bett legen oder nicht? Darf er im Garten Löcher buddeln oder nicht? Darf er an der Fensterscheibe alles ankläffen, was sich bewegt, oder nicht? Darf er die Treppen rauf oder soll er sich nur im Erdgeschoss aufhalten?

Unsere Anwesenheit ist gefragt

Zuerst müssen wir uns ehrlich eingestehen, dass wir einen Hund nicht erziehen können, wenn wir räumlich nicht anwesend sind. Lassen wir z. B. unseren jungen Hund allein in den Garten, während wir unter der Dusche sind und uns für die Arbeit fertig machen, sind wir leider nicht zur Stelle, wenn der tatfreudige Jungspund das Blumenbeet umdekoriert oder unseren Rasen mit lauter Buddellöchern in eine Minigolfanlage verwandelt. Schimpfen oder Bestrafen im Nachhinein hat herzlich wenig Wirkung auf künftige Taten des Hundes zum Thema Löcherbuddeln im Garten.

Um Hunden die Regeln zu erklären oder um Verhaltensgrenzen zu setzen, müssen wir logischerweise vor Ort sein, um sie davon abzuhalten bzw. zu korrigieren. Können wir jedoch unmöglich beim Hund im Garten sein, hilft uns nur Management. In diesem Fall hole ich den Hund wieder ins Haus und schließe die Gartentür, bevor ich duschen gehe und mich für die Arbeit fertig mache. Ich selbst habe schon des Öfteren unseren jungen Labrador Ranger mit ins Badezimmer genommen, damit er keine Dummheiten in der Wohnung macht, während ich unter der Dusche bin.

Aus meinem Leben

Als wir vor ein paar Jahren einen Dackelwelpen bekamen, war eines meiner priorisierten Ziele, dass dieses Tier unseren Garten in Ruhe lässt und keinerlei Interesse am Buddeln entwickelt. All die Dackel-Kenner da draußen wissen, dass sie als Erdhunde eine rassetypische Leidenschaft entwickeln können, Löcher und Höhlen zu graben. Also hatte ich von Anfang an einen scharfen Blick darauf. Konnte ich kein Auge auf ihn haben, durfte er nicht in den Garten. So habe ich ihm die Möglichkeit genommen, unbemerkt und unkommentiert Löcher in unseren Rasen zu buddeln. War er im Garten und ich sah schon im Ansatz einen seiner Versuche zu buddeln, war ich sogleich zur Stelle und habe ihn mit einem kleinen Korrekturgeräusch, Handzeichen oder mit einem kleinen Schubser korrigiert. Hat er es daraufhin gelassen, blieb ich noch einen Moment im Garten und ging dann wieder hinein, um ihn durchs Küchenfenster weiter im Auge zu behalten. Fing er gleich wieder an, habe ich meine Korrektur wiederholt und ihn dann ins Haus geschickt, damit ich nicht ins Diskutieren mit ihm kam.

Im Laufe der Jahre habe ich mir angewöhnt, bei der zweiten Korrektur den Hund gleich wegzuschicken oder ihn aus der Situation herauszunehmen, damit er definitiv damit aufhört.

Das Ergebnis: Ich war diesbezüglich klar ausgerichtet, durchweg konsequent und dadurch schnell erfolgreich, dem Dackel dieses Bedürfnis bei uns im Garten abzugewöhnen.
Im Prinzip einfach, hätte ich allein mit meinem Dackel unter einem Dach gewohnt. Mit zwei Kindern im Grundschulalter, die gern unbedacht die Türen offen stehen lassen und einem Ehemann, der zu unregelmäßigen Zeiten am liebsten durch die Gartentür nach Hause kommt und ebenfalls die Hunde großzügig nach draußen lässt, war meine Konsequenz auch in der Kommunikation mit allen Familienmitgliedern gefragt. Es war ein bisschen wie Jonglieren mit mehreren Bällen gleichzeitig, aber die Mühe hat sich ausgezahlt. Unser Dackel ist nun über 3 Jahre alt und er hat noch nie in unserem Garten gebuddelt. Wäre ich in dieser Angelegenheit nicht konsequent gewesen, würde ich wahrscheinlich heute noch mit meinem Dackel genervt diskutieren, während ich regelmäßig neue Löcher mit frischer Erde auffüllen und Streitgespräche mit meiner Familie deswegen führen müsste.

Um Grenzen zu setzen und Regeln einzufordern, sind zwei Dinge nötig: erstens vor Ort sein und zweitens konsequent sein.

Wenn junge Hunde „testen“

Ein Beweis für inkonsequente Erziehung bei Hunden ist, wenn ein erwachsener Hund immer noch Grenzen testet oder mit uns über das Ausführen von Anweisungen diskutiert, obwohl wir schon seit seinem Welpenalter versuchen, diese ihm beizubringen.

Doch keine Sorge: Sind bei dir und deinem Hund Grenzen testen und diskutieren ein Thema, findest du hier genügend motivierende Beispiele, wie du an deiner Konsequenz arbeiten kannst.

Was bedeutet „Testen“

Dein Hund wird von dir in seinem Verhalten korrigiert, bricht sein Vorhaben dieses Mal jedoch nicht ab, obwohl er sich sonst beeindrucken lässt. Oder du gibst deinem Hund eine Anweisung, die er zwar kennt, die er aber dieses Mal infrage stellt und im schlechtesten Fall reagiert er überhaupt nicht.

Allzu oft wird dieses Verhalten als ein „Sich-Widersetzen“ interpretiert und dabei vergessen, dass es gar nicht GEGEN UNS gerichtet ist, sondern nur den Interessen und Bedürfnissen des Hundes selbst entspricht.

Nicht jeder Hund, der einmal nicht folgt, testet seinen Menschen aus. Es gibt viele Gründe, warum Hunde Signale nicht ausführen wollen oder können. Einige davon haben wir bereits besprochen (siehe Beispiele ab S. 74 ff.).

Arbeitet ein junger Hund z. B. gut mit, doch heute möchte er ausnahmsweise mal erforschen, was passiert, wenn er nicht das tut, was sein Mensch von ihm möchte, dann kann es ein „Testen“ sein. Doch in diesem Fall beweist der Hund, dass er mitdenkt und bestimmte Angelegenheiten von jeder erdenklichen Perspektive aus erforschen und verstehen möchte. Ein Hund, der auf diese Art und Weise „austestet“, ist wie ein Schüler, der viele Fragen stellt, um alles genau zu verstehen. Muss ich nur morgens an dem Bürgersteig warten, bis ich die Erlaubnis bekomme weiterzugehen, oder gilt das auch für Nachmittags und am Wochenende? Muss ich nur bei Frauchen am Bürgersteig stehen bleiben oder auch beim Herrchen und beim Sohn? Wenn ihr mich fragt, sind das alles berechtigte Fragen, die der junge Hund euch stellt. Wichtig ist jetzt, dass wenn unser junger Hund diese Fragen stellt, wir konsequent immer das gleiche Verhalten einfordern, solange, bis er eines Tages mit uns spazieren geht und nicht mehr fragt. Je konsequenter du bist, umso eher sind alle Fragen deines Hundes beantwortet und jegliches Testen wird eingestellt.

Aus diesem Grund brauchst du das „Testen" nicht persönlich nehmen, sondern darfst dich über die gute Mitarbeit und über das „Verstehenwollen" deines Hundes freuen. Erziehst und trainierst du mit diesem Wissen deinen Hund, fällt es dir bestimmt leichter, souveräner und entspannter mit ihm umzugehen. Davon profitiert ihr beide und eure Beziehung zueinander.

Junge Hunde, die nur wenig konsequenten Umgang erfahren, verlieren nicht nur ihren inneren Halt, sondern bekommen sozialen Stress, kommen nicht mehr zur Ruhe, werden unsicher, teils hochgradig aufgeregt, bis hin zur Verhaltensauffälligkeit. Halter von Hunden, die keine klare Führung bekommen, sind oft verzweifelt, genervt, frustriert und neigen sogar zu cholerischen Verhaltensweisen dem Hund gegenüber.

Das beste Heilmittel? Eine klare, faire und konsequente Führung.

Aus der Praxis

Das Leben schreibt dieses Buch! Gerade sitze ich an diesem Kapitel über Junghunde und muss mein Schreiben unterbrechen, weil die nächste Kundin mit ihrem 7 Monate alten Hovawart-Rüden auf mich wartet.

Yoda, ein großes Tier. Trotz seiner Jugend hat er bereits die Größe eines ausgewachsenen Hovawart-Rüden, nur mit Babyfell und einem kindlichen Blick. Seine Halterin verfügt über viel Erfahrung, Hunde zu trainieren und zu führen. Aber es gibt drei Verhaltensweisen an Yoda, die seinem Namen keine Ehre machen und zu denen sich seine Halterin keinen Rat weiß.

Verhalten 1: Yoda schnappt spielerisch beim Vorbeilaufen nach den Enkelkindern, die zweimal in der Woche zu Oma zu Besuch kommen. Die Enkel haben seither Angst vor dem großen Hund.
Verhalten 2: Yoda ist anderen Hunden gegenüber unhöflich, aufdringlich und rüpelhaft. Letztens brachte er sich so in Schwierigkeiten, dass ihn sein Frauchen aus einer Konfrontation retten musste.
Verhalten 3: Yoda schnappt aus dem Nichts heraus seine Halterin in Arme und Hände, springt dabei an ihr hoch und bellt sie an. Das Verhalten abzubrechen, ist kaum möglich, da sich Yoda immer mehr hineinsteigert.

Natürlich forschte ich nach versteckten Stressauslösern im Alltag des jungen Hovawart-Rüden und stellte der Kundin allerlei Fragen zum Tagesablauf. Spannend war, dass sie stolz darauf ist, dass ihr Hund bereits alle Grundsignale wunderbar beherrscht und auch unter Ablenkung gut abrufbar ist, sogar im Freilauf, den er täglich genießt.
Die Antwort auf meine Fragen: *„Was tust du, wenn der Hund euch mit diesem unangekündigten und aufgebrachten Verhalten anspringt?"*, war für mich sehr aufschlussreich. Sie berichtete, dass Schimpfen die Sache nur schlimmer mache und sie deshalb sofort Kommandos von ihm einfordere wie „Sitz" und „Bleib", ein bisschen „Bei Fuß" und dann wieder „Sitz" und „Bleib", bis sich Yoda einigermaßen wieder beruhige.

Diese Technik finde ich sehr gut, weil man den Hund auf seiner rationalen Gehirnhälfte aktiv werden lässt, er nachdenken muss und somit seinen Emotionen in diesem Moment nicht mehr ausgeliefert ist. Doch gleichzeitig stellte sich heraus, dass sie ihren Hund zwar sehr gut trainiert hatte, aber nicht erzogen. Ein „Sitz" ersetzt leider kein Abbruchsignal, ein „Bleib" verhilft dem Hund nicht zur inneren Ruhe und ein „Platz“ gibt dem jungen Hund niemals den sozialen Halt, den er in seinem Umfeld sucht. Alle aufgezählten Verhaltensweisen von Yoda verrieten, dass sein Mensch es versäumt hatte, ihm Grenzen zu setzen und Halt zu geben. Die Kundin machte mit ihrem Verhalten ihren Hund nervös, worauf er mit Anspringen reagierte. Das „In-die-Hände-Zwicken“ ist wie eine Suche nach Halt. Aber wie soll ein Hund sonst dem Menschen vermitteln, dass ihm eine klare Struktur für sein Verhalten fehlt? Wie sonst könnte er diesen Hilferuf an uns richten? Auch hier können wir Parallelen zur Kindererziehung aufzählen, in denen Wutausbrüche, unangekündigte Aggressionen gegenüber den Eltern oder ständige Unruhe ebenfalls Zeichen sind, dass sozialer Halt und Konsequenz fehlen könnten.

Da fehlende Konsequenz und das Versäumnis, Grenzen zu setzen, immer häufiger in der Hundeerziehung anzutreffen sind, nimmt auch das Anspring- und Schnappverhalten besonders bei Junghunden zu. Seit 30 Jahren habe ich Junghunde im Training und dieses Verhalten trat anfangs nur selten auf, und dann eigentlich nur bei Hunderassen, die auch gern für den Schutzhundesport eingesetzt werden, wie Rottweiler, Dobermann, Riesenschnauzer, Schäferhund, Briard, Beauceron, Malinois und eben Hovawart. In den letzten 10 Jahren erlebe ich dieses Verhalten häufig auch bei Rassen wie Labrador Retriever, Viszla, Portugiesischer Wasserhund, Dogge, Australian Shepherd und sogar beim Pudel. Dieses Verhalten ist ernst zu nehmen, denn oft kommen Hundehalter erst ins Training, wenn sie eigentlich schon am Rande der Verzweiflung sind und ihrem Hund kaum noch vertrauen. Ich habe Kundinnen, die fühlen sich, wenn der Hund dieses Verhalten zeigt, so verunsichert und beängstigt, dass ihnen die Tränen in die Augen schießen. Andere wissen sich nicht mehr zu helfen und sehen sich gezwungen, ihren Hund auf dem Spaziergang am nächsten Baum anzubinden und Abstand zu nehmen, bis er sich wieder beruhigt hat.

Hunde, die als Haustiere gehalten werden und mit uns die Räumlichkeiten und unsere Nähe teilen, bekommen oft viel zu viel Aufmerksamkeit von uns für alles Mögliche, aber eben keine Klarheit, Struktur oder Grenzen für unerwünschtes Verhalten. Dadurch wird das Verhalten unseres Hundes für uns anstrengend und kann uns regelrecht über den Kopf wachsen. Wir werden gestresst vom Hund, sind überfordert, werden inkonsequent und fördern ungewollt ein unharmonisches Miteinander. Und all das macht dann den größten Stressfaktor für Hunde aus.

SCHLUSSGEDANKE ZU REGELN AUFSTELLEN UND GRENZEN SETZEN

Auch wenn dir bis hierhin alles recht logisch erscheint, hast du trotzdem das Gefühl, dass „Grenzen setzen beim Hund" nicht dein Ding ist? Damit bist du nicht allein! Es gibt viele Hundehalter, die sich wie ein Spielverderber fühlen, wenn sie ihrem Hund etwas verbieten, was ihm doch so viel Spaß macht. Hier entsteht eine Art Zwiespalt darüber, welche Identität sie gegenüber ihrem Hund einnehmen sollen. Sie wollen ein Freund und ein cooler Begleiter für ihren Hund sein und eben nicht ein strenger Schuldirektor, der ständig Grenzen setzt und einem Hund seine Kindheitsflausen nicht zulässt.

Diesen Gedanken kann ich natürlich verstehen. Doch haben meine Erfahrungen, besonders mit jungen Hunden, gezeigt, dass Hunde uns Menschen im positiven Sinn viel beeindruckender finden und sich deutlich mehr freuen, mit uns zusammenzuarbeiten, sobald sie merken, dass sie von einem Menschen geführt werden, der einen Plan hat. Jemand, der klar kommuniziert, Grenzen setzt und konsequent Regeln einfordert, die der allgemeinen Sicherheit und des friedlichen Miteinanders dienen. Denn fehlt genau diese Struktur, leiden zukünftig Hunde in unsere Gegenwart. Lassen wir alle Verhaltensweisen zu, weil „das Freunde so untereinander machen", dann kommt trotzdem irgendwann ein Moment, an dem uns die Hutschnur platzt. Meist dann, wenn der Hund größer wird und wir bestimmte Verhaltensweisen nicht mehr ertragen können. Dann kann sich unsere Identität, „Freund" ziemlich schnell ins Gegenteil verwandeln, und das gilt es tunlichst zu vermeiden, denn damit wird keiner glücklich.

Gib deinem Hund ein Gefühl von Sicherheit und sorge für mehr Ruhe in eurem Zusammenleben, indem du klare Regeln aufstellst. Damit bist du kein Spielverderber, sondern ein Geschenk für deinen Hund.

Zudem ermöglichen Alltags-Regeln und soziale Spiel-Regeln deinem Hund, richtig gut darin zu werden, diese zu befolgen.

Dein Hund bekommt jeden Tag die Gelegenheit, zu glänzen und du eine Gelegenheit, stolz auf ihn zu sein.

KAPITEL 13

DAS DILEMMA MIT DER COUCH

Ein englisches Sprichwort besagt: *„If you want the best place in the house – move the dog."* Wie wahr! Wenn du den gemütlichsten Platz im Haus haben möchtest, musst du erst den Hund beiseiteschieben. Wer kennt das nicht?

Hunde lieben es, mit auf dem Sofa zu liegen. Sie wollen in unserer Nähe sein. Dort ist es gemütlich, es ist etwas erhöht, es riecht nach uns und es ist ein Ort, an dem die Familienmitglieder zusammenrücken und zur Ruhe kommen. Ein konditionierter Wohlfühlort!

Doch in der großen, weiten Hundeerziehungswelt sind immer noch Gerüchte im Umlauf, dass nur dominante Hunde erhöhte Liegeplätze suchen und damit demonstrieren, die Führung übernehmen zu wollen – denn nur der Rudelführer darf erhöht liegen, das sei bei Wölfen auch so.

Allerdings leben wir mit Hunden zusammen und nicht mit Wölfen. Da gibt es erhebliche verhaltensbiologische Unterschiede, die wir nicht über einen Kamm scheren dürfen. Und selbst Wölfe würden verwundert den Kopf schütteln, würden wir ihnen von unserer

Dominanztheorie erzählen. Denn Wolfsforscher, die tatsächlich jahrelang Wölfe in ihren Familienverbänden in freier Natur beobachteten, haben genügend Beweise gesammelt, um die kursierende Dominanztheorie in der Hundewelt ad absurdum zu führen, da sie auf Beobachtungen basiert, die mit dem Verhalten frei lebender Wölfe nichts zu tun haben.

Es stimmt schon, dass erhöhte Sitzplätze dem Hund einen besseren Überblick über das Wohnungsgeschehen bieten, aber das hat lediglich den Vorteil, dass er bloß nichts verpasst. Und ja, es könnte durchaus passieren, dass er die Führung für die nächsten Kuschelmomente übernimmt und Streicheleinheiten einfordert, doch die Führung für das Abendprogramm im TV wird er dir überlassen.

Gründe, die mir persönlich einfallen, warum ein Hund nicht auf die Couch sollte, hängen lediglich davon ab, ob der Hund sauber oder dreckig ist; ob er viel haart oder nicht; ob die Couch nagelneu oder schon etwas älter ist; ob diese abwischbar ist oder nicht; oder ob es meine Couch ist und nicht die der Menschen, bei denen wir zu Besuch sind.

DIE ENTSCHEIDUNG LIEGT BEI DIR

So gern Hunde auf der Couch liegen, heißt es nicht, dass wir das dulden müssen. Du allein bestimmst, was du möchtest. Bist du der Meinung, dass Hunde nichts auf der Couch zu suchen haben, dann ist das auch so! Ist es für dich eine 10 auf der Wichtigkeitsskala, dann macht es Sinn, deinem Hund das auch so zu erklären. Er bekommt ein Hundebett auf dem Boden und damit hat es sich. Ende der Diskussion. Die Würfel für die Regeln des Zusammenlebens sind gefallen. Jetzt geht es nur noch darum, ihm konsequent zu erklären, dass die Couch eine Grenze ist und er stets unten auf dem Boden bleiben soll.

Ob dein Hund nun auf die Couch darf oder nicht, hängt also ganz allein von deiner Wichtigkeitsskala ab. Ist es dir total egal, dann wird sich dein Hund ins Wohnungslandschaftsbild einfügen und ein Teil deiner Einrichtung auf der Couch, gleich neben den Zierkissen. Das ist dann einfach so. Er wird dort liegen, wann immer es ihm recht ist. Und wenn du merkst, dass er viel lieber auf der Couch liegt als in seinem Hundekörbchen, dann kannst du dieses ruhig auch wegräumen und hast mehr Platz in deiner Wohnung.

Mal so, mal so – hier funktioniert es!

Ist es dir manchmal egal und manchmal nicht, kannst du dich auf klar abgesprochene Regeln mit deinem Hund einigen, die von dir jedoch konsequent eingefordert werden müssen, bis dein Hund sie versteht.

Nehmen wir mal an, du hast einen Hund mit folgendem Aussehen und Verhalten: Groß, haarig und kuschelig. Bestimmt kommt dieses große, haarige Kuschelmonster ab und zu gern mit auf die Couch, doch an anderen Tagen kommst du gerade mit ihm vom Spaziergang aus dem Regen zurück oder bist mit ihm durch das winterliche Matschwetter gewandert, oder schlimmer noch, er hat sich genüsslich im Matsch oder gar in Gülle gewälzt. Dann wäre es eine denkbar dreckige Angelegenheit, ihn jetzt auf die Couch zu lassen, nicht wahr? Vernünftig wären erst einmal ein Bad, ein großes Handtuch und ein Föhn, bevor wir seine saubere Gesellschaft auf der Couch wieder genießen können.

Welche Regeln können wir mit unserem Hund einführen, damit er ganz klar versteht, wann er auf die Couch darf und wann nicht?

Es gibt mehrere Möglichkeiten, die ich dir hier vorstellen werde. Du darfst dich gern für eine entscheiden, falls die Sache mit der Couch ein Thema für dich und deinen Hund ist. Ist die Couch kein Thema für dich, dann betrachte diese Vorschläge als mögliche Varianten für andere Themen, bei denen du eine Lösung suchst. Das Prinzip ist in vielen Bereichen das gleiche. Für jede Variante gilt, dass der Hund einen Anhaltspunkt hat, um zu wissen, wann er wo auf die Couch darf und wann er unten bleiben muss.

Die optische Erlaubnis: Der Hund darf nur auf die Couch, wenn seine rote Decke dort liegt und er darf sich auch nur im Bereich der Decke ablegen. Natürlich darf diese eine Decke auch blau, gelb oder lila sein, vielleicht auch mit einem Leopardenmuster, doch es sollte immer dieselbe sein. Liegt die Decke nicht auf der Couch, ist das ein klares Signal für ihn, dass er unten bleiben muss. Er darf sich stattdessen gern auf sein Hundebett legen oder mit dem Boden vorliebnehmen.

Ich finde das sehr praktisch, denn erwarten wir Besuch und der Platz auf der Couch soll für Gäste frei bleiben, liegt die Decke eben im Schrank und nicht auf der Couch. Es ist wie die Ampel im Straßenverkehr. Liegt die Decke oben, so hat der Hund grünes Licht. Ist die Decke weggeräumt, so ist es wie das rote Licht und bedeutet: „Stopp! Unten bleiben."

Eine Erlaubnis per Stimmanweisung und Handzeichen: Hierbei darf der Hund nur auf die Couch, wenn er explizit ein ganz bestimmtes Signal von uns bekommt, wie eine Einladung. Natürlich darf der Hund diese Einladung auch ausschlagen, wenn er sowieso nicht raufmöchte. Beachte dabei, dass du dir ein ganz bestimmtes Zauberwort dafür aussuchst und auf jeden Fall Alltagswörter vermeidest.

Sollte der Hund in der Trainingsphase ohne Erlaubnis auf die Couch hüpfen, wird er gleich von dir wieder hinuntergeschickt. Das erfordert in der ersten Zeit viel Aufmerksamkeit und Konsequenz. Aber die Mühe lohnt sich! Denn am Ende hast du einen Hund, der dich immer erst fragt, ob er auf die Couch darf oder nicht. Wenn er darf, gibst du ihm die Erlaubnis. Wenn er nicht darf, schickst du ihn weg, dann muss er sich woanders hinlegen.

Diese Absprache hat jedoch ihre Tücken beim Trainingsaufbau. Dein Hund sollte keinen Zugang zur Couch haben, wenn du nicht daheim bist. Es gibt eifrige Hundehalter, die, können sie das Wohnzimmer nicht absperren, die Couch in der Zeit ihrer Abwesenheit ungemütlich für den Hund machen. Sie legen viele Zeitschriften und Bücher darauf oder Sprudelkisten blockieren die Liegefläche. Die restlichen Familienmitglieder sollten sich ebenfalls an diese Absprache konsequent halten, sonst bleibt der Erfolg aus. Familienmitglieder können schon eine echte Herausforderung in der Hundeerziehung sein. Denn ist es dir wichtig, deinem Ehepartner oder deinen Kindern aber nicht, fehlt es an Konsequenz innerhalb der Familie und der Erfolg bleibt leider aus.

Die zweite Couch: Das ist ebenfalls ein wunderbarer Kompromiss, vorausgesetzt, du hast den Platz dafür.

Aus der Praxis

Eine Kundin hatte einen Border Collie und einen Doodle. Also gleich zweimal viel Fell. Sie selbst liebte es, mit ihren Hunden auf der Couch zu kuscheln, doch ihr Ehemann fand keinen Gefallen daran. Ihre Lösung war genial und einfach zugleich. Sie besorgte sich über Kleinanzeigen ein gemütliches Zweitsofa, welches nur für ihre Hunde war. Die schöne und hochwertige Echtleder-Couch ihres Mannes war absolut tabu für die Hunde. So hatte sie die Wahl. Sie konnte sich zu ihrem Mann auf die saubere Couch setzen oder auch mal mit ihren Hunden auf dem Hundesofa kuscheln. Problem gelöst.

Aus meinem Leben

Meine beiden letzten Hunde hatte ich aus dem Tierschutz und sie fanden es toll, erhöht und eingerollt irgendwo zu liegen. Noch dazu hatte es in meiner damaligen Wohnung gezogen und ihnen war es zu kalt, auf dem Boden zu liegen. Aus diesem Grund habe ich mir die Anschaffung von Hundebetten erspart und jeder von ihnen hat von mir einen eigenen Sessel bekommen. Die Hündin bekam einen Clubsessel, den sie über alles liebte, und mein Rüde einen großen XXL-Sessel, mit weichen Armlehnen, um seinen Kopf abzulegen. Beide waren so selig mit ihren neuen Schlafplätzen. Nachdem sie dann im hohen Alter verstarben, spendete ich den noch gut erhaltenden XXL-Sessel ans Tierheim. Dort bot er noch jahrelang einen Lieblingsplatz für andere Hunde, die ihn sehr zu schätzen wussten.

Auch hier möchte ich keine neue Theorie aufstellen und behaupten, dass jeder Hund seinen eigenen Sessel oder ein Sofa braucht. Doch wenn wir mal ehrlich sind, kann man gut erhaltene Möbelstücke meist preiswerter ergattern als ein neues Hundebett.

Unterschiedliche Hunde haben unterschiedliche Vorlieben und unterschiedliche Hundehalter haben unterschiedliche Vorstellungen, was in ihre Wohnung passt.

Kurzhaarige Wohnungshunde liegen ungern im Luftzug oder auf dem nackten Boden. Zudem kühlen sie nachts schnell aus, besonders im kalten Flur, oder wenn das Fenster im Schlafzimmer weit offen steht. Sie werden unruhig und können schlecht durchschlafen. Diese Hunde bevorzugen warme, geschützte und kuschelige Liegeplätze.

Langhaariger Hunde mit dichter Unterwolle dagegen lieben es ganz besonders als „Zugluftstopper" zu dienen. Sie suchen sich die kühlste Stelle im Haus aus und fühlen sich erst wohl, wenn ein kalter Luftzug durch ihren dicken Pelz weht. Ist die Wohnung zu stark beheizt, werden sie nachts unruhig und kommen aus dem Hecheln nicht mehr heraus.

Ganz egal, welchen Liegeplatz du für deinen Hund ausgesucht hast, es kommt immer nur darauf an, dass dein Hund sich entspannt, sich wohlfühlt und gut durchschlafen kann. Das Gleiche gilt für uns Menschen auch.

KAPITEL 14

DER HUND, DAS KONSEQUENTE WESEN

Menschen unterschiedlicher Herkunft unterscheiden sich durch ihre Kultur. Jede Kultur hat sich ihre eigene Welt geformt. Sie haben nicht nur ihre eigene Sprache, sondern auch ihre eigenen Bräuche, ihre Werte und Ansichten, ihre Architektur, ihre Essensvorlieben, ihre eigene Kunst und ihr eigenes gesellschaftliches Denken.

Hunde als Tierart haben auch ihre eigene Kultur und eigene Werte. Natürlich gibt es Rasseunterschiede, die nicht unerheblich sind. Doch was die Natur eines Hundes betrifft, ist die Fähigkeit, konsequent in dem zu sein, was er tut und was er kann, ein bedeutender Aspekt. Hunde sind von Natur aus echt. Sie sind sehr authentisch in dem, was sie sind und was sie tun. Wie innen, so außen. In ihre Aufgaben legen sie sehr viel Bedeutung und bleiben diesen ihr Leben lang treu.

Der Eurasier meiner Nachbarn z. B. verbrachte die meiste Zeit seines Lebens im Garten. Nachts kam er ins Haus, doch wegen des dicken Fells fühlte er sich im Freien einfach wohler. Ein Eurasier, als „Melde- und Wachhund“, macht seinen Job sehr zuverlässig. Es sind keine Kläffer, die sich in Rage bellen und nicht mehr aufhören.

Sie neigen eher dazu, ihren Energieaufwand so gering wie möglich zu halten. Deshalb melden sie zwar kurz, aber verlässlich jeden an, der am Grundstück vorbeikommt. Der Eurasier meiner Nachbarn hat sich sein ganzes Leben treu dieser Aufgabe gewidmet.

Wer einen Hütehund beim Hüten von Schafen beobachtet, kann erleben, wie präsent er mit seinem gesamten körperlichen und geistigen Einsatz ist. Er macht den Eindruck, selbst zu dieser Handlung zu werden, die er gerade ausführt. Er hütet nicht nur die Schafe, er ist das Hüten. Ein Hund jagt nicht einfach eine Katze auf den Baum, er ist das Jagen. Konsequent in einer Handlung zu sein bedeutet nicht nur, dass wir diese regelmäßig immer mit demselben Ablauf tätigen, sondern es bedeutet auch, dass unsere innere und äußere Haltung, während wir diese Handlung ausführen, übereinstimmt.

PRÄSENZ UND AUTHENTIZITÄT

Diese Fähigkeit ist jedem Hund angeboren, heißt aber nicht, dass wir Menschen nicht auch so präsent und authentisch sein können. Vielleicht fällt es einem Hund leichter als uns, doch wir können uns diese Fähigkeit ebenfalls aneignen. Setzen wir unsere Authentizität ein, wenn wir z. B. dem Hund die Anweisung „Weiter“ geben, dann geben wir ihm nicht einfach nur das Signal, sondern wir werden zu diesem Signal. Dann gibt es von uns keinen Zweifel, kein Verstellen, kein „so tun als ob“, keine andere Emotion, die nicht dazu gehört, keine Bilder im Kopf, die etwas Gegenteiliges erzählen – einfach nur die Tatsache, dass er jetzt weitergehen soll.

Legst du in Zukunft mehr von dieser beschriebenen Authentizität in deine Signal-Führung, kommst du dem Wesen Hund viel näher. Er wird dich für „voll nehmen“ und eine Wichtigkeit darin sehen, mit dir zu arbeiten.

CLEVERNESS

Hunde sind sehr clever und intelligent, völlig unabhängig von ihrer Kooperationsbereitschaft, mit uns Menschen zusammenzuarbeiten. Auch ein wild lebender Hund, mit einem angeborenen Scheueverhalten Menschen gegenüber, ist trotzdem klug in seinen Entscheidungen und setzt seine Intelligenz geschickt ein, um an alles zu kommen, was er für ein machbares Leben braucht, und das ohne die Abhängigkeit zum Menschen.

Noch dazu haben sie eine ausgeprägte Wahrnehmungs- und Aufmerksamkeitsfähigkeit und nehmen ungefiltert viel mehr in einem Moment wahr, als wir es mit unserer selektiven Wahrnehmung nachempfinden können.

Gehen wir mit dieser konsequenten Natur inkonsequent um, sind unsauber in der Signalgebung und widersprüchlich in unseren Erwartungen, wie soll er dann verstehen, was wir wollen? Und vor allem, wie kann man es einem Menschen recht machen, der sich nicht klar ausdrücken kann? Natürlich wird dieser Hund nicht kommen, wenn du ihn mit irgendwelchen „kreativen" Verwirrungen rufst oder selbst nicht bei der Sache bist oder zu übertrieben emotional ihm eine Anweisung gibst. Dieses Spiel der Inkonsequenz kannst du mit ihm nicht spielen. Es ist nicht sein Spiel.

Selbstverständlich steht es dir frei, dich darüber aufzuregen, dass der Hund nicht kommt, wenn du ihn rufst. Du kannst ihn auch für dumm halten, weil du glaubst, dass er dich nicht versteht oder die Übung nicht kapiert. Du kannst so viel hineininterpretieren, wie du möchtest, aber am Ende des Tages steht eines fest:

Wir können Hunden keine fehlende Intelligenz unterstellen, nur weil sie mit unserer Inkonsequenz nicht mithalten können oder wollen.

Kommen Hund und Mensch zusammen, treffen zwei Kulturen aufeinander. Und wenn wir schon die Gelegenheit haben, mit Hunden zusammenzuleben und zu arbeiten, können wir uns auch das Beste von ihnen abschauen.

KAPITEL 15

WENN ALLE AN EINEM STRANG ZIEHEN

Einen Hund zu erziehen, bedarf eines konsequenten Verhaltens. Ist man „allein erziehend“, ist das relativ einfach. Richtig bunt wird es allerdings, wenn die liebe Familie hinzukommt.

Sobald mehrere Menschen an der Erziehung des Hundes beteiligt sind, verläuft es meist holprig, wird kompliziert und stellt eine Herausforderung für alle Beteiligten dar. Das beginnt in vielen kleinen Situationen. Plötzlich kommt ans Tageslicht, dass der Ehemann eine ganz andere Vorstellung davon hat, was ein Hund im Haus darf und was nicht, als die Ehefrau oder ihr Sohn oder die beiden kleinen Töchter.

Aus der Praxis

Papa möchte, dass der Hund im Erdgeschoss lebt, der erste Stock ist für ihn tabu, da dort jeder sein Schlafzimmer hat. Der Hund soll unten bleiben. Die Mutter sagt, es ist ihr egal, er könne ruhig hoch in den Gang, nur nicht in die Schlafzimmer. Und der Sohn protestiert, da er gern möchte, dass der Hund nachts bei ihm im Zimmer schläft. Er ist doch sein Kumpel.

Und schon hängt der Familiensegen schief. Papa scheucht den Hund immer wieder die Treppe aus dem ersten Stock hinunter und wird beim dritten Mal sauer. Mama wirft ihrem Mann vor, dass er die Sache viel zu ernst nimmt und nicht gleich böse werden muss und tätschelt dem Hund entschuldigend auf den Kopf. Der Sohn ist sauer auf seine Eltern, weil sie sich wegen des Hundes streiten. Er versteht dieses Theater seiner Eltern sowieso nicht, lockt den Hund heimlich mit Leckerchen nach oben und nimmt ihn mit auf sein Zimmer. Als der Vater später in sein Zimmer kommt und den Hund dort sieht, wird er sauer. Der Sohn bekommt Ärger und seine Frau den Vorwurf, dass sie in der Erziehung gegen ihn arbeite und ihn gemeinsam mit dem Sohn ausspielen wolle. Die beiden kleinen Töchter sind verunsichert wegen der schlechten Stimmung in der Familie und fangen untereinander das Streiten an. Das Chaos ist perfekt! Der ganz normale Wahnsinn beginnt und mittendrin ein gutmütiger Hund, der jeden Tag aufs Neue verwirrt und verunsichert wird. Es ist ganz schön anstrengend, wenn man für ein und dieselbe Handlung mal Ärger bekommt, mal gelobt wird und wieder ein anderes Mal ignoriert wird. Daraus wird der klügste Hund nicht schlau.

Aus meinem Leben

Man kann sich am besten in die Lage eines solchen Hundes versetzen, wenn man bereits am eigenen Leib Ähnliches erlebt hat. Mit 16 Jahren fand ich meinen ersten kleinen offiziellen Nebenjob in einem Eiscafé in unserem damaligen Stadtteil. Renzo, mein Chef und eine italienische Frohnatur, arbeitete mich in die Zubereitung der Eisbecher ein und seine Frau unterrichtete mich in der Zubereitung von Getränken und in der Kunst des Bedienens und Sauber-Haltens der Tische. Ich fand es großartig, dort mithelfen zu dürfen und war stolz darauf, sogar etwas Geld dafür zu bekommen. Auch wenn es für mich anfangs nur einen Stundenlohn von 7 DM gab. Das erste halbe Jahr lief super, bis die Sommersaison anfing. Denn mit dem Sommer kamen auch die Schwiegereltern aus Italien, um ihren Sohn im Eiscafé zu unterstützen. So hatte ich plötzlich vier Chefs, die mir sagten, was ich wie zu tun

hatte. Was im Prinzip völlig in Ordnung gewesen wäre, hätte nicht jeder von ihnen etwas anders gewollt.
Es kam immer häufiger vor, dass ich von irgendeinem dieser Chefs korrigiert wurde, während ich die Eisbecher so zubereitete, wie ich es schon die letzten sechs Monate getan hatte. Mit der Zeit ertappte ich mich dabei, wie ich immer erst über meinen Rücken blickte, um herauszufinden, wer gerade mit mir hinter der Zubereitungstheke stand, um dann den Eisbecher in entsprechend gewünschter Form zuzubereiten. Der eine wollte die Pistazien unter der Sahne und die andere bestand darauf, die Pistazien auf die Sahne zu streuen, denn das Auge äße schließlich mit. Der eine wollte auf dem Becher ein Schirmchen und die andere eine runde Waffel. War mein Eisbecher nicht richtig zubereitet, gab es Ärger und was noch zu retten war, wurde gerettet. Ansonsten musste ich den Becher komplett neu zubereiten. Je mehr Betrieb bei schönem Wetter in der Eisdiele herrschte, umso hektischer wurde die Arbeit. An einem heißen Sommertag hatte ich alle vier Chefs mit mir hinter der Theke und ich ahnte schon Böses. Es war nicht möglich, es allen gleichzeitig recht zu machen. Natürlich bestätigte sich meine Vorahnung. Von jedem der vier Chefs bekam ich Kritik im ständigen Wechsel wegen der unterschiedlichen Eisbecherzubereitung. Es wurde mir sogar vom Schwiegervater angedroht, meine falsch zubereiteten Eisbecher aus eigener Tasche zu bezahlen, bzw. von meinem Gehalt abgezogen zu bekommen. Somit bedeutete ein falsch zubereiteter Becher, eine Stunde umsonst zu arbeiten. *„Ha!“* – dachte ich – *„Jetzt reicht es mir! Denen ist doch nicht mehr zu helfen.“* Ich erinnere mich noch genau. Das Café war brechend voll und im Außenverkauf hatte sich schon eine lange Schlange eishungriger Menschen gebildet. Meine Nerven lagen blank, da ich so viel Druck im Rücken von vier Chefs mit einem feurigen Naturell bekam. Deshalb nahm ich die weiße Schürze ab, schmiss sie auf die Theke und sagte verärgert so laut, dass alle Gäste mich hören konnten: *„Ihr habt es endlich geschafft, mich komplett zu verwirren. Ich kann es hier keinem von euch recht machen. Ich gehe jetzt nach Hause und komme erst wieder, wenn ihr vier euch darin geeinigt habt, wie ihr eure blöden Eisbecher zubereitet haben wollt. Meine Telefonnummer habt ihr ja.“*
Es kostete mich meinen ganzen Mut, und so stapfte ich hektisch aus der Tür und ließ alle vier Chefs verdutzt im hektischen Eisdielen-

betrieb stehen. Ich nahm mir die Freiheit, einfach zu gehen, trotz des Risikos, meinen Job zu verlieren. Hunde dagegen bleiben bei uns und ertragen unser Erziehungsspektakel. Man sollte Hunden eine Heldenmedaille verleihen, für ihre Engelsgeduld, die sie unserer gelebten Inkonsequenz entgegenbringen. Wie heißt es so schön? „Viele Köche verderben den Brei."

Viele Menschen, mit verschiedenen Meinungen und unterschiedlichen Anforderungen an den Hund, fordern die von uns so geschätzte Anpassungsfähigkeit eines jeden Hundes bis an seine Grenzen.

Ist die Familie uneinig und inkonsequent in ihren Ansichten der Erziehungsregeln für den Hund, so kommt man keinen Schritt näher an einen gut erzogenen Hund. Es erweckt den Eindruck, dass der Hund besonders schwer zu erziehen sei, was eigentlich nur daran liegt, dass er sich verwirrt und unsicher fühlt, durch fehlende klare Führung und ein instabiles soziales Umfeld. Dem besten Hund wird es nicht gelingen, es allen in der Familie recht zu machen, wenn jeder widersprüchliche Erwartungen an ihn hat. Das wiederum führt zu Stresssymptomen, die sich in den unterschiedlichsten Verhaltensweisen zeigen, die dann wieder alle in der Familie stressen. Am Ende hängt der Familiensegen schief und ich habe sogar schon Hundehalter erlebt, die von ihrem Partner vor die Wahl gestellt wurden „entweder ich oder der Hund" – und das nur, weil sie sich nicht einig waren, was der Hund darf und was nicht. Auch wenn wir uns mit dem Familienstress abfinden, bleibt die Belastung immer noch beim Hund, da er immer wieder von irgendjemand Ärger bekommt. So oder so – es muss nicht sein! Diesen Kreislauf kann man stoppen.

Kommunikation und eine klare Aussprache, um gemeinsam an einem Strang zu ziehen, ist hier die Zauberformel.

ERWARTUNGEN UND WÜNSCHE

Deshalb ist es das Beste, sich VOR der Anschaffung des Hundes über die Erwartungen an den Hund auszutauschen und einig zu werden. Das macht das Leben für den Neuzugang und auch für alle Familienmitglieder leichter und schafft ein klares Umfeld. Gemeinsam sollte festgelegt werden, was der Hund darf und was nicht. Zu oft wird das vor lauter Vorfreude auf den Hund vergessen und auf später verschoben. Doch viel zu schnell findet man sich dann in der Spirale gegenseitiger Vorwürfe auf Kosten des Hundes. Ich habe als Hundetrainerin schon viele Familien bei ihren Gesprächen begleitet, um Lösungen zu finden und einen verbindlichen Plan für alle aufzustellen. Hier kommt wieder die Wichtigkeitsskala ins Spiel (siehe S. 55 ff.). Zu oft entstehen Unstimmigkeiten, weil das, was für den einen sehr wichtig ist, für den anderen eben weniger wichtig ist.

Der optimale Zustand wäre, wenn alles, was der Hund darf bzw. nicht darf, für alle Familienmitglieder eine 10 auf der Wichtigkeitsskala wird, und alles, was nicht so wichtig ist, darf zu einer 0 für alle werden. Diese Klarheit in Alltagsregeln ist ein Geschenk für einen Hund. Ziehen alle an einem Strang, ist fast alles erreichbar.

Wenn der Dackel buddeln will

Im Fall meines Dackels Zwieback musste ich mit allen in der Familie klären, dass er nie allein in den Garten darf. Ich wollte ihm das Buddeln im Garten nicht zulassen und ihm diese Regel bereits im Welpenalter vermitteln. So musste ich alle über mein Vorhaben informieren und habe sie in meinen Plan mit einbezogen. Natürlich musste ich oft alle daran erinnern, vor allem bei schönem Wetter, die Tür geschlossen zu halten. In diesem ersten Sommer, als wir den Zwergdackel bekamen, folgten alle dem Leitsatz: „Türe zu – Dackel rein!"

Durchgangserlaubnis

Eine weitere wichtige Regel ist die Sache mit der Haustür und dem Gartentor. Wir haben vier Hunde und wohnen im letzten Haus, direkt an einem Feldweg, der ins Naherholungsgebiet führt. Somit kommen oft die Dorfbewohner diesen Weg entlang, auch häufig mit Hund. Sowohl die Haustür als auch das Gartentor liegen direkt an der Einfahrt.

Was ich auf keinen Fall möchte, ist eine Horde Hunde, die bellend mit Vollgas aus der Tür oder dem Tor rast und dabei Leute, andere Hunde oder Katzen erschreckt. Somit darf kein Hund ohne direkte Erlaubnis aus der offenen Tür oder dem offenen Gartentor huschen.

Das Gesetz für unsere Hunde lautet, dass eine offene Tür (oder Tor) nur eine offene Tür ist – es bedeutet nicht, dass man einfach hindurchgehen darf. Deshalb haben wir eine Regel eingeführt, die alle in der Familie umsetzen: Jeder Hund darf nur aus der Tür, wenn er von uns Blickkontakt bekommt und sein Name aufgerufen wird. Ich öffne das Tor und alle vier Hunde stehen davor und warten auf Durchgangserlaubnis. Jetzt möchte ich aber nur mit meinen beiden Hunden hinausgehen und nicht mit denen meines Mannes. Also schaue ich meinen Coonhound an, sage „Franz Josef" und der schlängelt sich an den anderen Hunden vorbei und kommt aus dem Gartentor. Dann schaue ich meinen Dackel an, sage seinen Namen „Zwieback" und auch er huscht durch die Beine der anderen und kommt zu mir. Die beiden Labrador Retriever meines Mannes bleiben ruhig am Gartentor stehen.

Anders herum geht es auch, wenn mein Mann nur seine zwei Hunde mitnehmen möchte. Dann darf erst Ranger und dann Winni aus dem Gartentor. Das Ganze habe ich mit all unseren Hunden trainiert, wie jeden anderen Trick auch. Es ist unser kleines Alltagsspiel, ein Namens-Bingo könnte man sagen.

Betteln am Tisch

Das typische Betteln am Tisch ist ebenfalls ein häufiges Streitthema innerhalb einer Familie. Hunde, die regelmäßig vom Tisch gefüttert werden, werden immer wieder darauf hoffen, dass für sie etwas abfällt, und bei jeder Mahlzeit parat stehen. Während sich der eine Hund höflich auf Abstand hält und im Stillen auf sein Glück wartet, können manch andere vor lauter Ungeduld es gar nicht erwarten und übertreiben ihr Verhalten, indem sie sich massiv hineinsteigern. Der Mensch wird dann sabbernd am Tisch bedrängt, mit Augen und Pfote aufgefordert, etwas abzugeben. Andere werden sogar lautstark und fangen an zu winseln und zu bellen. Manche fragen gar nicht erst, sondern versuchen gleich, das Essen zu ergattern. Solch aufdringliches Verhalten würde mich persönlich extrem stören und mir den Appetit rauben. Um das Betteln am Tisch zu verhindern, gibt es gleich mehrere Lösungsvorschläge.

Variante 1: Es gibt ab heute NICHTS mehr vom Tisch für den Hund. Weder Essen noch Aufmerksamkeit, selbst der Blickkontakt zum Hund wird eingestellt. Es dauert ein paar Tage, aber dann wird es besser und der Hund lässt uns alle in Ruhe. Hier müssen sich allerdings alle Familienmitglieder daran halten. Fällt es ihnen schwer, gibt es **Variante 2:** Bleibt etwas vom Essen übrig, und der Hund verträgt es auch, kann man gleich nach dem Essen die Reste in seine Hundeschüssel geben. Wird dies konsequent umgesetzt, lernt er, dass er warten muss, bis alle fertig sind und bekommt es anschließend nur in seiner Schüssel und eben nicht mehr vom Tisch. Ist die Familie allerdings hoffnungslos „erziehbar", dann ist **Variante 3** eine gute Lösung: Hier liegt die Lösung im Management. Sobald alle am Tisch sitzen, muss der Hund das Esszimmer oder die Küche verlassen und die Tür wird hinter ihm geschlossen. Er darf erst wieder dazukommen, wenn alle fertig sind. Es ist für alle Familienmitglieder leichter, einen Hund beim Essen zu ignorieren, wenn er gar nicht erst im Raum ist.

Der Coonhound am Gartenzaun

Ich wollte unbedingt einen Coonhound, und in der Rassebeschreibung stand eigentlich nur ein Satz, der mich ein wenig zögern ließ, mir solch einen Hound zu holen. Es hieß: *„Wenn Sie einen Coonhound haben, haben sie lieber keine Nachbarn.“*

Dazu muss ich erklären, dass Hounds ein enormes Organ haben und die musikalische Eigenschaft zu „howlen“ anstatt zu bellen. Howling ist ein Jagdhundegeheule, das unsere Vorfahren bei diesen Hunden selektiert haben, um sie kilometerweit bei der Jagd in den Wäldern zu hören. Es hat etwas vom Klang eines Nebelhorns bei der Schifffahrt. Man sieht es nicht kommen und wird plötzlich von einer sehr lauten und tiefen Tonvibration überrascht.

Als dann der kleine Franz Josef mit acht Wochen bei uns einzog, machte ich mich schon auf das Schlimmste gefasst und setzte mir das Ziel, aus ihm einen „ruhigen Coonhound“ zu machen. Ich dachte mir, auf der Jagd soll er ruhig howlen, da es Teil seines Jagdverhaltens ist. Doch zu Hause im Garten brauche ich das nicht, genauso wenig wie meine Nachbarn. Die Mission „ruhiger Coonhound“ konnte also beginnen. In den ersten Monaten gab es keinen Grund, im Garten laut zu werden. Aber mit neun Monaten fing er an, bei Fußgängern zu howlen, die direkt am Gartenzaun vorbei liefen.

Deshalb schmiedete ich einen Plan! Sobald Franz Josef Richtung Gartenzaun rannte, um zu howlen, ging ich zu ihm, platzierte mich zwischen ihn und dem Zaun und schickte ihn wieder ins Haus. Dabei blieb ich ruhig, entspannt und souverän. Denn ich wollte ihm vorleben, dass mich die Tatsache, dass andere Menschen an unserem Grundstück vorbeilaufen, in meiner Stimmung nicht beeinflusst. Dennoch musste ich penetrant bleiben und ihn mit Handzeichen und dem Signal „Ab rein!“ zurück ins Haus schicken. Auch hier galt: War ich nicht in der Nähe, konnte ich ihn auch nicht erziehen.

Deshalb wurde Franz Josef nur in den Garten gelassen, wenn ich in der Nähe war. Das habe ich sehr konsequent durchgezogen und zwei Monate später brauchte ich nur noch freundlich „Franz Josef – Ab rein!“ zu rufen und er ließ sofort alles stehen und liegen und trabte zurück ins Haus. Gab es ein Leckerchen dafür? Nein. Nur ein anerkennendes „So ist er fein“.

Ein Leckerchen, für das der Hund das Bellen beendet und ins Haus kommt, birgt die Gefahr, dass er eine Handlungskette aufbaut und das wollte ich tunlichst vermeiden. Eine Handlungskette bedeutet in diesem Fall, dass er lernt: „Wenn ich draußen howle, ruft sie mich ins Haus und ich bekomme dafür Futter.“ Ich wollte nicht riskieren, dass er lernt, mit dem Howling sein zweites Frühstück zu verdienen.

War ich dann mit ihm im Garten und er fing an, leise zu brummeln, wenn jemand kam, oder er reckte seinen Hals in die Höhe, habe ich ihn gleich mit meinem leisen Abbruchsignal davon abgehalten und so durfte er im Garten bleiben. Ignorierte er mein Abbruchsignal, durfte er sofort wieder ins Haus. Ende der Veranstaltung.

Das Training war zwar aufwändig, da ich die erste Zeit selbst sehr aufmerksam sein musste, um konsequent zu sein. Doch auch hier zahlte sich meine Mühe aus und sein Howling war wirklich zu einer Seltenheit geworden. Ich hatte es geschafft – ich hatte einen ruhigen Coonhound.

Die Schlappohr-Alarmanlage

Doch dann zog Zwergdackel Zwieback ein und die Dynamik änderte sich. Auch Dackel haben das angeborene Bedürfnis, auf ihrem Grundstück Alarm zu schlagen, wenn Eindringlinge vorbeikommen. Natürlich habe ich auch daran gearbeitet, mir einen „ruhigen Dackel“ zu erziehen. Doch zusammen haben Franz Josef und Zwieback die Einstellung, ganz harte Kerle zu sein und sagen mir sofort Bescheid, wenn jemand am Grundstück entlangläuft. Wenn meine Schlappohr-Alarmanlage anschlägt, hört man es noch bis hinunter ins Dorf. Interessant ist, dass beide allein im Garten sehr ruhig sind, nur gemeinsam zeigen sie hörbares Wachverhalten. Die Stimmungsübertragung unter den beiden ist einfach sehr gut ausgeprägt. Aber auch hier kennen beide die Regel. Sobald sie anschlagen, rufe ich ihre Namen in einer normalen Stimmlage und „Ab rein!". Sofort wenden sich beide vom Gartenzaun ab und trippeln wieder ruhig zurück ins Haus.

Arbeite ich von zu Hause, ist es also eigentlich sehr still bei uns, obwohl die Fußgänger nicht weniger werden. Muss ich jedoch ein paar Tage verreisen und mein Mann schaut nach den Hunden, wird unsere Hunde-Alarmanlage lauter und intensiver. Es gibt Tage, da möchte mein Mann einfach nur seine Ruhe haben, was auch sehr verständlich ist. Im Schichtdienst als Berufsfeuerwehrmann arbeitet er 24 Stunden am Stück und bekommt selten mehr als 2 Stunden Schlaf pro Nacht. Die ein oder andere Stunde versäumten Schlaf möchte er dann gerne zu Hause wieder nachholen. Doch lässt er bei schönem Wetter die Gartentür auf und Zwieback und Franz Josef fangen an, gemeinsam zu howlen und zu bellen. Darauf schreckt mein Mann reflexartig aus seinem Halbschlaf hoch, regt sich auf, wird laut und schimpft die Hunde, in der Hoffnung, sie würden Respekt bekommen und wieder ruhig werden. Doch da irrt er sich jedes Mal gewaltig. Denn anstatt besser und ruhiger zu werden, schlagen die beiden noch zuverlässiger, häufiger und lauter an als sonst. Woran liegt das?

Du kennst bestimmt die übliche menschliche Reaktion auf bellende Hunde: „AUS!" – „RUHE JETZT!" – „SCHLUSS JETZT!" – „AUS!"

Die Bedeutung der Wörter sagen dem Hund in den allermeisten Fällen nichts, doch die Aussprache klingt selbst wie warnendes Gebell und die gereizte Stimmung des Menschen vermittelt dem Hund, dass wir seine Ansicht teilen und den auslösenden Reiz ebenfalls so bedrohlich bewerten wie er. Für den Hund scheint es, als würden wir mitbellen. Wir werden, ohne es zu wollen, „Partner in crime".

Bin ich dann wieder Zuhause, liegen ein paar Tage konsequenter Arbeit vor mir, um meine Hunde erneut daran zu erinnern, dass sie ruhig sein sollen. Dies ist ein typisches Beispiel, das uns zeigt, wie das unterschiedliche Verhalten der einzelnen Familienmitglieder der Hundeerziehung ein Beinchen stellen kann. Habe ich meinem Mann davon erzählt und ihm das erklärt? Ja natürlich, sogar mehrfach. Doch ist die Schicht lang und der Schlaf fehlt, reagieren die Reflexe, nicht der Verstand. Das ist bei Hunden auch nicht anders. Ich erinnere ihn dann schon im Voraus daran, die Hunde einfach im Haus zu lassen und die Gartentür zu schließen. An manchen Tagen, wenn ich ihn wegen des Hundegebells doch schimpfen höre, frage ich ihn: *„Schatz, möchtest du nur mitbellen, oder willst du, dass die Hunde ruhig werden?"* Daraufhin hört mein Mann auf zu schimpfen, grummelt ein bisschen und legt sich wieder hin, während ich die Hunde wie gewohnt ins Haus rufe. Sie bleiben dann einfach drin, bis mein Mann wieder wach ist. Werde ich böse auf meine Hunde? Nein, denn ich verstehe die Ursache und das Prinzip. Werde ich auf meinen Mann böse? Nein, denn ich verstehe die Ursache und das Prinzip.

Bei all diesen Beispielen und bei allen anderen Fallgeschichten in diesem Buch wird klar, dass unsere Inkonsequenz oft die Ursache dafür ist, dass unsere Hunde verschiedene und störende Verhaltensweisen zeigen. In dem Moment, in dem uns das bewusst wird, verstehen wir das Tier und können ihm eigentlich nicht mehr böse sein. Im besten Fall motiviert es uns, an unseren eigenen konsequenten Fähigkeiten zu feilen.

AUF WEN SOLL DER HUND HÖREN?

Noch ein weiteres und sehr effektives Rezept, wie man seinen Hund auf dem Spaziergang erfolgreich verwirren und ihn zuverlässig daran hindern kann, unsere Anweisungen zu befolgen.

Aus der Praxis

Herr und Frau Lehmann lieben es, gemeinsam mit ihrem Mischlingsrüden Tommy spazieren zu gehen. Tommy ist ein toller Hund und er ist sehr entspannt im Freilauf. Nur machen es ihm seine Menschen oft unmöglich, ihren Anweisungen zu folgen. Das Ehepaar Lehmann suchte mich auf, da Tommy an manchen Tagen einfach nicht hören wollte.
Ich begleitete sie also auf einen ihrer Spaziergänge und während wir uns unterhielten, kam ein Jogger in Sicht. Herr Lehmann rief sofort „Tommy, HIERHIN!" und zeitgleich rief Frau Lehmann „Tommy – Auf die Seite!" Natürlich reagierte Tommy, doch nicht so, wie beide es sich erwünscht hätten. Der Mischling blieb mitten auf dem Weg stehen und schaute seine Menschen im Wechsel an. Die beiden Hundehalter wiederholten ihre unterschiedlichen Anweisungen, doch nichts geschah, außer, dass der Jogger einen Bogen um Tommy machen musste, da dieser sich kein Stück von der Stelle bewegte. Wir gingen weiter und ein paar Minuten später lief Tommy etwas weiter voraus und schnappte sich einen Pferdeapfel vom Boden. Da ging es wieder los. Frau Lehmann brüllte: „Tommy, NEIN – AUS – PFUI!" und Herr Lehmann rief zur selben Zeit mit Nachdruck: „Tommy, HIERHIN!" Wieder blieb Tommy verdutzt stehen und Herr Lehmann musste zu ihm hingehen und ihn anleinen, um ihn von den Pferdeäpfeln wegzuholen. Etwas später ließen wir Tommy wieder frei und beim nächsten entgegenkommenden Reiz, es war ein Pferd mit Reiter, bat ich das Ehepaar Lehmann, ruhig zu sein und mir das Kommando zu überlassen. Ich rief freundlich „Tommy, Hierhin" und Tommy kam ohne zu zögern freudig auf mich zu.

Tommy war ein sehr kooperativer Hund, der alles richtig machen wollte. Doch wie sollte ihm das gelingen, wenn er zwei unterschiedliche Anweisungen von zwei Personen zur selben Zeit bekam? Also erklärte ich den Lehmanns das Problem und es fiel ihnen wie Schuppen von den Augen. Damit es beiden in Zukunft leichter fallen würde, aus ihrem Verhaltensmuster „Tommy gleichzeitig ansprechen" rauszukommen, stellten wir folgende Regel auf: Derjenige, der den Hund an der Leine führt oder die Leine vom Hund trägt, ist auch derjenige, der dem Hund die Anweisung geben darf. Der ohne Leine darf höchstens den Leinenträger (also den Anweisungsgeber) auf eine Situation aufmerksam machen, aber selbst nichts sagen. Wer die Leine hält, ist dem Ehepaar überlassen. Sie können gerne während des Spaziergangs die Leine untereinander wechseln. Diese Lösung erinnert an ein Versammlungsritual indigener Völker. Oft setzen sie einen „Talking Stick" bei Besprechungen oder Konferenzen ein, um eine allgemeine Ordnung und Fairness zu bewahren. Der sogenannte Redestab gibt einer Person so lange das Rederecht, bis sie den Stab wieder in der Runde weiterreicht.
Herr und Frau Lehmann sind ein Beispiel für tausend andere Hundehalter da draußen, die ihren Hund verwirren, indem mehrere Menschen gleichzeitig dem Hund unterschiedliche Anweisungen geben. Das Kurioseste, was ich diesbezüglich erlebt habe, war eine fünfköpfige Familie, die alle gleichzeitig ihrer kleinen Wolfspitzhündin fünf unterschiedliche Anweisungen hinterherriefen. Natürlich ohne Erfolg. Die Kinder der Familie fanden das Spiel mit der „Redeleine" so cool, dass sie selbst eine Reihenfolge untereinander ausmachten, damit jeder mal die Leine tragen durfte, um dem Hund eine Anweisung zu geben.

DER LEINE LANG INKONSEQUENT

Hunde sind zu einer enormen Zugkraft an der Leine fähig und beweisen meist eine hohe Ausdauer dabei. Wir alle kennen das, wenn ein Spaziergang zum wahren Kraftakt für beide Seiten wird. Warum

Hunde an der Leine ziehen, hat unterschiedliche Gründe. Daher gibt es viele verschiedene Übungen, um Hunden beizubringen, locker an der Leine zu laufen. Wirkung haben die Übungen zur Leinenführigkeit erst dann, wenn wir diese auch konsequent umsetzen, versteht sich. Doch das ist besonders innerhalb einer Familie gar nicht immer möglich.

Konsequent wäre, bei angespannter Leine immer entsprechend zu reagieren oder einen Hund gar nicht erst ziehen zu lassen, solange wir ihn an der Leine führen. Das erfordert eine hohe Aufmerksamkeit und Konzentration seitens des Hundehalters und natürlich auch vom Hund selbst. Würde ein Spaziergang an der Leine nur fünf Minuten dauern, könnten wir uns erfolgreich auf die Leinenführigkeit konzentrieren und mit unserem Hund trainieren.

Doch die Realität sieht oft ganz anders aus. Spaziergänge dauern meist länger, es gibt unterwegs reichlich Ablenkung und Reize, die den eigenen Hund in Aufregung versetzen. Je aufgeregter der Hund ist, umso eher kommt er in Zug und es wird anstrengender für ihn, sich darauf zu konzentrieren, die Leine locker zu halten.

Wenn das Leben dazwischenkommt

Sind wir mal ehrlich, es gibt Situationen, in denen kann man nicht üben. Ein Beispiel: Eine Kundin von mir bringt jeden Morgen ihre Kinder zum Kindergarten und zur Schule. Ihren jungen Cockerspaniel nimmt sie mit, weil es gleichzeitig eine schöne Spaziergangrunde ist. Doch drei Kinder und einen jungen Hund im Straßenverkehr zu führen, ist, wie ein Sack Flöhe zu hüten. Wie soll man sich dabei auf die Leinenführigkeit konzentrieren. Überqueren alle zusammen den Zebrastreifen, kann man ja nicht einfach mitten auf der Straße stehen bleiben, um mit dem Hund zu trainieren, bis die Leine wieder locker ist. Kurz gesagt, es ist überhaupt nicht möglich, besonders mit einem jungen Hund, immer und überall Leinenführigkeit konsequent umzusetzen. Zudem ist die nächste Inkonsequenz-Falle schon vorprogrammiert, wenn eine Person in der Familie mit dem Hund bemüht ist, Leinenführigkeit zu üben, alle anderen, die mit dem Hund spazieren gehen, aber nicht. Das verwirrt den Hund und er wird vermutlich noch zappeliger an der Leine, als er sowieso schon ist. Dazu gibt es auch einen Satz, den sicher jeder kennt:

„Möchtest du deinem Hund Leinenführigkeit beibringen,
dann darfst du ihn niemals ziehen lassen und
musst mit dieser oder jener Methode darauf reagieren.
Ziehst du das auch nur einmal nicht konsequent durch,
dann war die ganze Mühe umsonst."

So logisch, wie diese Aussage auch klingen mag, verursacht sie auch jedem Hundehalter Stress, weil es im Alltag eben nicht immer umsetzbar ist, schon gar nicht mit einem jungen Hund. Außer man hat keine Kinder und geht auf dem Mond spazieren, wo es keine Ablenkung gibt. Da optimale Übungsbedingungen eine Seltenheit sind, brauchen wir eine andere Lösung, um konsequentes Training an der Leine möglich zu machen.

Management und Equipment

Ich möchte in diesem Buch keine speziellen Übungen zur Leinenführigkeit vorstellen, dazu gibt es bereits reichlich Fachliteratur. Doch mit einem einfachen Trick im Management und Equipment gelingt es jeder Familie, ihrem Hund ein entspanntes Laufen an der Leine beizubringen, trotz aller Widrigkeiten und Aufregung im Alltag.

Die Lösung für meine Kundin mit ihren drei Kindern und einem ziehenden jungen Cockerspaniel an der Leine war folgende: Wir statteten den Hund mit einem gut sitzenden Brustgeschirr und mit einem leichten, flachen und breiten Halsband aus. Für die Leine wählten wir eine Dreimeterleine am Stück, die der Kundin gut in der Hand lag.

Der Trick lag darin, den jungen Cockerspaniel nur am Halsband anzuleinen, wenn sie selbst konzentriert und motiviert war, mit ihm Leinenführigkeit zu trainieren. Die Halterin nahm sich am Anfang immer wieder ein paar Minuten Zeit, ohne Ablenkung zu üben und mit einem gemeinsamen Erfolgserlebnis aufzuhören. Sobald sie nicht mehr üben wollte oder konnte, weil die Konzentration des Junghundes nachließ oder weil er plötzlich durch einen anderen Hund abgelenkt wurde, hakte sie die Leine einfach wieder in das Brustgeschirr ein. Zog der junge Hund nun am Brustgeschirr, konnte sie ihn ziehen lassen, ohne sich Gedanken darüber zu machen. Auf diese Weise konnte sie am Halsband bezüglich der Leinenführigkeit immer konsequent sein und am Brustgeschirr braucht sie dies nicht.

Hunde können sehr wohl unterscheiden, ob sie am Halsband angeleint sind oder an einem gut sitzenden Brustgeschirr. Sie verstehen bald den Wechsel und sind dann am Halsband aufmerksamer und konzentrierter, an lockerer Leine zu laufen, als am Brustgeschirr. Ein zusätzlicher Vorteil ist, dass alle anderen Familienmitglieder den Hund ausschließlich am Brustgeschirr führen. Das Halsband wird nur mitgenommen, wenn beabsichtigt wird, zwischendurch gezielt Leinenführigkeit zu trainieren. Lernt der junge Hund im Laufe des Trainings, sich immer länger zu konzentrieren und die Leine locker zu halten, auch mit Ablenkung, dann braucht man in Zukunft den Wechsel vom Halsband auf das Brustgeschirr nicht mehr. Ich habe sogar schon sehr viele Hunde erlebt, die nach einigen Wochen sowohl am Halsband als auch am Brustgeschirr das Ziehen komplett eingestellt haben. Auf diese Weise kannst du später für dich entscheiden, ob du deinen Hund grundsätzlich am Brustgeschirr führen möchtest oder lieber am Halsband.

GUT ZU WISSEN

Ein ständiger Zug oder ein starker Ruck am Halsband belastet nicht nur die Halsmuskulatur und den Kehlkopf, sondern kann auch bleibende Schäden an der Wirbelsäule verursachen. Je dünner das Halsband, umso schlimmer. Besonders runde, seilartige Halsbänder haben die minimalste Auflagefläche und wirken wie ein starker Zwirn um den Hals.
Natürlich würde keiner seinen Hund am Halsband im Auto sichern, denn bei einer Vollbremsung wäre die Wirbelsäule durch. Auch Zughunde, die einen Schlitten ziehen, werden mit einem Brustgeschirr ausgestattet. Ein kräftiger Ruck am Brustgeschirr belastet zwar auch das Skelettsystem, doch verteilt sich der Druck wesentlich mehr und der Halsbereich bleibt unbeschadet. Aus diesem Grund haben wir uns entschieden, den jungen Hund lieber am Brustgeschirr ziehen zu lassen, aber am Halsband eben nicht.

Ausnahmen, die Kreativität erfordern

Ich hatte einmal einen Hund im Training, der konnte kein Halsband tragen, da er vom Tierschutz damals mit einem eingewachsenen Halsband gerettet wurde. Das Halsband konnte nur durch eine aufwändige Operation entfernt werden und es brauchte lange, um zu heilen. Sein Hals ist heute noch vernarbt und Haare wachsen an diesen Stellen auch nicht mehr. Das Tragen eines Halsbandes löste bei ihm Panik und Schmerz aus. Deshalb haben wir für die Leinenführigkeit nur innerhalb des Brustgeschirrs den Karabiner gewechselt. Vorne, wenn nicht geübt wurde, und zur Leinenführigkeit am hinteren Ring.

Das Gleiche gilt auch für Hunde, die große körperliche Verletzungen am Brustkorb hatten und kein Brustgeschirr mehr ertragen können. Es gibt auch vereinzelt Hunde, die ein psychisches Problem mit dem Tragen eines Brustgeschirrs haben. Sie gehen dann keinen

Schritt mehr weiter, bekommen einen Blick ins Leere und verhalten sich, als hätten wir einen Film auf Stopp gedrückt. Hier kann ich als Lösung zwei verschiedene Halsbänder empfehlen.

Dann gibt es noch ein weiteres Phänomen: Hunde, die bereits seit Jahren am Halsband durchgehend ziehen. Sie sind schon so konditioniert, dass sie sofort anfangen zu ziehen, wird die Leine am Halsband befestigt. Es ist sehr schwer, ihre Aufmerksamkeit zu bekommen, da sie sehr gestresst wirken. Wahrscheinlich auch, weil ihre Menschen bisher ständig mit starkem Ruck auf ihr Ziehen geantwortet haben. Auch in diesem Fall ist vom Halsband abzuraten und die Alternative Brustgeschirr zu wählen.

Schaffe dir bei der Leinenführigkeit eine Alternative, eine, die zu dir und vor allem zu deinem Hund passt, bei der du dich konsequent auf die Leinenführigkeit konzentrieren kannst. Somit erreichst du dein Ziel viel schneller und dein Hund beherrscht das Locker-an-der Leine-Laufen schneller, als du es erwartet hast.

Wenn deine Familie den Hund durch Inkonsequenz und unterschiedliche Vorstellungen verwirrt, dann finde eine einfache und gute Lösung für alle. Mal ist eine ehrliche Aussprache sehr hilfreich und das andere Mal ist das Einführen einer neuen Regel sinnvoll. Und wenn gar nichts hilft, weil sich die Familie nicht gut „erziehen" lässt, findest du immer eine Lösung im Management.

DER BLINDE FLECK

Eine gute Kommunikation mit dem eigenen Hund ist uns sehr wichtig. Sonst würdest du dieses Buch nicht lesen und ich hätte es nie geschrieben. Eine gute Kommunikation mit der Familie und besonders dem Ehepartner ist ebenfalls essenziell, besonders, wenn es darum geht, einen Hund gemeinsam zu erziehen. Aber warum fällt es uns leichter, mit unserem Hund klar zu kommunizieren, als mit unserem Partner? Diese Frage stellte sich im Nachhinein auch Frau Klemmer, die mit ihrem Mann bereits 40 Jahre lang verheiratet ist.

Aus der Praxis

Frau Klemmer, eine sportliche, jung gebliebene 60-Jährige, und ihr Ehemann waren begeisterte Riesenschnauzer-Fans, hatten nun ihren dritten Hund in Folge und somit reichlich Erfahrung mit dieser Rasse. Doch wie es so oft kommt, gerät man plötzlich an einen Hund, der sich nicht so leicht führen lässt wie all seine Vorgänger. Und sogleich kam der Satz, den ich als Hundetrainerin so oft zu hören bekomme: *„Mit dem vorherigen Hund hat alles viel besser funktioniert, der war ganz anders.“*

Das Ehepaar Klemmer lebt in einer gehobenen Wohnsiedlung mit Einfamilienhäusern. Jedes Haus hat einen eingezäunten Vordergarten und das Wohngebiet grenzt an Felder und Wald. Ideal für Hunde und Katzen, die in der Nachbarschaft zahlreich vorkommen. Frau Klemmer ist Hausfrau und verbringt die meiste Zeit mit ihrem Riesenschnauzer Justus. Morgens und Nachmittags geht sie mit Justus eine größere Runde spazieren und Herr Klemmer übernimmt stets die Abendrunde mit dem Hund.

Nun war Justus bereits 15 Monate alt und hatte sich zu einem stattlichen, kräftigen Kerl entwickelt. Frau Klemmer bat mich um einen Hausbesuch, da Probleme mit Justus auf ihren täglichen Gassirunden auftraten. Das jagdliche Interesse an den Katzen aus der Nachbarschaft entwickelte sich regelrecht zu einem ausgereiften Jagdfieber bei dem großen Riesenschnauzer.

Sah Justus eine Katze, war er fast nicht mehr zu halten. Er entwickelte enorme Kräfte und Frau Klemmer wurde zunehmend unsicher, mit ihrem Hund spazieren zu gehen. Ihr Ehemann nahm täglich das Auto, um zur Arbeit zu kommen. So konnte Frau Klemmer auch keine andere Gegend aufsuchen.

Wir trainierten mit Justus in den nächsten Wochen. Er lernte locker an der Leine zu laufen, ansprechbarer bei Katzen zu werden und ein Abbruchsignal, sollte er mal mit Vollgas wieder in die Leine springen. Frau Klemmer war sehr motiviert und setzte alle Übungen so gut sie konnte konsequent um. Und es fiel ihr zunehmend leichter, ihren Justus durch die Siedlung zu führen. Wir hatten große Erfolge und ich freute mich schon auf unsere nächste gemeinsame Trainingsstunde.

Einen Tag zuvor bekam ich einen Anruf von Frau Klemmer. Sie war gestern mit Justus spazieren, er sah eine Katze, riss mit solch einer Wucht in die Leine, dass sie unglücklich stürzte. Sie brach sich dabei ein Bein, ihre Schulter war ausgerenkt und das ganze dekoriert mit mehreren unschönen Schürfwunden. Sie musste noch einen Tag im Krankenhaus verbringen, schlug aber vor, dass ich doch ausnahmsweise mit ihrem Ehemann spazieren gehen könne. Er war ja schließlich noch nie im Training mit dabei.
Herr Klemmer war ein hochgewachsener, kräftiger Mann, der laut seiner Aussage keinerlei Probleme mit Riesenschnauzer Justus habe und er auch nicht wusste, warum sich seine Frau so anstelle.
Wir marschierten durch die Nachbarschaft und plötzlich passierte etwas, das meinen Kiefer vor lauter Entsetzen nach unten fallen ließ. Oben auf der Gartenmauer vom Nachbarn saß eine schwarz-weiße Katze. Justus hatte sie noch gar nicht bemerkt, aber Herr Klemmer sprach mit gespielter Spannung und motivierender Tonlage: *„Justus, wo ist die Katze? Miau! Wo ist die Katze?“* Der Hund stellte sofort die Ohren auf, spannte seinen ganzen Körper an, schaute sich hektisch und erwartungsvoll um, sah die Katze und sprang in ihre Richtung. Herr Klemmer lachte und hatte anscheinend keine Schwierigkeiten damit, den großen Hund zu halten, obwohl er kräftig an der Leine zog. Lachend musste er mir eingestehen, was sein Hund doch für ein Lausbub sei. Er hätte richtig Spaß mit Katzen, meinte er zu mir. Ich war immer noch baff und geschockt von dem, was ich gerade miterlebt hatte.
Als sich der Hund wieder beruhigte, fragte ich Herrn Klemmer: *„Ist Ihnen eigentlich klar, dass Sie der Grund sind, warum Ihre Frau den Unfall hatte und ins Krankenhaus kam?“*

Jetzt war er baff und meinte: „*Nein, warum sollte ich der Grund gewesen sein? Ich war doch gar nicht dabei.*“
Ich erklärte ihm alles. Wir sprachen über die Katzen und warum seine Frau meine Hilfe in Anspruch nahm, wie viel Mühe sie bisher in alle Übungen gesteckt hatte und wie er gegen die mühevolle Konsequenz seiner Ehefrau unwissend gearbeitet hatte, indem er regelmäßig den Hund auf Katzen hetzte, nur weil er es so lustig fand. Und dass seine Frau den Hund an diesem besagten Tag mit aller Kraft halten wollte, doch Justus so im Jagdfieber war, dass er sie einmal quer über den Bordstein geschleift hatte. Jetzt war Herr Klemmer seinerseits erschrocken, denn er hatte von all dem nichts gewusst.
Es ist schon beeindruckend, wenn man 40 Jahre lang verheiratet ist, nicht miteinander redet oder das Zuhören anscheinend verlernt hat. Eine klare Aussprache bezüglich der Problematik mit Justus und den Katzen hätte allen helfen können und der Ehefrau den Krankenhausaufenthalt erspart.
Als Trainerin hatte ich mir zu Beginn zwar ein klares Bild von der gesamten Situation mit Justus gemacht, nur den Ehemann hatte ich nicht mit berechnet, auch deshalb nicht, da Frau Klemmer nie viel über ihren Mann erzählt hatte. Es war ein blinder Fleck, der sich mir leider erst zum Schluss offenbarte.
Drei Monate später fingen wir langsam mit dem Training wieder an, nur diesmal waren wir immer zu dritt. Meine neuen Trainingsbedingungen habe ich ganz klar definiert: Kein Training ohne Herr Klemmer! Ich bekam sogar den Eindruck, dass durch das gemeinsame Hundetraining die Beziehung zwischen Herrn und Frau Klemmer vertrauter wurde. Auch die Tatsache, dass Herr Klemmer in der Heilungsphase seiner Frau, sie immer beim Spaziergang mit Justus begleiten musste, schweißte beide wieder zusammen. Justus' Interesse an Katzen schwächte sich immer mehr ab und Herr Klemmer legte seinen „Katzenspaß“ aus Liebe zu seiner Frau beiseite.
Eine gute Kommunikation mit seiner Familie, ist genauso wichtig, wie eine klare Kommunikation mit dem eigenen Hund. Miteinander reden kann das Leben leichter machen und die Ziele mit dem Hund erreichbar.

KAPITEL 16

KONSEQUENZ IN DER MEHRHUNDEHALTUNG

Eine chaotische, inkonsequente Beziehung zu einem einzigen Hund lässt sich in manchen Fällen vielleicht noch überspielen und ertragen, ohne in Frustration zu versinken. Mit zwei, drei, vier oder mehreren Hunden kann man sich das nicht mehr erlauben.

Gibt es in der Mehrhundehaltung keine Ordnung, Klarheit und feste Regeln unter den Hunden und mit dem Menschen, liegen die Nerven schnell blank. Andererseits kann eine konsequent geführte Hundegruppe leichter zu handeln sein als ein Einzelhund, der keine Führung bekommt.

CHAOS NICHT NUR AN DER FUTTERSCHÜSSEL

Aus der Praxis

Ich erinnere mich an eine junge Frau namens Sybille, die mit ihren sieben Hunden in mein Training kam. Eine ziemlich bunte Truppe hatte sie dabei – einen Dalmatiner, ein Schäferhund-Dackel-Mischling, ein Molosser, zwei kleine Terrier-Mischlinge, einen Collie-Mix und einen Podenco-Mischling aus Spanien.

Der Älteste war 12 Jahre und der Jüngste 15 Monate. Die Hundehalterin arbeitete eng mit dem Tierschutz zusammen und versagte jedes Mal als Pflegestelle, weil sie die Hunde nicht mehr abgeben konnte.

Wir trafen uns an einem beruhigten Dammweg und während sie alle Hunde aus dem Auto holte, war von Ruhe keine Rede mehr. Die Ersten sprangen schon umher, während andere noch ausstiegen. Einer wurde gleich über den Haufen gerannt und ein Terrier stand nur da und bellte. Der jungen Frau war anzumerken, dass sie Kummer gewohnt war. Sie war zwar genervt von den Hunden, hatte sich aber eine dicke Haut zugelegt. Beim Spaziergang, alle liefen frei, konnten wir uns gar nicht in Ruhe unterhalten, da sie immer irgendeinem der Hunde ein Kommando gab oder ein Verbot aussprach. Manchmal fühlten sich die angesprochenen Hunde gar nicht angesprochen, dafür beschwichtigte einer der anderen die angespannte Stimmung von Frauchen.
Ich machte mir auch ein Bild vom gesamten Alltag, sowohl von den Abläufen im Freien, als auch im Haus. Selbst im Haus war die Unruhe groß, nur wenn alle schliefen, war es still. Sieben Hunde waren nicht geplant, sondern es hatte sich einfach so ergeben, aus Tierliebe. Was der Hundehalterin jedoch fehlte, war das Wissen, wie man mit aller Tierliebe Ordnung in den Haufen bekommt.

Ich erzählte Sybille Folgendes: „*Wenn das meine Hunde wären, würde ich während des Tages genau beobachten, wo und wann es Auslöser gibt, in denen die Gruppe unruhig wird und in die Aufregung kommt. Genau da würde ich mit der Erziehung anfangen, Regeln aufbauen und einfordern. Und um eine faire, klare und einfache Ordnung in die Truppe zu bringen, fange ich an, die gesamte Hundegruppe als EINEN Hund zu betrachten. Es wird keiner bevorzugt und keiner vernachlässigt. Das, was für den einen gilt, gilt auch für die anderen.* “
Unter uns, ich habe schon einzelne Hunde erlebt, die sind, wie man so schön sagt, „eine ganze Handvoll“. Die kommen beim Spaziergang auf so viele Ideen und haben eine nicht enden wol-

lende Quelle an Energie, dass man das Gefühl hat, man würde tatsächlich mit sieben Hunden spazieren gehen. Doch Sybille hatte wirklich sieben unterschiedliche Charaktere, die es zu bändigen galt.
Sybille zählte die Punkte auf, die ihren Puls beschleunigten: *„Es ist grundsätzlich zu den Fütterungszeiten, zu den Spaziergehzeiten und wenn Besuch kommt und es an der Tür klingelt."* Sie erklärte mir, dass sie zwar auch Grenzen setze, aber nicht allen gleichzeitig, sondern nur an denjenigen, die völlig aus der Reihe tanzen.

Rannte einer vom Weg in die Büsche, folgten sofort drei andere Hunde. Und daraufhin folgte Sybilles Rufen und Schimpfen. Deshalb trainierten wir als Erstes, Bewegungsgrenzen einzuhalten. Ihr könnt euch noch an die Geschichte mit Smilla und dem Bürgersteig erinnern (siehe S. 111 f.)? So ähnlich trainierten wir das auch mit Sybilles Hunden. Sobald einer von Sybilles Hunden auch nur überlegte, vom Weg herunterzugehen, waren wir zur Stelle, stellten uns mit offenen Armen zwischen Hund und angrenzende Wegfläche, blieben ruhig und entspannt, zeigten ihm aber deutlich, dass er auf dem Weg bleiben musste. Schaute der Hund ungeduldig an uns vorbei, ganz nach dem Motto: *„Geh mir aus dem Weg Frauchen, du stehst mir im Bild!"*, hat einer von uns ihn angestupst und mit einem „Kscht" korrigiert. Sobald der Hund von seiner Idee abließ und wieder auf dem Weg war, haben wir ihn mit einer ruhigen Stimme gelobt. Auch hier haben wir einen starren Blickkontakt tunlichst vermieden. Wir schauten nur kurz zum einzelnen Hund und dann blickten wir dorthin, wohin der Hund gehen sollte, und zwar auf den Weg. Nach einer Viertelstunde klarer und konsequenter Ansage unsererseits hatten wir schon viel mehr Ruhe in die Truppe bekommen. Das Ausbüxen in die angrenzenden Wiesenflächen wurde immer weniger interessant für die Hunde und Sybille musste gar nicht mehr rufen. Nun lag es an ihr, diese neuen Bewegungsgrenzen als Regel bei all den nächsten Spaziergängen mit ihrer Hundegruppe konsequent einzufordern.

Mein nächster Besuch fand bei ihr zu Hause statt. Ich schaute mir die „Raubtierfütterung“ an und es war ein Gefiepse, Gejammere, Gebelle, Hin- und Hergelaufe und Hochspringen, als würden sich 100 hungrige Hounds einer Jagdmeute aufs Futter freuen. Ihre Küche war zudem gar nicht so groß, und alles war sehr eng, wenn die Hunde ihre Erwartungsaufregung feierten. Auch hier musste Ordnung durch eine Bewegungsgrenze eingebaut werden. Ihre Küche hatte zwei Zugänge. Die eine Tür führte in den Hausflur und die andere in den Garten. Wir führten also eine neue Regel ein: Sobald die Hundeschüsseln zum Auffüllen auf die Küchenzeile gestellt wurden, mussten sich alle Hunde in den Hausflur begeben. Die goldene Türleiste wurde zur goldenen Grenze ernannt. Das war die Kante, über die von diesem Tag an keine einzige Kralle ragen durfte. Ich schickte bestimmt, aber freundlich alle Hunde mit Körpersprache aus der Küche. Wenn einer von ihnen wieder reinkommen wollte, blockte ich ihn mit meiner Körperhaltung aus und ging wieder einen Schritt auf ihn zu, damit er merkte, dass er die Grenze beachten musste. Ich gebe zu, das Jonglieren mit sieben Bällen wäre wohl einfacher gewesen, als bei sieben Hunden eine ganz neue Grenze einzufordern. Man darf die Tatsache nicht außer Acht lassen, dass sie sich seit Monaten, und manche von ihnen sogar seit Jahren, dieses unruhige Verhalten in der Küche angewöhnt hatten.

Bekamen die Hunde ein Kommando wie „Raus“, „Ab“, „Sitz“ oder „Bleib“? Nein, da sich die Hunde in Zukunft schon von sich aus in den Hausflur zurückziehen sollten, sobald die Futterschüsseln auf die Küchenzeile gestellt wurden, wurde genau diese Tatsache zum Signal für die Hunde. Hatte Sybille alle Schüsseln aufgefüllt und jede Schüssel stand an einem bestimmten Platz auf dem Küchenboden, wurden die Hunde einzeln bei ihrem Namen aufgerufen. Der Ruhigste wurde zuerst aufgerufen. Sie stellte ihm seine Schüssel an einem für ihn festgelegten Platz ab und er durfte in die Küche kommen, um zu fressen.

Die Näpfe stellte sie von nun an immer in der gleichen Reihenfolge auf die bestimmten Plätze, damit die Hunde ihren Napf sofort fanden und nicht geneigt waren, zu einem der anderen Plätze zu laufen. Wer aufgefressen hatte, durfte sofort aus der anderen Tür hinaus in den Garten, damit die anderen in Ruhe fressen konnten. Waren schließlich alle Hunde im Garten, konnte Sybille die Futterschüsseln einsammeln und aufräumen. Danach ließ sie alle Hunde zurück ins Haus und jeder durfte sich wieder frei bewegen. Bei diesem Hausbesuch trainierten wir diesen Ablauf dreimal. Jede halbe Stunde, mit nur einer kleinen Portion in der Schüssel. Da Sybille allein mit ihren sieben Hunden lebte, mussten wir einen sauberen Start üben. Denn am nächsten Tag war sie mit ihren Hunden wieder allein in der Küche.
Die ersten Tage waren sehr anstrengend für Sybille. Doch als ich sie vier Wochen später besuchte, führte sie mir eine entspannte Hundefütterung von sieben Hunden vor. Ich war beeindruckt, wie Sybille das mit ihren sieben Schützlingen geschafft hatte. Ihre Motivation, mehr Ruhe in die Truppe zu bringen, war sehr hoch, da sie keinen ihrer Hunde abgeben wollte. Somit war ihr bestes Trainingswerkzeug ihre souveräne Konsequenz. Und derselbe Vorgang wurde auch beim Ein- und Aussteigen ins bzw. aus dem Auto geübt und beim Gartentor.

Ein paar Monate später waren wir wieder gemeinsam spazieren und die gesamte Atmosphäre mit allen Hunden im Freilauf war wesentlich entspannter. Sybille hatte kaum rufen müssen und wir konnten uns in Ruhe unterhalten. Sie zeigte mir Videos von ihren Alltagsritualen mit ihren Hunden, bei der Fütterung und in allen anderen Situationen, bei denen es sonst zu Unruhe unter allen Hunden kam. Doch nun gab es eine Verhaltensstruktur, an die sich die Hunde halten konnten, und sie waren eine richtig coole Truppe geworden. Die Hunde waren untereinander friedlicher und das Bellen bei Besuch hatte abgenommen, obwohl sie das gar nicht im Fokus ihres Trainings hatte.

Die Idee mit der Fütterung, so wie ich es mit Sybille aufgebaut habe, stammt von einer lieben Hundetrainer-Kollegin, die selbst 12 eigene Hunde hat – vom Dackel bis zum Leonberger. Ich durfte sie für ein paar Tage besuchen und habe ihre Hundefütterungen miterleben dürfen. Ich war begeistert, wie entspannt 12 Hunde zur Fütterungszeit waren und wie jeder zuverlässig nur seine eigene Hundeschüssel aufsuchte, ohne den anderen etwas zu stibitzen. Es gab auch keinerlei Futteraggressionen, obwohl alle nebeneinander im selben Raum ihr Futter bekamen.

Führt man mehrere Hunde, muss man sich seiner Verantwortung den Hunden gegenüber bewusst werden. Vielleicht sind die Regeln etwas enger gestrickt, als bei einem Hund, doch profitiert die Hundegruppe und jeder einzelne Hund davon, wenn Harmonie durch das Einhalten von Regeln und Ritualen bewahrt werden kann.

KLAPPE AUF UND WEG!

Aus der Praxis

Frau Weiß parkte ihren Kombi im Wald. Im Kofferraum saßen hechelnd und fiepsend drei Labrador Retriever. Sie konnten es kaum erwarten, auszusteigen und zu laufen. Frau Weiß wechselte erst ihre Schuhe, zog sich ihre Jacke an, packte Hundepfeife, Leinen und Leckerchen ein und ging ums Auto, um die Heckklappe zu öffnen. Das Gewusel im Kofferraum wurde wilder. Sie öffnete die Klappe einen kleinen Spalt und versuchte mit einem lauten, scharfen „Sitz“ und „Bleib“ die Aufregung der Hunde einzudämmen. Einer von ihnen setzte sich hin, die anderen versuchten, sich durch den Spalt zu quetschen. Frau Weiß wiederholte ihr Anweisungen, jetzt aber mit ein wenig mehr Ernsthaftigkeit und Strenge. Der Zweite setzte sich hin, dafür stand der Erste wieder auf und wuselte mit dem Dritten herum. Sie hielt eine Hand blockend vor die

Hunde, öffnete die Heckklappe vorsichtig, musste dabei einen Hund zurückschubsen und wurde immer lauter mit ihren umfangreichen Anweisungen. *„Henry, lass das. Ruhig jetzt, setz dich hin! – Sam, du auch, Sitz, Siiiitz, Bleeeeeiiiiiib!!! – Meilo, du bleibst HIER!, Wehe dir, Sitz jetzt! BLEIB!"* Sie öffnete die Tür etwas weiter und Meilo sprang wie ein Düsenflieger heraus, Sam gleich hinterher, Frauchen schimpfte und fluchte, während sie noch versuchte, Henry an die Leine zu nehmen. Dann machte Henry einen Satz, ohne auf eine Anweisung zu warten, und zog Frauchen an der Leine hinter sich her. Auch er wollte dahin sausen, wo seine Kumpels bereits waren. Es hatte keine 60 Sekunden gedauert und Frau Weiß war schon völlig genervt von ihrer Labi-Bande.

Dieses Szenario wird dir auf die ein oder andere Weise bestimmt bekannt vorkommen. Ich habe schon die wildesten „Hund-aus-dem-Kofferraum-Szenen" erlebt. Es ist immer eine Show, wie sich Hund und Mensch abarbeiten können, während die Aufregung die Führung übernimmt.

Aufregung ist hier das Stichwort. NUR mit dem Hund spazieren zu gehen ist entspannt, einfach und die Führung leicht. Aber mit einem Hund UND seiner Aufregung spazieren zu gehen wird schon erheblich komplizierter und anstrengender. Ein aufgeregter Hund bellt Leute an, verfällt leichter ins Jagdverhalten, zieht mehr an der Leine und ist weniger aufmerksam und schlecht ansprechbar.

Mich erinnert diese Situation stark an einen Motto-Spruch aus dem Internet: *„Wenn ich sauer bin, lege ich mir einen Umhang um die Schultern. Dann bin ich SUPERSAUER!!!"* Damit wird auf Clark Kent Bezug genommen, der sich in SUPERMAN verwandelt, mit seinem blauen Superheldenkostüm, seinem leuchtend roten Umhang, um dann mit seinen übernatürlichen Kräften erneut die Welt zu retten. Manche Hunde haben dieses Motto für sich umgeschrieben: *„Bin ich aufgeregt, lege ich mir einen Umhang um die Schultern. Dann bin ich*

SUPERAUFGEREGT!" Aufregung kann auch einem Hund Superkräfte verleihen. Besonders an der Leine wird er so kräftig, dass er einen Jeep aus dem Schlamm ziehen könnte. Ein entspannter Hund zieht nicht an der Leine. Ich habe auch noch nie einen entspannten Hund jagen sehen. Hunde brauchen eine gewisse Grundaufregung, um überhaupt erst bestimmte Verhaltensweisen ausleben zu können. Also wäre es besonders für all die vierbeinigen superaufgeregten Kandidaten da draußen eine Bereicherung, mehr zur Ruhe zu kommen und ihre Aufregung abzulegen.

Kommt der Hund bereits an der Wohnungstür in Aufregung, dann ist die Chance groß, dass er dich gleich durchs Treppenhaus zerrt, um so schnell wie möglich die Haustür zu erreichen. Das Gleiche gilt auch für die Aufregung im Kofferraum. Wenn der Hund sich im Kofferraum mit seiner Aufregung kleidet und immer unruhiger wird, ist es logisch, dass er diese Aufregung auch auf dem restlichen Spaziergang ausleben wird.

Wie bekommt man mehr Ruhe in den Hund?

Wir etablieren eine neue Regel. Das Ziel lautet: Öffnet sich die Kofferraumtür, dann öffnet sich nur die Kofferraumtür. Das heißt nur, dass sie geöffnet ist, aber es heißt noch lange nicht, dass man hinausspringen darf. Erst auf Erlaubnis darf der Hund aus dem Auto springen. Auch hier gebe ich keinerlei Signale oder Anweisungen, dass er bleiben oder sitzen soll. Öffne ich den Kofferraum oder die Autotür, sage ich nichts und schaue meinem Hund auch nicht in die Augen. Je mehr ich rede, umso mehr Unruhe verursache ich und der Hund dockt mit an. Ein Blickkontakt könnte der Hund als Aufforderung zum Herausspringen missverstehen. Auch hier ist es für uns Hundehalter mal wieder leichter, da wir viel weniger machen müssen, als wir bisher gemacht haben und trotzdem erreichen wir mehr. Denn der Hund kann ohne Signal nur im Kofferraum warten, trotz geöffneter Tür, wenn er einigermaßen entspannt ist. Diese Regel hilft dem Hund, sich selbst zu beruhigen und immer weniger in solchen Situationen in Aufregung zu kommen. Wie aber haben wir jetzt mit den drei Labradoren trainiert?

Fortsetzung: Aus der Praxis

Auf mein Anraten rief Frau Weiß ihre Hunde und sie ließ alle wieder in den Kofferraum einsteigen. Wir fuhren mit ihrem Auto ein Stück weiter in den Wald und parkten ab. Die drei im Kofferraum wurden wieder unruhig. Wir stiegen aus und ich blieb am Kofferraum für einen Moment stehen, um zu warten, ob sich ein wenig Ruhe unter den Hunden einstellte. Dann öffnete ich den Kofferraum halb, ohne zu reden und ohne direkten Blickkontakt zu den Hunden. Sie wurden hektisch, unruhig und wollten durch den Spalt. Ich schloss die Heckklappe wieder vorsichtig, wartete einen Moment und öffnete sie dann wieder einen Spalt. Ich sah, wie sich die Hunde schon innerlich bereit machten loszuspringen. Daraufhin schloss ich die Klappe erneut, machte eine kleine Pause und wiederholte diesen Ablauf einige Male. Es verging bestimmt eine Viertelstunde und nach dem zwanzigsten Mal wurden die Hunde eindeutig ruhiger. Nun öffnete ich die Heckklappe ganz und beobachtete die drei Labradore nur aus meinem Augenwinkel. Sobald sich einer anspannte und sich mit seinem Gewicht nach vorne lehnte, um zum Sprung anzusetzen, schubste ich ihn impulsartig mit der flachen Hand an seiner Brust zurück und kombinierte es mit dem „Nein", das Frau Weiß mit ihren Hunden bereits aufgebaut hatte. Ich schloss erneut die Heckklappe und machte wieder eine Pause.

Die Pausen dazwischen können ruhig 30 Sekunden dauern oder mehrere Minuten. Sie sind aber essenziell für den Lerneffekt. Würde man die Heckklappe auf und zu, auf und zu, auf und zu machen ohne Pause, besteht die Gefahr, die Hunde total aufzuheizen und aufzuregen.

Pausen nach einer Korrektur sind genauso wichtig wie die Korrektur selbst. Der Hund, in diesem Fall die Hunde, brauchen die Pause, um nachdenken zu dürfen und um zu realisieren, was hier gerade passiert. Das gehört zum Lernprozess. Zudem sorgen Pausen für Ruhe und das ist ja genau das, was der Hund braucht, um seine Aufregung herunterzufahren. Hundehalter, die keine Pausen zwischen den Korrekturen einhalten, haben es stressiger mit dem Hund und weniger Erfolg.

Fortsetzung: Aus der Praxis

Erneut öffnete ich die Kofferraumtür, stemmte sie ganz nach oben und nun zuckte nur noch einer der drei Labis. Sofort korrigierte ich ihn und schloss wieder vorsichtig die Tür. Beim dritten Mal wollte der Jüngste wieder hinausspringen und ich reagierte erneut. Beim vierten Mal sprang der Älteste der Labis hinaus. Wir sammelten ihn wieder ein und ließen ihn zu den anderen beiden einsteigen. Beim fünften Mal warteten sie erstaunlich geduldig und ich gab das vorher vereinbarte Signal zum Aussteigen. Frau Weiß sagt immer „Hopp raus“. Wir gingen eine Runde mit der Labrador-Bande spazieren und fuhren dann wieder zurück zum Waldeingang, um das Training zu wiederholen. Jetzt dauerte es nur 8 Minuten und wir konnten die Hunde auf Signal aussteigen lassen.

Wir trafen uns vier Wochen später und das Aussteigen war viel gesitteter und ruhiger. Frau Weiß öffnete jetzt ihren Kofferraum und fing dann erst an, ihre Schuhe zu wechseln und ihre Hundetrainingssachen einzupacken. Bis dahin warteten ihre drei Labis geduldig im Kofferraum. Sie gab ihnen das Signal „Hopp raus“ und die Hunde sprangen hinaus, waren aber viel ruhiger und rannten auch nicht gleich los. Ein großer Erfolg in dieser kurzen Zeit. Konsequenz zahlt sich immer aus. Am Übungsanfang sind wir mit unserer Konsequenz gefordert, doch ist das Ziel erreicht, können wir uns wieder zurücklehnen und entspannen. Nur an die Absprachen müssen wir uns selbst immer halten.

Aufregung mit Regeln und Ritualen bei Hunden abzubauen, ist ein wertvolles Instrument. Ganz besonders in der Mehrhundehaltung ist Aufregung unter den Hunden ansteckend und verbreitet sich wie ein Lauffeuer. Dieses gilt es einzudämmen, um den „Weltfrieden" in den eigenen vier Wänden wieder herzustellen.

KAPITEL 17

MIT RITUALEN ZUR KONSEQUENZ

Rituale sind Handlungsabläufe, die immer in derselben Reihenfolge ausgeführt werden. Wir Menschen leben auch unsere täglichen Rituale. Manche schwören auf ihre Morgenrituale gleich nach dem Aufstehen, und andere haben „Zu-Bett-geh-Rituale" für ihre Kinder.

MEHR STRUKTUR IM TAGESABLAUF

Es kommt nicht von ungefähr, dass sowohl Menschen als auch Hunde bewusst oder unbewusst Rituale leben. Rituale geben Sicherheit, sie geben uns Halt und sie geben eine Struktur vor. Sie haben etwas Vertrautes an sich und können uns beruhigen und entspannen. Manche Menschen haben sogar Tagesrituale. Eine Art roter Faden, der sich durch den Tag zieht, an dem sie sich entlanghangeln, um auf der „Spur" zu bleiben. Bei meinen Großeltern war der gesamte Tag und die gesamte Woche von Montag bis Sonntag ein Ritual. Aufstehen immer zur selben Uhrzeit, Morgenroutine, nach ihren Essenszeiten konnte man sogar die Uhr stellen, und jeder Wochentag war mit bestimmten Erledigungen durchgetaktet.

Haustiere wie Katzen und vor allem Hunde helfen uns, eine gewisse Tagesstruktur aufrechtzuerhalten. Sie sind ein guter Grund, Rituale in den Tagesablauf aufzunehmen. Ein Hund braucht sein Futter und er muss raus, um sich zu lösen und zu bewegen. Um diese Aufgaben kommen wir gar nicht drum herum. Diese Tagesrituale wollen ausgeführt werden, unabhängig davon, ob es uns an diesem Tag gut geht oder nicht. Sind wir müde, gestresst, in Trauer, depressiv oder unsicher? Die Ausführung der Rituale gibt uns ein Gefühl, an diesem Tag etwas erreicht zu haben. Genauso sieht das auch der Autor des Bestsellers „Make your Bed". Admiral William H. McRaven beschreibt in seinem Buch zehn Lebensweisheiten, die er in seiner Ausbildung zum Navy SEAL in Amerika gelernt hat. Das Erste, was ein Navy SEAL direkt nach dem Aufstehen macht, noch bevor er sich körperlich ertüchtigt und schweißtreibende Kilometer über Hindernisse läuft, ist sein Bett. Es gibt bei der Navy eine exakte Anleitung, wie das Bett zu machen ist. Die Laken werden glatt gezogen und unter die Matratze gesteckt, das Kopfkissen ausgeschüttelt, und im Anschluss wird alles tipptopp nach genauer Reihenfolge und abgemessenem Abstand so gerichtet, dass das Bett den Eindruck erweckt, dass noch nie jemand darin gelegen hat.

„Wenn du die Welt verändern willst, dann beginne damit, dein Bett zu machen. Wenn du jeden Morgen dein Bett machst, hast du schon einmal die erste Aufgabe des Tages erfolgreich geschafft. Es wird dir ein kleines Gefühl von Stolz geben, und es wird dich ermutigen, eine weitere Aufgabe zu erledigen, und dann noch eine und noch eine. Am Ende des Tages hat diese eine Aufgabe, die du erledigt hast, dazu geführt, dass du viele weitere Aufgaben erfüllt hast. Zudem verstärkt das 'sein Bett zu machen' die Tatsache, dass die kleinen Dinge im Leben wichtig sind. Wenn du die kleinen Dinge nicht richtig machen kannst, wie willst du dann die großen Dinge richtig machen? Und wenn du zufällig einen fürchterlichen Tag hattest, dann wirst du nach Hause kommen und ein gemachtes Bett vorfinden, das du gemacht hast. Ein gemachtes Bett gibt dir den Mut und die Zuversicht, dass morgen ein besserer Tag wird."
Admiral William H. McRaven

Diese Motivationsrede von McRaven ist für ein Hundefachbuch ungewöhnlich. Doch beziehen wir seine Worte auf das neu gewonnene Wissen zur Konsequenz mit Hunden, können diese uns helfen.

Nicht alles auf einmal!

Es gibt viele Gründe, warum es uns Hundehaltern oft schwerfällt, konsequent mit unserem Hund zu sein. Einige Gründe haben wir uns bereits angeschaut, doch ein nicht zu unterschätzender Grund ist noch offen. Und zwar der, dass wir in einer Welt der Unverbindlichkeit nicht gelernt haben, konsequent zu sein (siehe auch S. 93 ff.). Zumindest stehen Konsequenz und andere konsequent zu führen bei vielen nicht auf der Tagesordnung. Weder mit uns selbst, noch mit unseren Mitmenschen und schon gar nicht mit Hunden. Aus diesem Grund wissen manche Menschen gar nicht, wie es sich anfühlt, mit einem Hund konsequent zu sein, ihn zu führen und ihm klare Anweisungen zu geben. Zwar hoffe ich mit diesem Buch genügend Beispiele vorgestellt zu haben, wann, wo und wie wir konsequenter mit unserem Hund werden können, doch irgendwo muss man ja anfangen. Und dafür ist das Beispiel von McRaven Gold wert. Er hat es auf den Punkt gebracht, indem er rät, mit einer Sache konsequent den Tag zu beginnen.

Es ist ähnlich wie bei Sybille und ihren sieben Hunden (siehe S. 229 ff.). Erst hatte sie nur die Aufgabe, alle Hunde konsequent auf dem Weg zu halten. Dann kam die Konsequenz bei der Hundefütterung hinzu. Und erst, als sie diese beiden Bereiche im Griff hatte, haben wir es auf das Verhalten am Gartenzaun und das Aussteigen aus dem Auto ausgeweitet. Es ist fast unmöglich, von heute auf morgen in jeden Bereich Konsequenz einzubauen, wo sie bisher gefehlt hat. Viel einfacher ist, man nimmt sich eine Sache fest vor und versucht, diese täglich konsequent umzusetzen, wie als würde man jeden Morgen sein Bett machen. Zum Beispiel könntest du dir vornehmen, ab heute darauf zu achten, dass deine Kommunikation mit dem Hund bei den Signalen konsequenter wird. Sprich nur das Wort für eine Anweisung aus, das du mit deinem Hund abgesprochen hast, vermeide, andere Wörter für diese Anweisung zu benutzen. Das ist schon ein Meilenschritt in die richtige Richtung, besonders, wenn die Kommunikation bisher chaotisch war. Wenn das für dich und deinen Hund gut funktioniert, stellt sich ein gutes Gefühl ein und es motiviert dich, die nächste Aufgabe anzugehen, mit deinem Hund konsequenter zu werden. Egal, ob es im Hundetraining, in der Erziehung oder in der Kommunikation ist. Vielleicht bist du beim Lesen der vorherigen Kapitel auf Ideen gekommen, wo du mit deinem Hund klarer und konsequenter in Zukunft sein möchtest. Mach es dir leicht, indem du nur mit einer einzigen Sache beginnst. Wenn du dieses Ziel erreicht hast, fängst du mit dem nächsten Thema an, und danach mit dem dritten Thema uns so weiter. Gibt es viele unterschiedliche „Baustellen", an denen wir mit unserem Hund arbeiten wollen, neigen wir dazu, alles gleichzeitig anzugehen. Doch alle Themen zur gleichen Zeit bearbeiten zu wollen, ist ein todsicheres Rezept, nach kürzester Zeit die Motivation zu verlieren, überhaupt daran zu arbeiten. Es überkommt uns schnell ein Gefühl der Überforderung und dann fangen wir gar nicht erst an.

Sei gut zu dir selbst – ändere einen Schritt nach dem anderen! So kannst du verhindern, über deine eigenen Füße zu stolpern.

RITUALE, ABLÄUFE UND REGELN FÜR MEHR KLARHEIT

Rituale und bestimmte Abläufe im Alltag mit unserem Hund können uns eine große Hilfe sein, uns in einem konsequenten Umgang zu üben. Aber nicht nur das. Im Alltag oder auf regelmäßigen Spaziergehstrecken Rituale aufzubauen, führt dazu, dass der Hund nach einer gewissen Zeit selbst aktiv alles umsetzt. Das bedeutet, dass er die Rituale selbstständig zeigt, ohne dass wir etwas sagen müssen oder ihm ein Signal geben. Auf diese Weise kannst du einem Hund beibringen, wie er sich in Zukunft selbstständig immer richtig verhält.

Aus meinem Leben

Franz Josef, mein Coonhound, war 12 Monate alt und ich beschloss, mir ein Fahrrad zuzulegen, damit wir beide hin und wieder mal eine kleine Runde drehen konnten. Es gibt direkt am Haus eine wunderbare Runde von ca. zwei bis drei Kilometern. Mein Ziel war, Franz Josef ohne Leine am Fahrrad laufen zu lassen, damit er sich frei bewegen konnte. Auf dieser Runde gab es allerdings ein paar Stellen, die kritisch waren, und ich wollte auf Nummer sicher gehen. Also plante ich, bestimmte Rituale der Strecke entlang aufzubauen, damit mein Coonhound sowohl vor dem Verkehr sicher war, als auch alle wilden Kaninchen und Katzen unterwegs sicher vor ihm waren. Es gab bestimmte Punkte, ich nenne sie Stationen, an denen ich Franz Josef eine Anweisung gab. Die Reihenfolge war Folgende:

Vom Hof raus und den Feldweg entlang darf mein Coonhound einfach laufen, wie er lustig ist. Er freut sich riesig, dass es losgeht. 200 Meter weiter kommen wir zur Siedlung und an eine Straße. Das ist unser erster Punkt, an dem wir einen kurzen Halt machen. Franz Josef bekommt das Signal zu warten. Wir schauen nach dem Verkehr und nach einem kurzen Moment gebe ich ihm das Signal „Hinten“, da wir ein Stück an der Straße entlangfahren müssen, durch eine Engstelle bis zum Tennisheim. Gleich danach kommt eine Wiese mit frei lebenden Kaninchen, die von den Anwohnern regelmäßig gefüttert werden. Also Scheueverhalten gleich null. Eine ziemliche Herausforderung für einen Coonhound, der mitten in seiner Ausbildung zum Jagdgebrauchshund stand. Noch vor der Wiese gebe ich ihm das Signal „Bei Fuß“, damit er an der Kaninchen abgewandten Seite mit mir dort kontrolliert vorbeigeht. 100 Meter weiter machen wir einen kurzen Halt, damit ich ihn aus dem „Bei Fuß“ auflösen kann. Ab hier darf er wieder frei mit mir durch den Wald, den Berg hoch, über Feldwege und an einem Hof vorbeilaufen, bis wir zu einer Kapelle kommen. Hier baue ich immer eine Pause ein, um die Gegend im Auge zu behalten. Von dort aus habe ich eine gute Aussicht auf drei Bauernhöfe, mit vielen fleißigen Katzen. Nach der Pause bekommt Franz

Josef wieder das Signal „Bei Fuß“, um links von mir am Rad gesittet an den Höfen mit Katzen und Hühnern vorbeizukommen. Am letzten Haus angekommen, machen wir einen kurzen Halt, um uns zu vergewissern, dass die Straße frei ist. Dann löse ich ihn aus dem Kommando auf und unsere Lieblingsrennstrecke fängt an. Die Straße hat ein leichtes Gefälle und wir machen hier immer ein kleines Wettrennen für die nächsten 300 Meter bis zum Wald. Ab hier fängt unser Rückweg an und wir müssen wieder an den Kaninchen, dem Tennisheim und der Straßenengstelle vorbei, bis zum Feldweg, der zu unserem Haus führt. Dort wiederholen wir die gleichen Rituale wie auf dem Hinweg.

Im ersten Jahr habe ich diese Abfolge den gesamten Sommer und Herbst über mit ihm durchgeführt. Dann kam der Winter und Radfahren fiel für ein paar Monate aus. Ich kann mich noch genau daran erinnern, als ich im Frühjahr darauf das erste Mal wieder mein Fahrrad aus dem Schuppen holte, um mit ihm diese Runde zu fahren. Er rannte zur Straße vor und blieb von sich aus stehen, um zu „schnüffeln“ bis ich bei ihm war, ohne dass ich etwas gesagt hatte. Natürlich habe ich ihn dafür mit einem Leckerchen belohnt, und ich dachte mir, wenn er die erste Station schon von alleine ausführt, lasse ich die nächsten Anweisungen auch erst einmal weg, um zu sehen, ob er diese nicht auch von alleine ausführt. Ich fuhr die Straße an der Engstelle entlang und Franz Josef lief wie einstudiert hinter mir. Gleich nach dem Tennisheim holte er ein wenig auf, um an meiner Seite zu laufen, bis wir an der Kaninchenwiese vorbei waren. Gleich danach löste er sich von mir und lief voraus. Er hatte es sich noch genau gemerkt, dass ich ihn hier sowieso immer aus dem Kommando entließ, damit er bis zur Kapelle frei laufen durfte. An der Kapelle angekommen, hielt er von alleine an, markierte den großen Baum daneben und schnupperte ein wenig. Ich hielt ebenfalls an und wir machten unsere antrainierte gemeinsame Pause. An diesem Punkt war ich schon absolut begeistert von meinem Schlappohr, dass er keinerlei Anweisung von mir mehr brauchte, und alle Stationen selbst eingehalten hatte. Der Rückweg lief genau wie letztes Jahr einstudiert. Nach unserem kleinen Wettlauf bis zum Wald meisterte er den

Rückweg mit mir genauso cool und selbstverständlich wie beim Hinweg. Obwohl wir monatelang Pause mit dem Fahrrad hatten, wusste er genau Bescheid und hatte unser Spiel mit den einzelnen Stationen verinnerlicht.

Je nachdem, was für einen Hund du hast und welche Verhaltensweisen kritisch werden könnten, kannst du auch deine Hausrunden so gestalten, dass ihr ein sicheres Stationen-Spiel einbaut, um in Zukunft die vertrauten Runden lässig zu rocken.

Aus der Praxis

Eine Freundin hatte damals einen ziemlich wilden und lebhaften Schäferhund-Mischling. Ihre Hausrunde war zu 80 Prozent nur Feldweg. Dort war der Hund brav und hat sich an die Regel gehalten, immer auf dem Weg zu bleiben. Eine kurze Strecke führte allerdings durch den Wald und dort war das Wild für den Hund sehr verlockend. Hier düste er seinem Frauchen regelmäßig ab, um die Rehe persönlich zu begrüßen. Das ging natürlich nicht und eine Lösung musste her. Wir führten ihn erst einmal eine Zeit lang an der Leine, damit er nicht noch einmal einem Reh hinterherrennen konnte. Da dieser große Rüde allerdings das Suchen und Apportieren liebte, kamen wir auf die Idee, mit ihm das Verlorensuchspiel aufzubauen, ganz bewusst nur in dem besagten Waldstück. Also ließ sein Frauchen immer „zufällig" irgendetwas fallen. Mal einen Handschuh im Winter, oder eine Mütze. Hin und wieder war es auch sein Lieblingsball oder ihr Schlüsselbund. Dann ging sie weiter, um zu dem verlorenen Objekt ein wenig Abstand zu bekommen. Mal waren es 20 Meter, mal 50 oder 150 Meter. Sie rief ihren Hund herbei und schickte ihn auf dem Waldweg zurück mit „Such, Verloren!". Der Rüde war schnell wie eine Rakete, und zu Beginn überrannte er das Objekt und fand es erst auf seinem Rückweg. Aber er brachte es dann immer ganz stolz zu seinem Frauchen. Dort war die Freude groß und es gab ein Leckerchen. Auf dieser Waldstrecke ließ sie täglich immer zwei oder drei Dinge fallen und anschließend vom Hund suchen. Nach vier Wochen sahen wir uns wieder und sie erzählte mir, dass sie ihren Rüden nicht mehr an die Leine nehmen müsse. Er entfernte sich nur noch maximal zehn Meter und schaute sehr häufig zu ihr, da er es kaum erwarten konnte, etwas suchen zu dürfen. Sie meinte: *„Es wird immer schwieriger für mich, unauffällig etwas fallen zu lassen, da er im Wald aufpasst wie ein Adlerauge. Doch das Interesse am Wild ist nur noch sekundär, da ihm die Verlorensuche einfach wichtiger ist."*

Natürlich ist das kein allgemeines Rezept, einen Hund vom Jagen abzuhalten. Immerhin war er kein Vertreter einer Jagdhunderasse mit einer übernatürlichen, ausgeprägten Jagdpassion, sondern nur ein lebensfroher Junghund, der seiner Neugierde freien Lauf ließ. Doch in diesem Fall, bei diesem Hund und bei dieser Hausrunde war es die perfekte Lösung. Du kennst natürlich deine Hausrunden und vor allem deinen Hund besser als jeder andere. Nutze diese Ideen und Impulse, um für dich und deinen Hund genau das passende Rezept an Ritualen für deinen Alltag zu kreieren.

Auch mit meinem Zwergdackel Zwieback habe ich auf den täglichen Runden kleine Rituale eingebaut. Besonders wenn wir an einem Rehdickicht vorbeikommen, ist es sehr entspannend, dass er unseren kleinen Ritualen den Vorrang vor seinem Jagdinteresse gibt. So gibt es immer bestimme Baumstämme, auf die er klettert und „Sitz-Bleib" macht, bis ich ihn belohne. Alle unsere vier Hunde kennen auch bestimmte Strecken, wo sie immer gesammelt hinter mir laufen müssen, bis ich das Kommando wieder auflöse. Dort reihen sie sich schon selbstständig hinter mir ein.

Hunde lieben diese kleinen Rituale auf den täglichen Runden. Besonders, wenn sie mit Spaß und Belohnung aufgebaut werden. Je konsequenter du es trainierst, umso eher wird dein Hund die Stationen zuverlässig und selbstständig einhalten.

TEIL 5 – WARUM FÄLLT KONSEQUENZ SO SCHWER?

KAPITEL 18

SCHWIERIGE UMSETZUNG, TROTZ VIELER VORTEILE

Würde es uns leichtfallen, im Umgang mit unserem Hund konsequent zu sein, würden wir wunderbar zurechtkommen und die täglichen „Probleme“ würden sich von allein lösen.

Es ist genauso viel bzw. genauso wenig Aufwand, konsequent zu sein, wie inkonsequent! Und doch tendieren wir zur Inkonsequenz. Da stellt sich doch die Fragen, warum das so ist? Warum tun wir uns so schwer damit, konsequent zu sein, obwohl eine lange Liste der Vorteile auf der Hand liegt?

Es gibt verschiedene Gründe, warum wir inkonsequent mit unserem Hund umgehen. Einige sind offensichtlich, andere wiederum sind eher unbewusster Natur. Lass mich dir hier die häufigsten Gründe vorstellen. Denn macht man sich die Gründe bewusst und erkennt, woran es liegt, dass man inkonsequent mit seinem Hund wird, kann man sich selbst und seinen Hund besser verstehen. Ebenso ist man gewappnet, kann die Umstände aktiv ändern und braucht dem Hund nicht unnötig die Schuld zu geben, wenn etwas nicht so funktioniert, wie man es sich wünscht. Zumindest entspannt es die Lage und wir bekommen eine erweiterte Perspektive auf die jeweilige Situation.

FEHLENDE PRÄSENZ IM AUGENBLICK

Wir Menschen sind multidimensional denkende Wesen. Die Welt in unserem Kopf beschäftigt sich abwechselnd mit mehreren Zeiten wie Zukunft, Vergangenheit und Gegenwart gleichzeitig, kombiniert mit analytischem Denken von Eventualitäten. Doch das „Hier und Jetzt" bekommt nur sehr selten ungeteilte Aufmerksamkeit von uns. Ein Hund dagegen ist immer im „Hier und Jetzt". Der beste Weg, um mit unserem Hund in Kontakt zu treten, ist, wenn wir ebenfalls im „Hier und Jetzt" sind. Rufen wir unseren Hund, aber sind in Gedanken bereits bei der Arbeit oder beim Einkaufen, dann wird der Hund unser Rufen wahrscheinlich nicht ernst nehmen. Vor allem sind wir nicht bei der Sache und merken nicht, dass unsere Körpersprache und unser Handzeichen fehlen, und dass wir ein völlig anderes Signalwort benutzen, als wir es ursprünglich mit dem Hund aufgebaut haben. Die innere Ablenkung in unserem Kopf, unsere gedankliche Zerstreutheit, hindert uns daran, in genau diesem Augenblick klare und konsequente Anweisungen zu geben.

Lösung: Selbstwahrnehmung

Hier hilft natürlich unsere Selbstwahrnehmung. Wenn unsere Gedanken um die Wette kreisen, wir aber in diesem Moment mit unserem Hund in Kontakt treten müssen, um ihn zu rufen oder um ihm ein anderes Signal zu geben, dann wäre es sinnvoll, wir könnten auf Knopfdruck das „Karussell im Kopf" auf Pause drücken, um wieder ungeteilte Aufmerksamkeit zu haben. Mir ging es so, während ich dieses Buch schrieb. Es ist ja nicht nur die Zeit vor der Tastatur, sondern es arbeitet den ganzen Tag im Kopf und vor allem, wenn ich mit meinen Hunden spazieren ging. Es war die erste Zeit erstaunlich schwer, konsequent zu sein und klare Anweisungen zu geben. An manchen Tagen war ich so mental am Schreiben, dass es mir lieber war, meinen Dackel an der Leine zu führen, weil ich wusste, dass meine Reaktionszeit verlangsamt ist. An anderen Tagen hielt ich kurz inne, bevor ich meinen Hunden eine Anweisung gab, spielte im Kopf den Ablauf durch, und habe dann erst meinen Mund aufgemacht, um das passende Signal zu geben.

Im Durchschnitt begleiten wir einen Hund über 12 Lebensjahre, manche sogar noch länger. Kein Mensch kann 12 Jahre lang, jeden Tag, seine volle Aufmerksamkeit auf etwas richten. Irgendein einschlagendes Erlebnis passiert uns allen in dieser Zeitspanne. Entweder ziehen wir um, wir wechseln die Arbeitsstelle, bekommen ein Kind, wir haben ein oder mehrere Trauerfälle in der Familie, kommen selbst ins Krankenhaus, gehen zur Reha, usw. Irgendetwas lenkt uns für einen gewissen Zeitraum, manchmal wochen- oder monatelang ab. Die Lösung für solch aufwühlende Zeiten liegt im Management. Entweder führe ich meinen Hund an der Leine, oder ich gehe dort spazieren, wo wenig Ablenkung ist, oder wenn es ganz schlimm wird, bitte ich andere Personen, mit meinem Hund zu laufen. Auch diese Zeit wird vorbeigehen und alles wird sich wieder einpendeln.

Viele Kunden berichten mir von dem Phänomen, dass ihr Hund jedes Mal abhaut, wenn sie mental abgelenkt sind. Richten sie dagegen ihre Aufmerksamkeit auf den Hund, bleibt er entspannt in der Nähe und ist jederzeit abrufbar. Diese Hunde erwecken fast den Eindruck, dass sie ihren Menschen helfen wollen, sich zu entspannen, indem sie einfach nur da sind, ohne selbst mit ihren Gedanken wegzurennen. Wenn man das als einen Wink mit dem Zaunpfahl versteht, kann die Erkenntnis sogar heilend wirken. Manche Hundehalter berichten, dass sie durch ihren Hund mehr zu sich selbst und zu ihrer inneren Ruhe zurückgefunden haben.

Auch berichten Kunden, dass sie permanent angespannt sind, weil sie sich um ihren Hund Sorgen machen, dass ihm etwas passiert. Sorgen können wahrlich schreckliche Bilder in unseren Köpfen erzeugen und lösen Emotionen in uns aus. Wir sehen unseren Hund weglaufen, über die Straße rennen, von einem Zug erfasst, von einem Wildschwein angefallen ... Die Liste ist endlos, genau wie unsere Fantasie. Sorgen werden wie lauernde Gefahren wahrgenommen, wir sind innerlich immer auf der Hut. Wir neigen dann dazu, unseren Hund ständig zu kontrollieren, ihn übertrieben oft zu rufen, ihm andere Kommandos zu geben oder ihn permanent zu beschäftigen, damit er bei uns bleibt. Das stresst einen Hund enorm und viele von ihnen sind dann mehr als motiviert, Abstand von uns zu nehmen. Sie laufen weg, weil sie „Ruhe" vor unserer angespannten und kontrollierenden Stimmung haben wollen. Ständig in Sorge, sind wir keine angenehme Gesellschaft für unseren Hund. Deine Sorgen sind aus deiner Fantasie entsprungen, doch dein Hund ist ECHT.

Fange an, mit deinem Hund spazieren zu gehen und nicht mit deinen Sorgen.

Unter Zeitdruck

Gehen wir mal davon aus, du gehst gerade mit deinem Hund auf eurer Lieblingsrunde spazieren. Plötzlich bekommst du eine Nachricht auf dein Handy, dass du schon längst im Büro erwartet wirst. Das Meeting hat bereits angefangen. Dein Chef deutet an, dass solch ein Zuspätkommen unentschuldbar ist. Du gerätst in Panik, als dir bewusst wird, dass du dich im Wochentag vertan hast. Du schreist deinem Hund etwas zu, drehst dich um und eilst zum Auto. Hunde kennen keinen Zeitdruck und verstehen diese Empfindung nicht. Dein Hund spürt nur, dass du dich bedroht fühlst, sieht aber keine Gefahr. Er fängt an, dich zu beschwichtigen und lässt sich sehr viel Zeit, mit dir Richtung Auto zu laufen. Du wirst ungeduldig, unhöflich und ruppig und dein Hund beschwichtigt noch stärker. Er bleibt ein paar Meter vor dem Auto stehen, dreht den Kopf weg, leckt sich die Schnauze, legt die Ohren an und schnuppert am Boden. Du öffnest den Kofferraum und sagst mit Nachdruck *„Ab ins Auto – los jetzt!“* Und hier haben wir schon unser unklares und inkonsequentes Verhalten dem Hund gegenüber. Eigentlich heißt es immer „Hopp einsteigen!“, aber heute sagst du unter Zeitdruck etwas ganz anderes. Dein Hund wird sich weiter Zeit lassen, und da er dich beruhigen möchte, beschwichtigt er mit Langsamkeit, die du in diesem Moment nicht gebrauchen kannst.

Zeitdruck ist das Wahrnehmen einer unsichtbaren Gefahr und existiert nur in unserem Kopf. Wie soll ein Hund das nachvollziehen?

Doch die Empfindung dieser „Gefahr“ macht uns aggressiv und hilflos zugleich, weil wir uns in einer Mischung aus Kampf- und Fluchtverhalten befinden. In solch einem Moment ist es fast unmöglich, konzentriert und entspannt dem Hund eine klare Anweisung zu geben.

Lösung: Einen Moment des Innehaltens

Geht es nicht um Leben und Tod, sondern nur um Scham, da man zu spät kommt und andere auf einen warten müssen, dann rate ich dir, in hektischen Momenten innezuhalten. Schau dich um, nimm die Wiese, den Weg, den Wald, den Wind und deinen Hund wahr. Realisiere, dass es an diesem Ort, in diesem Moment keine Gefahr gibt. Hier ist nichts Akutes, was dich bedroht. Kein Sumpfmonster, kein Säbelzahntiger, kein angriffslustiger Bergtroll und auch kein bewaffnetes Einsatzkommando, das dich verhaften möchte. Es ist nur in deinem Kopf. Fang an, die Realität wahrzunehmen, denn dann kannst du auch wieder klar denken, deinem Hund faire Anweisungen geben, ihr seid schneller am Auto und du kannst deine Prioritäten neu setzen. Vor allem aber ist es so viel sicherer, Auto zu fahren, als wenn du in einem Fluchtmodus stecken bleibst.

ABGELENKT UND NICHT BEI DER SACHE

Multitasking ist die moderne Superfähigkeit, die wir uns selbst tagtäglich abverlangen. Wir checken sogar unsere Mails, während wir Zähneputzen, lernen eine Fremdsprache auf dem Weg zur Arbeit und trinken unseren Kaffee, während wir mit unserem Hund eine Gassirunde drehen, dabei führen wir noch Kundengespräche am Telefon. Wir kochen das Mittagessen, während wir mit unseren Kindern die Hausaufgaben machen und die Spülmaschine ausräumen. Es scheint ein normaler Zustand geworden zu sein.

Doch hin und wieder ist es zu viel und unsere Konzentration bleibt auf der Strecke. Wir nehmen nicht mehr wahr, wie wir unserem Hund die Anweisungen geben oder in welchem Ton wir mit den Kindern oder Arbeitskollegen reden. Vor allem bestimmte Verhaltensweisen, z. B. klare Grenzen bei deinem Hund zu setzen, werden schwierig bis unmöglich.

Hast du in deinem Multitasking-Alltag noch einen Welpen oder Junghund, ist das Chaos vorprogrammiert. Dein Kind schreit, die Suppe auf dem Herd kocht über, an der Tür klingelt ein Paketbote, dann noch dein Handy, während du aus dem Augenwinkel siehst, dass dein Hund den Blumentopf im Wohnzimmer ausräumt und den gesamten Inhalt großzügig auf dem Teppich verteilt. Um was kümmerst du dich zuerst? Klar denken und Prioritäten setzen ist hier gefragt. Und genau hier besteht die Gefahr, dass wir wieder inkonsequent werden, weil wir etwas nicht mitbekommen oder weil wir uns gerade einfach nicht darum kümmern können.

Lösung: Eins nach dem anderen!

Sauer auf alle zu werden, weil es dir zu viel wird, ist die übliche Reaktion in solchen Momente, in denen viele Personen gleichzeitig etwas von dir wollen.

Hier hilft wirklich nur, eins nach dem anderen zu machen. Zum Beispiel das schreiende Kind auf den Arm nehmen, die Herdplatte abstellen, zur Tür gehen und dem Paketboten öffnen, während wir das Handy völlig außer Acht lassen. Anschließend gehen wir ins Wohnzimmer, korrigieren den Hund klar und konsequent, und setzen ihn erst einmal in den Garten, um in Ruhe die Sauerei wieder zu beseitigen. Zum Schluss schauen wir auf das Handy und können den Anrufer zurückrufen. Versuche nie, alles gleichzeitig zu machen, denn dann wird es halbherzig, unkontrolliert und du verlierst die Nerven. Sorge einfach dafür, dass es morgen ruhiger wird.

ZU VIEL FACHWISSEN AUF EINMAL

Was uns auch inkonsequent macht, ist ein Chaos im Kopf bei zu viel Fachwissen. Manchmal drehen sich unsere Gedanken über Hundeerziehung in alle Richtungen. Solch ein Karussell im Kopf macht uns schwindelig und teilweise auch entscheidungsunfähig. Das Angebot an kynologischem Fachwissen ist enorm groß, in jedem Buch stehen andere Meinungen, andere Methoden, andere Erfahrungen, andere Ansichten und andere Beispiele zu teilweise ein und demselben Thema. Es gibt so viele Hundeschulen wie nie zuvor. Das Angebot an Seminaren, Workshops und Hundetrainerausbildungen ist gewachsen. Es gibt ein noch größeres Onlineangebot zum Hundetraining und zur Hundeerziehung. Selbst im Fernsehen haben Hundetrainer ihre eigene Serie. Und zu guter Letzt treffen wir noch „Hundeexperten" auf unseren Hundespaziergängen, die uns ihre Meinung zu unserem eigenen Hund offenbaren, obwohl wir nicht um ihre Meinung gebeten haben. Was soll man glauben? Was ist vernünftig? Was passt für mich und meinen Hund? Da wir uns unsicher sind, was von all dem das „Richtige" für uns und unseren Hund ist, versuchen wir es heute mal so und morgen probieren wir wieder etwas anderes aus. Das macht uns zu den inkonsequentesten Wesen, die ein Hund je erlebt hat. Ich hatte schon Kunden, die haben Methode A für 10 Tage ausprobiert und dann 14 Tage lang Methode B. Hat allerdings nichts geholfen, weshalb sie einen Hundetrainer aufsuchten und für einen Monat nach Methode C gearbeitet haben. Doch die Not war so groß, dass zu all dem noch ein Onlineprogramm gebucht und parallel Methode D ausprobiert wurde. Bis dahin war dem Hund schon selbst schwindelig geworden und das Problem immer noch nicht gelöst.

Das zweite Problem bei zu viel Information ist, dass wir hin- und hergerissen sind, wie wir uns in bestimmten Situationen mit unserem Hund tatsächlich verhalten sollen. Ein Beispiel …

Aus der Praxis

Kerstin besitzt einen Beagle, der gern mal am Wegrand etwas zu fressen findet. Absolut rassetypisch, doch sie macht sich Sorgen. Was ist, wenn er etwas erwischt, was ihm nicht bekommt und er krank wird? Jetzt hat sie von einem Bekannten erfahren, dass sie sich auf die „Beute“ stellen soll, um den Hund daran zu hindern, diese zu fressen. Zudem soll sie mit „Nein“ und „Pfui“ schimpfen. In einem Hundebuch steht jedoch, dass sie besser mit Leckerchen tauschen soll. Und in ihrem Hundeverein hat sie gehört, dass sie den Hund wegscheuchen soll. Sie ist mit all den Möglichkeiten überfordert und macht in solchen Situationen lieber gar nichts. Doch an manchen Tagen sind ihre Sorgen so groß, dass sie doch schimpft. Mal scheucht sie ihn weg, mal stellt sie sich auf die Beute. Und wenn gar nichts davon hilft, versucht sie mit einem Leckerchen zu tauschen, was allerdings auch nichts hilft. Schließlich versucht sie das ekelhafte Objekt aus seinem Maul zu fischen. Die Laune ist im Keller, Frauchen ist noch verunsicherter als vorher und der Hund hat kein Vertrauen mehr in seinen Menschen, wenn er einen Fund gemacht hat.

Sind wir hin- und hergerissen und unschlüssig in unseren Entscheidungen, können wir unmöglich konsequent reagieren und schon gar nicht souverän agieren. Jetzt haben wir so viel Wissen, so viele Optionen und Möglichkeiten, doch im Grunde haben wir immer noch keine Antwort.

Lösung: Aussortieren

Kennst du das? Dein Kleiderschrank quillt über mit lauter Anziehsachen, die du gar nicht mehr trägst. Die Lösung wäre aussortieren und Platz schaffen für die schönen Sachen, die du regelmäßig anziehst. Die Kriterien, nach denen du jetzt aussortierst, sind bekannt. Ist es zu klein oder zu groß geworden? Steht mir die Farbe überhaupt noch, weil ich eine andere Haarfarbe habe? Ist das noch modern oder eher zu vintage? Gibt es Löcher, ist es eingelaufen, lösen sich Fäden, sind die Farben schon verblasst? Mag ich das Material oder fühlt sich das komisch auf der Haut an? Fühle ich mich darin noch wohl? Gefällt es mir überhaupt oder war es nur ein fehlgeschlagener Frusteinkauf? Nun liegt es an dir, mutig auszusortieren, bis du nur noch Kleider in deinem Schrank aufbewahrst, die dir wichtig sind und angenehm zu tragen. Kleider, in denen du dich wohlfühlst.

Betrachte das gesamte Fachwissen in deinem Kopf wie deinen Kleiderschrank im intellektuellen Sinn. Jede Meinung, jede Methode, jede Ansicht und jede Erfahrung eines anderen zum Thema Hund ist wie ein Kleidungsstück in deinem Schrank. Sich eine „Meinung zu einer Sache“ selbst anzuziehen, bedeutet auch, es zu glauben, danach zu handeln und aus dieser Überzeugung heraus eine Entscheidung zu treffen. Deshalb sollte diese Meinung auch zu dir und zu deinem Hund passen. Jeder Mensch ist anders, jeder Hund ist anders. Doch etwas zusammen zu machen, muss sich stimmig anfühlen, damit alle glücklich werden.

Jetzt zur Anleitung, wie du am besten mit dieser Flut an Fachwissen umgehen kannst. Diese Anleitung gilt für alles, was du an Hundefachwissen aufnimmst, auch für die Informationen aus diesem Buch.

Nimm eine dieser Methoden und „ziehe sie dir kurz über". Probiere in Gedanken aus, wie sich diese Information für dich mit deinem Hund anfühlt. Was macht das mit dir? Fühlt es sich gut an oder eher ungemütlich? Prüfe es für dich. Hast du das Gefühl, dass es unlogisch ist, sich stressig anfühlt, noch mehr Fragen aufwirft, sich schuldig anfühlt, dir ein schlechtes Gewissen einredet, dich nicht motiviert, es auszuprobieren und ein ungutes Gefühl in dir auslöst? Trifft nur eines davon zu, kannst du sicher sein, dass es für dich und deinen Hund nicht passt. Also darfst du diese Methode oder Information gleich aus deinem Kopf aussortieren.

Fühlt sich aber eine andere Information im Gegenzug logisch an, nachvollziehbar, macht richtig Sinn und leuchtet dir ein, motiviert dich, mit deinem Hund sofort loszulegen, ist leicht für dich umzusetzen, ist fair deinem Hund gegenüber und nimmt dir Sorge und Last, dann kannst du davon ausgehen, dass es für dich und deinen Hund passt. Diese Meinung oder Information kannst du ruhig weiterverfolgen, anwenden oder daraus resultierend eine Entscheidung treffen. Denn das, was für Herrn Müller von nebenan mit seinem Schäferhund funktioniert, kann für dich und deinen Hund völlig unbrauchbar sein.

In diesem Sinn wünsche ich dir ein erfolgreiches Aussortieren. Ist es nicht schön, dass wir so viele Möglichkeiten haben und auswählen dürfen?

Wissen ist genauso heilsam wie gefährlich.
Doch die Flut an Wissen ist da und den einzigen Kompass,
den du hast, um dich sicher hindurchzunavigieren,
ist dein Gefühl. Darauf darfst du dich immer verlassen.

PLANLOS IM NIRGENDWO

Manche Hundehalter sind irgendwie „lost" mit ihrem Hund. Alles fühlt sich an, als wäre es falsch. Es herrscht Unzufriedenheit auf beiden Seiten. Stress, Frustration und Vertrauensverlust, Anstrengung und Motivationslosigkeit, überhaupt mit dem Hund etwas gemeinsam zu machen, trüben den Tag. Selbst Spazierengehen macht keinen Spaß mehr. In solchen Fällen haben Hund und Mensch sich an irgendeiner Weggabelung verloren, beide sind falsch abgebogen. Habe ich solch einen Hundehalter vor mir und frage ihn, welches Ziel er mit seinem Hund hat, fällt ihm erst einmal nichts ein. Er weiß nur: „*So geht es nicht mehr weiter.*"

Lösung: Der innere Kompass

Hast du dich im Urlaub mit deinem Auto verfahren, dein Navi funktioniert nicht, du bist mitten im Nirgendwo und alles, was du hast, ist eine alte Landkarte von der Gegend, dann gilt es erst einmal herauszufinden, wo du gerade bist. Als verlorener Hundehalter würde ich erst einmal schauen, wo bin ich überhaupt mit meinem Hund. Was klappt? Was klappt nicht? Was stresst mich fürchterlich? Was stört mich am meisten? Was finde ich toll an meinem Hund? Haben wir diese Information für uns sortiert, wissen wir zumindest, wo wir stehen. Danach sollten wir uns unbedingt fragen, was wir stattdessen mit unserem Hund erleben wollen. Dabei darf man ruhig mutig sein. Was müsste der Hund anders machen und was müssten wir anders machen, damit es wieder richtig Spaß macht, mit ihm Zeit zu verbringen? Hast du dazu ein paar Ideen, so ist das dein Ziel auf der Landkarte. Jetzt können wir uns auf die Suche nach Lösungen begeben und ein geeignetes Training gestalten. Geeignet sind alle Methoden und Trainingswege, die mit deinem inneren Kompass abgeklärt wurden. Macht es Sinn, motiviert es mich, ist es für meinen Hund fair und kann ich das in meinem Alltag umsetzen? Haben wir herausgefunden, welche Straße wir gemeinsam mit unserem Hund nehmen, lohnt es sich, konsequent in diese Richtung zu gehen.

WEIL WIR DEN HUND NICHT VERSTEHEN

Hat man bisher nur Hütehunde wie Collies oder Shepherds geführt und ist nun in Besitz z. B. einer Bracke, wird man erst einmal überfordert sein. Eine Bracke tickt und reagiert anders, sie zeigt ganz andere Verhaltensweisen als ein Hütehund. Das ganze Wissen über Hütehunde-Verhalten und erfolgreiche Trainingsansätze zeigen keine Wirkung mehr. Man ist frustriert und bald demotiviert, auch verunsichert und wird alles andere als konsequent mit dem Hund umgehen.

Lösung: Rat holen

Hol dir Rat bei jemandem, der diese Rasse versteht. Finde heraus, wofür diese Rasse ursprünglich gezüchtet wurde, und mit welchen Verhaltensweisen zu rechnen sind. Oder wenn es ein Tierschutzhund ist, hole dir Rat bei jemandem, der sich mit Hunden auskennt, die eine ungewöhnliche Vorgeschichte hatten. Denk immer daran, eine klare Kommunikation und Konsequenz, Regeln, Rituale und Grenzen geben jedem Hund Sicherheit und Halt. Das wäre schon einmal ein guter Anfang.

ES IST UNS NICHT WICHTIG

Hier ist noch ein weiterer Grund, warum wir zu Inkonsequenz neigen: Es ist uns nicht wichtig, wie wir mit dem Hund umgehen. Warum?, fragst du dich jetzt. Dafür gibt es gleich mehrere Erklärungen.

Zum einen kann es sein, dass es beispielsweise gar nicht der eigene Hund ist, mit dem wir Zeit verbringen. Der Hund gehört vielleicht dem Nachbarn oder dem Ehepartner oder den Eltern. *„Die anderen sind ja dann für die Erziehung zuständig, nicht ich. Ich gehe zwar mit ihm spazieren, aber das war es auch schon"*, ist eine von den vielen Erklärungen, die man zu hören bekommt.

Zum anderen kann es sein, dass wir völlig resigniert haben, mit dem Hund auch nur irgendetwas konsequent zu machen. Vielleicht haben wir es schon zu oft erlebt, dass Familienmitglieder uns immer wieder einen Strich durch die Rechnung machen, wenn es um die Erziehung und um Rituale und Regeln mit dem Hund geht. Das raubt uns ebenfalls die gesamte Motivation, weil wir mehrfach erfahren haben, dass jede konsequente Mühe nur ein Tropfen auf den heißen Stein war.

So ging es einer jungen Kundin von mir. Sie studierte noch und ihr Hund war tagsüber bei ihren Eltern. Egal, was sie ihren Eltern sagte, es wurde grundsätzlich anders gemacht. Wahrscheinlich ging es ihnen wie im vorherigen Beispiel, es war ihnen nicht wichtig genug, da es nicht ihr eigener Hund war, sondern nur der Hund ihrer Tochter. Sie haben den Hund nicht als ihre Verantwortung gesehen.

Die nächste Erklärung finde ich ehrlich gesagt erschütternd. Hier sprechen wir von den Kleinhundebesitzern. Menschen, die die Kleinsten der Kleinsten besitzen, wie z. B. Chihuahuas, Tee Cup Pudels, Prager Rattler oder Kaninchen Teckel. Diese Tiere sind so klein und niedlich, dass man über Verhaltensweisen, die man bei einem Rottweiler, Dobermann oder Schäferhund nie dulden würde, einfach nur lacht. Der Hund wird nicht korrigiert, er wird lediglich kommentiert. *„Ja, ja, die Kleinsten sind immer die Schlimmsten."* – *„Klein, aber oho!"* – *„So ein süßes kleines Taschenmonster"* – es wird darüber gescherzt und sie werden ausgelacht.

Aber dass besonders Abwehrverhalten wie Schnappen, Beißen oder Sich-in-die-Leine-Stürzen und andere Hunde massiv Verbellen ein Ausdruck von Stress ist und oftmals auch ein Hilferuf, dass der Hund mit der Situation überfordert ist, wird dabei nicht bedacht. Hierbei den Hunden nicht zu helfen, durch Training, Erziehung und Führung, halte ich wiederum für tierschutzwidrig. Nur weil er uns mit seinen 2,5 kg nicht so viel Ärger machen kann wie ein Hund mit 25 kg oder mehr, darf man einen konsequenten Umgang nicht einfach als unwichtig abtun. Ein Hund ist ein Hund und sie alle haben die gleichen Bedürfnisse nach Ruhe, Harmonie, Klarheit und Sicherheit.

Eine andere Erklärung findet man in der Einstellung, dass man einem alten Hund keine Tricks mehr beibringen kann. Es gibt Menschen, die sich aus einem bestimmten Grund einen Seniorhund ins Haus holen. Auf die Fragen, warum sie für den Hund keine Regeln aufstellen oder ihm konsequent etwas beibringen, besonders, wenn dieser Hund Verhaltensweisen an den Tag legt, die für alle eine Belastung sind, bekommt man zur Antwort: *„Ach, was will ich dem denn noch beibringen wollen. Er ist schon 12 Jahre alt, der wird doch nichts mehr dazulernen können." – „Er darf hier seinen Lebensabend verbringen und noch machen, was er will."*

Ich persönlich finde, egal wie alt ein Hund ist, er hat das Recht, uns und das Geschehen im Alltag zu verstehen. Da ist eine klare und konsequente Kommunikation unumgänglich.

Lösung: Mehr im Fokus der Wichtigkeit

In diesem Fall ist nur eine Lösung zu konsequenterem Verhalten möglich, wenn es für die besagten Personen anfängt, wichtig zu werden. Wenn sie für sich und für den Hund einen Sinn darin sehen. Damit würde man jedem Hund einen großen Gefallen tun. Denn jeder Hund ist wichtig, ob er nun mir gehört oder nicht, ob er ein junges Tier ist oder sich schon im hohen Alter befindet, ob er 2,5 kg wiegt oder so groß ist, dass er nicht mehr auf die Couch passt.

KAPITEL 19

WIR SPIEGELN ANDERE MENSCHEN

Seit 2005 trainieren mein Mann und ich Jagdgebrauchshunde. Es hat einen gewissen Reiz als Trainerin, mich solch einer komplexen Ausbildung anzunehmen. Immerhin hatte ich bis dahin meist Kunden, die Not darin hatten, ihren Hund frei laufen zu lassen, eben weil er jagen ging.

Also legte ich bisher in meinem Training viel Aufmerksamkeit darauf, dass Hunde frei laufen konnten, ohne zu jagen. Doch einem Hund zu sagen: *„Es wird nicht gejagt"*, ist etwas anderes, als einem Hund zu sagen: *„Geh für mich und mit mir jagen, aber nur, wenn ich es dir sage."*

Jagen ist eine Handlung, die für Hunde sehr verlockend wirkt und selbstbelohnend ist. Einen Jagdgebrauchshund auszubilden, ist daher eine schmale Gradwanderung zwischen „er darf seinem inneren Verlangen nachgehen“ und „er muss sich zurücknehmen“. Bisherige Ausbildungsmethoden, pardon, ich sollte eher sagen Abrichte-Methoden über Starkzwang, sind im Hinblick auf tiergerechten Umgang und dem Tierschutzgesetz nicht zu rechtfertigen. Wir beschlossen also, unseren damaligen Deutsch Kurzhaar Balu mit Trainingsmethoden auszubilden, die auf eine positive Motivation setzen – mit Belohnung, ruhiger Stimme, Handzeichen, aber vor allem Konsequenz. Balu war unser bester Lehrmeister, was bei einem Jagdhund funktioniert und was nicht. Vor allem zeigte er uns auf, in welchen Bereichen wir kreativer nach Lösungen und neuen Trainingswegen suchen mussten und in welchen Bereichen wir konsequenter werden durften. Vieles, was ich heute in meinem Hundetraining umsetze, fand seinen Ursprung in der damaligen gemeinsamen Arbeit mit Balu.

WENN DIE KONSEQUENZ STIMMT

Natürlich bin ich es gewohnt, dass es sowohl bei meinen „normalen“ Kunden als auch bei den Jägern an Klarheit und Konsequenz im Umgang mit ihrem Hund fehlt. Umso mehr hat es mich überrascht, als ich das erste Mal bei einem Field-Trial-Workshop des DRC (Deutscher Retriever Club) dabei sein durfte. Mein Mann hatte damals sein Jagdrevier für diese Veranstaltung mit einem holländischen Dummy-Trainer für Retriever zur Verfügung gestellt. Es kamen 10 Mensch-Hund-Gespanne – Labrador Retriever, Golden Retriever und ein Chesapeake Bay Retriever. Ich war beeindruckt, wie alle Teilnehmer das gleiche, klare Verhalten in ihrer Signalgebung hatten. Für jede Anweisung an den Hund gab es einen bestimmten Pfiff mit der Hundepfeife, es wurde viel über Körpersprache gearbeitet und jedes Signal mit einem klaren Handzeichen begleitet. Die Hunde waren auf Entfernung genauso folgsam wie neben ihrem Menschen. Sie waren durchweg aufmerksam und mussten teils sehr lange im Arbeitsmodus bleiben. Eigentlich gab es nur wenige Kleinigkeiten, die der ein oder andere Hund noch hätte besser machen können. Das war für die jeweiligen Hundehalter fast schon etwas frustrierend und ich bemerkte, wie hoch bei dieser Arbeit die Latte der Perfektion hing. Es war zwar viel Ehrgeiz zu spüren, doch keine Spur von Gewalt, lauten Stimmen, Leinenrucken oder „genervt sein" gegenüber dem Hund. Ich genoss die hoch konzentrierte und doch freundliche Atmosphäre sehr, die sich natürlich auch auf die Hunde übertrug.

Bis zu diesem Erlebnis war ich natürlich ganz anderes gewohnt und habe lange darüber nachgedacht, warum die Menschen in diesem Field-Trial-Workshop viel klarer und konsequenter mit ihren Hunden umgingen als die mir bekannten Jäger auf Treibjagden und anderen Gemeinschaftsjagden mit ihren Deutsch Kurzhaar, Jagdterriern, Wachteln und Münsterländern.

Zusammenarbeit mit dem Menschen

Natürlich müssen wir fairerweise sagen, dass die Retriever darauf gezüchtet werden, sehr kooperativ mit dem Menschen zusammenzuarbeiten. Man nennt es „will to please", die Eigenschaft, dem Menschen gefallen zu wollen.

Diese Kooperationsbereitschaft ist für Jagdhunde, die nach dem Schuss arbeiten und das Wild zurückbringen, von großem Vorteil und erleichtert das gemeinsame Arbeiten. Vielleicht steckt der große Ehrgeiz der Retriever auch ihre Menschen an, klarer mit ihnen zu arbeiten. Jagdhunderassen für die Arbeit vor dem Schuss wie Vorstehhunde, Schweißhunde, Stöberhunde, Bracken und Bauhunde sind darauf gezüchtet, selbstständig zu arbeiten und ihren Job zu machen. Sie wurden nicht darauf selektiert, ihrem Menschen zu gefallen und stets ansprechbar zu sein.

DER EINFLUSS VON AUSSEN

Viele Kunden kommen bereits mit ihren Welpen und Junghunden zu mir in die Ausbildung. Und ich lege sehr viel Wert darauf, dass die Menschen einen guten Umgang mit ihren Hunden pflegen. Sie sollen lernen, ihren Hund souverän, klar und fair zu führen. Wir üben zusammen und meine Kunden bekommen viel Wissen mit auf den Weg, um auch kommende Herausforderungen zu meistern.

Umso mehr hat es mich überrascht, einige dieser Kunden unabhängig voneinander ein oder zwei Jahre später wieder in meinem Training anzutreffen. Alle hatten das Problem, dass die Signale nicht mehr funktionierten.

Sie riefen ihren Hund, doch dieser kam entweder überhaupt nicht oder nur zögerlich zu ihnen. Auch hing der Hund nur noch in der Leine, was mit einem Ruck seitens der Halter beantwortet wurde.

Ich ließ mir auch alle anderen Anweisungen zeigen, von denen ich wusste, dass wir sie mit dem damals jungen Hund aufgebaut hatten. Aber auch hier war ich baff zu erleben, dass sie völlig andere Wortsignale benutzten. Körpersprache und Handzeichen wurden auch nicht mehr eingesetzt.

Da ist die Frage schon berechtigt, warum so viele Hundehalter ihre Signalgebung im Lauf der Zeit ändern, ihr Verhalten an der Leine ändern und inkonsequent werden? Warum etwas ändern, wenn es doch vorher funktionierte?

Ich forschte bei jedem dieser Kunden nach und ließ mir alles erzählen, was sie wo mit ihrem Hund gemacht haben. Mit wem sie sonst noch spazieren gehen, auf welchen Hundeplätzen sie waren, ob sie in irgendeinem Hundeverein mitmachen, ob sie Workshops mit ihrem Hund besucht haben oder mit ihrem Hund einem neuen Hobby nachgehen.

Aus der Praxis

Bei einer Kundin hatte sich nichts Auffälliges verändert, außer dass sie seit Längerem immer mit der gleichen Gruppe von Hundehaltern unterwegs ist. Sie treffen sich um 7:30 Uhr im Park oder am Feldrand und gehen dann alle gemeinsam spazieren. Die Hunde laufen frei, spielen miteinander, es wird über alles Mögliche geplaudert, Rezepte werden ausgetauscht und hin und wieder ruft einer der Hundehalter seinen Hund.
Ich war neugierig und bat die Kundin, sie einmal auf einen dieser gemeinsamen Spaziergänge begleiten zu dürfen. Und so kam es, dass ich zwei Tage später morgens mit 10 Frauen und 12 Hunden spazieren ging. Wir plauderten über alles, aber vor allem wollte ich von ihnen wissen, wo sie mit ihren Hunden zur Ausbildung waren. Heraus kam, dass jede in einer anderen Hundeschule bzw. in einem anderen Hundeverein war. Eine der Frauen traf sich regelmäßig mit der Züchterin, eine andere hatte noch nie ein Training besucht und ihrem Hund alles selbst beigebracht. Doch in der Gruppe zeigten sich die Damen unklar und unkonzentriert beim Rufen ihrer Hunde. Mal hörte ich ein unglaubwürdiges „Komm“, mal ein unfreundliches „Hier“. Handzeichen gab es keine und die Körpersprache war steif. Kam ein Hund nicht auf das Rufen, fing man an, sich über ihn zu ärgern und das Signal wurde am Ende nicht eingefordert. Nun konnte ich die Situation einordnen. Meine Kundin hatte so viel Zeit in dieser Gruppe verbracht, dass sie ihr Verhalten im Führen ihres Hundes ganz unbewusst ihrem Umfeld angepasst hatte. Aber nicht nur ihr ging es so, sondern der gesamten Gruppe.

Spiegeln von Verhaltensweisen

Wir Menschen neigen unbewusst dazu, unser Verhalten dem Umfeld anzupassen. In der Verhaltenswissenschaft nennt man das „Spiegeln von Verhaltensweisen“ und verantwortlich dafür sind die sogenannten Spiegelneuronen in unserem Gehirn. Wir nehmen durch Beobachtung Bewegungen, Verhaltensweisen und Sprachmuster von unserem Gegenüber wahr und speichern sie ab. Unser Verhalten und unsere Motorik bedienen sich unbewusst dieser gespeicherten Informationen und wir merken nicht, dass wir plötzlich andere kopieren bzw. spiegeln.

„Die Art und Weise, wie du redest, wie du deine Stimme benutzt, welche Lautstärke und Geschwindigkeit du einsetzt, welcher Wortwahl du dich bedienst und welche Schwerpunkte du in deine Sätze legst oder ob du dich optimistisch oder pessimistisch äußerst, ist ein Spiegel. Dein Sprachbild ist das exakte Spiegelbild der TOP 5 Personen, mit denen du am meisten Zeit verbringst.“

VINH GIANG, BERÜHMTER REDNER, STIMM- UND KOMMUNIKATIONSTRAINER

Es ist also kein ungewöhnliches Phänomen, sondern es kommt häufiger vor, als uns bewusst ist. Sind wir die meiste Zeit mit unseren Arbeitskollegen zusammen und wohnen allein, haben wir wahrscheinlich unser Sprachbild auf sie abgestimmt. Verbringt jemand viel Zeit mit pessimistischen Personen, muss diese Person nicht unbedingt selbst pessimistisch werden, doch ihre Wortwahl wird sich für andere pessimistisch anhören.

Hält man sich viel im Debattierklub auf, hört oft Vorlesungen von Professoren und liest komplizierte wissenschaftliche Bücher, so wird sich das auch auf das eigene Sprachbild auswirken.

Da ich davon weiß, benutze ich immer wieder das ein oder andere intellektuelle Wort oder unterschiedliche Synonyme für bestimmte Ausdrücke in der Gegenwart meiner Kinder, und bin immer sehr amüsiert, wenn sie es irgendwann selbst in ihre Sätze einbauen. So war das Essen heute nicht lecker, sondern es hat hervorragend geschmeckt. Oder die Spatzen im Garten sind nicht einfach süß, sondern sie sind entzückend, und ich finde etwas nicht einfach nur voll blöd, sondern außerordentlich enttäuschend.

Auch muss ich sehr darauf achtgeben, wie ich mit unseren vier Hunden spreche und wie ich ihnen Anweisungen gebe, denn meine Töchter machen es mir nach. Also für alle Eltern da draußen, die Kinder und Hund haben: Der beste Weg, den Kindern ein vernünftiges und klares Verhalten dem Hund gegenüber beizubringen, ist der, indem man es ihnen einfach vorlebt. Sie werden uns spiegeln. Leider auch die Verhaltensweisen, auf die wir nicht stolz sind.

Addieren wir all diese Informationen, kann man die konsequente, klare Signalgebung im Retriever Club damit erklären, dass die Teilnehmer sich auch in einem klaren und konsequenten Umfeld befinden. Es wird großen Wert auf die Signale gelegt und darauf, dass der Hund in der Nähe und auf Entfernung gut folgt und leidenschaftlich und gern mitarbeitet.

Aus der Praxis

Ein Jungjäger mit seinem Deutsch Kurzhaar-Welpen war in meinem Training und wir trainierten alle Grundsignale wie Herankommen, Sitz, Platz, Bleib, Bei Fuß, einen Rückrufpfiff für den Notfall, Leinenführigkeit und das Apportieren in entspannter Atmosphäre. Die Übungen wurden liebevoll mit Körpersprache und Handzeichen aufgebaut und der kleine Hund lernte eifrig, bis er 6 Monate alt war.

Zwei Jahre später traf ich den Mann auf einer Treibjagd und beide waren nicht wiederzuerkennen. Der Deutsch Kurzhaar war wild und unruhig, woraufhin an der Leine geruckt wurde. Als der Hund einen Fasan apportieren sollte, brachte er ihn nur in die Nähe und legte ihn zwei Meter vor den Füßen des Mannes ab. Er traute sich nicht, ganz zu seinem Menschen zurückzukommen. Daraufhin schimpfte der Jäger seinen Hund, nahm den Fasan, brüllte „Apport“, stopfte ihn in das Maul seines Hundes und sagte „Hier und Sitz!“ Der Hund zitterte an der Hinterhand, kam in Zeitlupe die letzten Meter auf Herrchen zu und setzte sich noch langsamer mit seinem Hintern auf den Boden. Das stimmte mich sehr traurig, obwohl das eigentlich ein völlig normales Bild war, das man häufig auf Jagden antraf. Das Vertrauensverhältnis der ersten Monate war nicht mehr zu sehen.

Nach der Jagd setzte ich mich zu ihm und er erzählte mir, dass er im Vorbereitungskurs für die Jagdgebrauchshundeprüfung verspottet worden war, weil er mit seinem Hund so freundlich umging und ihn für das Apportieren auch noch belohnte. Der veraltete Glaubenssatz „Ein Hund soll arbeiten, weil er Respekt vor seinem Herrn hat und nicht, weil er mit Leckerchen bestochen wird", galt hier noch als Weisheit. Er würde den Hund völlig verziehen und wenn es bei der Jagd hart auf hart kommt, könne er sich auf seinen Hund nicht mehr verlassen. Auch die Prüfung würde er so nie mit diesem Hund ablegen können. Alle in dieser Vorbereitungsgruppe arbeiteten über Zwangsapport, mit Kettenwürger, harter Stimme und ohne Handzeichen. Auch hier haben wir wieder ein Beispiel, wie wir nicht nur unser Umfeld spiegeln, sondern uns auch noch verunsichern und manipulieren lassen, ohne auf unser eigenes Gefühl zu hören. Vielleicht waren gerade diese beiden auch der Auslöser, warum ich heute mitunter auch Jagdgebrauchshunde ausbilde.

Hier wird ein weiterer Grund deutlich, warum es uns so schwerfällt, konsequent mit unserem Hund zu sein. Wir spiegeln unser Umfeld und den Umgang der anderen mit ihren Hunden. Wenn dem so ist, kann ich nur empfehlen, selbst für eine bessere Gesellschaft zu sorgen. Ich bin dafür, wir wählen uns ein Umfeld, das die bessere Seite von uns zum Vorschein bringt. Zum Wohle aller.

Die Zeit und Mühe, die wir in die Ausbildung von Hunden investieren, ist zu kostbar, um gegen den Hund zu arbeiten, anstatt mit ihm.

KAPITEL 20

MIND THE GAP

In ganz London und darüber hinaus kennt man die Aufforderung „Mind the Gap“ *(„Achten Sie auf die Lücke“)*. „Gap“ ist ein Überbegriff und steht für Kluft, Spalt, Lücke, Abstand.

Fährt man regelmäßig mit der Underground, ist dies wahrscheinlich der häufigste Satz, den man als Durchsage zu hören bekommt. Er weist die Fahrgäste beim Ein- und Aussteigen darauf hin, dass sie nicht in die Lücke zwischen U-Bahn und Bahnsteig geraten sollen. Manchmal ist die Lücke so breit, dass man leicht mit den Füßen hängenbleiben kann, wenn man nicht aufpasst. Diese Durchsage, im feinsten britischen Oxford Singsang, ist sehr einprägsam. Als ich auf meinen Undergroundfahrten durch London ein paarmal umsteigen musste, hinterließ diese Durchsage gleich einen hartnäckigen Ohrwurm, den ich den ganzen Tag nicht mehr loswurde. Ich lag abends im Londoner Hotelzimmerbett und hörte die Durchsage immer noch in meinem Kopf als Wiederholungsschleife, bis sie schließlich zu meinem Einschlaf-Mantra wurde.

Auch Welpen werden groß
Von der Niedlichkeit eines Welpens verzaubert, sind wir manchmal blind für Verhaltensweisen, die uns im Erwachsenenalter des Hundes Probleme bereiten. Ein Welpe sollte gesunde Grenzen im Verhalten mit uns lernen, damit wir später nicht mit seiner Junghundstärke und Körpergröße überfordert sind.

Hund auf dem Sofa
Darf dein Hund mal auf die Couch, mal aber auch nicht? Um hier Klarheit für ihn zu schaffen, ist eine Decke als Signal hilfreich.

Liegt die Decke auf der Couch, darf dein Hund hinauf und es sich gemütlich machen. Liegt dort keine Decke, muss er unten bleiben.

Ist eine Hunderasse für eine bestimmte Aufgabe gezüchtet, so ist der Hund meist in der Ausführung dieser Aufgabe sehr konsequent. Ein Beispiel ist der ehemalige Eurasier meiner Nachbarn. Er hat immer konsequent im Garten angeschlagen, wenn jemand vorbei lief.

Damit ein Hund auch zum Familien-Glück wird, sollte es klare Absprachen innerhalb der Familie geben. Wenn alle die gleichen Regeln vom Hund einfordern und beachten, wird der Hund schnell verstehen und findet seinen Platz.

Ohne mich!
Wir können Hunde nicht für dumm halten, nur weil sie mit unserer Inkonsequenz nicht mithalten können bzw. wollen.

Rituale für mehr Ordnung im Alltag
Bei unseren vier Hunden gibt es die Regel, dass keiner aus dem Gartentor darf, ohne eine direkte Aufforderung mit Namen und Handzeichen. Sobald ich die Gartentür öffne, warten alle Hunde von allein.

Ich nehme Blickkontakt mit dem Dackel auf, spreche ihn mit seinem Namen an und zeige ihm mit einer Handbewegung, dass er aus dem Tor darf.

Jetzt nehme ich Blickkontakt mit dem nächsten Hund auf, nenne ihn beim Namen und weise ihn mit dem Handzeichen nach draußen.

Das Gleiche wiederhole ich mit dem dritten und schließlich mit dem vierten Hund.

Dieses Ritual reduziert die Aufregung der Hunde und sorgt für Sicherheit.

Zwergdackel Zwieback ist früher immer vorausgerannt, um das wildreiche Fichtendickicht zu durchstöbern.

Heute legt er von allein vor dem Dickicht eine Pause ein, springt auf den Baumstamm und wartet auf mich. Er weiß, dass er für dieses Kunststück ein Leckerchen bekommt.

Fahrradrunde mit Coonhound Franz Josef
Station 1: Nach dem Feldweg kommt die Straße der Wohnsiedlung. Hier halten wir immer an, um nach dem Verkehr zu schauen.

Station 2: Die Straße entlang, an der Engstelle soll Franz Josef hinter mir herlaufen.

Station 3: Rechts von uns ist der Stockschützenplatz, mit den frei laufenden Kaninchen. Hier ist unser Ritual, dass er links neben mir laufen soll.

Nachdem er durch den Wald frei laufen durfte, kommt Station 4: Franz Josef ist schon vorgelaufen und wartet auf mich an der Kapelle.

Er hat sich gemerkt, dass wir hier immer eine kleine Pause machen.

Unsere Wettrennstrecke nach der Kapelle. Franz Josef gewinnt immer. All diese Stationen bedürfen keinerlei Einfordern mehr. Franz Josef hält alle Rituale ein.

Wenn wir auf zu vielen Hochzeiten gleichzeitig tanzen!
Haben wir tagsüber das Gefühl, mit zu vielen Bällen zu jonglieren, schenken wir auch unserem Hund nur geteilte Aufmerksamkeit. Der Hund merkt, dass wir unkonzentriert, unaufmerksam sind und weil wir nicht bei der Sache sind, werden wir inkonsequent.

Zeitdruck, ein Konsequenzkiller
Zeitdruck ist für uns eine Art unsichtbare Gefahr, die ein Hund nicht nachvollziehen kann. Wir sind gestresst, machen dem Hund Druck, weil es eilt und im Eifer des Gefechts geben wir ihm sogar falsche Signalwörter und erwarten trotzdem, dass er folgt.

Stimmungsübertragung
Andere Hundehalter in unserem Umfeld haben eine große Wirkung auf uns. Nach einiger Zeit fangen wir ganz unbewusst an, andere Menschen im Umgang mit ihren Hunden zu spiegeln. Sei wachsam und wähle eine gute Gesellschaft.

Klappe auf und weg!

Wer kennt das nicht? Sicherer und vor allem entspannter ist es, wenn alle Hunde lernen, dass eine offene Kofferraumtür noch lange nicht heißt, dass man aussteigen darf. Diese drei Labradore haben gelernt, erst auf Aufforderung aus dem Auto zu springen.

Wissen ist Macht ...

Einer der Gründe, warum Konsequenz im Umgang mit dem Hund fehlt, liegt an zu vielen unterschiedlichen Meinungen und Erziehungsratschlägen. Unser Bauchgefühl hat uns verlassen und wir tun uns schwer, klare Entscheidungen zu treffen.

Mind the Gap
Es gibt eine Kluft zwischen unserer Wahrnehmung und der Realität zu unserem „neuen" Hund, ähnlich wie der Abstand zwischen Bahnsteig und Zug. Erkennen wir dies, können wir es leicht überwinden und mit unserem Hund wieder auf einen Nenner kommen.

Konsequent sein bedeutet, einen Plan zu haben, ein Ziel zu haben. Der Mensch sollte wissen, wo er mit seinem Hund hin möchte. Haben wir keinen Plan, werden unsere Hunde entweder unsicher und verwirrt, oder sie übernehmen das Steuer.

Das habt ihr richtig gut gemacht!
Wenn dein Hund alles richtig gemacht hat, dann hast auch du alles richtig gemacht. Du hast es ihm beigebracht und richtig kommuniziert. Anstatt nur deinen Hund zu loben, darfst auch du dich dafür loben, denn „das habt ihr beide richtig gut gemacht".

Zwischen Halter und dem zweiten, dritten oder vierten Hund entsteht oft eine ähnliche Lücke, die Aufmerksamkeit erfordert, um sie zu überwinden. Es besteht eine Kluft zwischen der eigenen Vorstellung von dem, was man glaubt, dem aktuellen Hund beigebracht zu haben, und dem, was man ihm tatsächlich beigebracht hat.

Auch wenn mein erster eigener Hund über 30 Jahre zurückliegt, ist dieses Kapitel all jenen gewidmet, die schon einen Hund großgezogen, trainiert und geführt haben und sich jetzt einen neuen Hund in ihr Leben holen.

WENN DER VERGLEICH IM WEG STEHT

Der erste Hund hatte die volle Aufmerksamkeit und oberste Priorität gehabt. Wir waren noch etwas jünger, vielleicht auch unerfahrener und haben uns in das Thema Hundeerziehung eingelesen und akribisch mit dem Hund die Signale geübt oder waren vielleicht in einer Hundeschule. Doch irgendwann wird auch der erste Hund älter. Er erreicht ein Alter, in dem man miteinander sehr vertraut geworden ist, man ist zusammengewachsen, durch dick und dünn gegangen, und versteht sich blind. Ja, vielleicht waren die ersten zwei oder drei Jahre anstrengend mit dem jungen Hund, aber das haben wir aus unseren Erinnerungen längst verdrängt. Nun hat sich alles eingespielt, man hat sich aneinander gewöhnt und kann sich aufeinander verlassen. Es ist der Lauf der Dinge und irgendwann muss auch dieses Tier sich aus unserem Leben verabschieden. Der Schmerz ist groß – daran gewöhnt man sich nie. Auch nicht nach dem zehnten Hund.

Doch wenn die Tränen getrocknet sind, das Haus viel zu still geworden ist und wir selbst kaum noch an die frische Luft kommen, wird der Wunsch immer größer und wir holen uns einen neuen Hund ins Leben.

Ein neuer Hund kommt in unser Leben

Der Neue ist jung, ist anders und anstrengender, da wir uns neu auf ihn einstellen müssen. Er muss alles neu lernen, was unser „Alter“ bereits konnte. Wir waren durch den coolen Vorgänger regelrecht verwöhnt und sind jetzt erst einmal überrascht, wie uns der junge Hund stressen kann, obwohl ein großer Teil von uns begeistert von dem Neuen ist. Das kann uns eiskalt erwischen, aber wir haben ja auch „vergessen“, wie anstrengend der Vorgänger in seiner Jugend war.

Jetzt fangen wir an, den neuen Hund mit seinem Vorgänger zu vergleichen. Das ist ein Übergangsprozess, den jeder Hundehalter durchlebt, weil unser Kopf versucht, den neuen Hund einzusortieren. Wir müssen uns umstellen und neu einstellen, um uns auf einen neuen Hund einlassen zu können.

Wichtig ist nur, dass wir nicht in dieser Schleife des Vergleichens hängen bleiben. Menschen, die dort hängen bleiben, können sich nicht ganz für den neuen Hund öffnen, da sie den Vorgänger noch nicht loslassen können oder wollen. Vielleicht war man doch noch nicht bereit für einen Neuen!? Doch dann sollte man sich im Klaren darüber sein, dass jeder eine zweite Chance verdient hat. Wir haben auch irgendwann mal im Leben eine zweite Chance bekommen. Nun ist es an der Zeit, auch unserem aktuellen Hund eine zweite Chance zu geben. Das klappt am besten, wenn wir ihn als das sehen können, was er wirklich ist, und zwar etwas ganz Neues. Eine neue Persönlichkeit, mit einem neuen Charakter.

Doch wo finden wir die angekündigte „Lücke“?

Mit dem neuen Hund geben wir uns natürlich auch Mühe, ihm die Signale und Übungen beizubringen. Doch ziemlich bald erwarten wir unbewusst von ihm, dass er diese Signale auch mit großer Ablenkung beherrscht und sind völlig gefrustet und genervt, wenn das nicht funktioniert. Kann ja auch nicht klappen, da wir übersehen haben, den Hund durch den gesamten Lernprozess zu begleiten. In unserem Kopf ist abgespeichert, dass wir doch alles schon hundertmal mit dem Hund durchgekaut haben. Ja, aber das war mit dem vorherigen Hund, nicht mit dem Jetzigen. Es entsteht eine Verständnis-Lücke, eine Lern-Lücke, für die der Neue nichts kann. Es funktioniert mit dem neuen Hund nur so gut wie bei dem Vorgänger, wenn wir mit ihm alles von vorne sauber und klar aufbauen und langsam die Ablenkungen steigern, als wäre es unser erster Hund. Für uns ist es nichts Neues, aber für unseren aktuellen Hund ist ALLES ganz neu!

Aus der Praxis

Letztens hatte ich einen älteren Jäger mit seinem jungen Deutsch Drahthaar im Training. Es ist sein vierter Hund, den er großzieht und führt. Mit all seinen Vorgängern in den letzten 37 Jahren hatte er mit Bravour die VGP-Verbandsgebrauchsprüfung absolviert. Es handelt sich dabei um die umfassendste unter den Jagdhund-Prüfungen. Hier darf der Hund zeigen, dass er aufgrund seines Gehorsams, seiner Nervenstärke, Belastbarkeit und Arbeitsfreude ein zuverlässiger Jagdhelfer im Wald, auf dem Feld und im Wasser ist. Dafür muss ein Jagdhund bestens ausgebildet worden sein, um diese mit voller Punktzahl zu bestehen. Bei ihm zu Hause hängen noch die Urkunden und stehen die Pokale für den jeweils besten Platz. Doch mit diesem Drahthaar scheint alles anders zu sein.

Besonders fiel mir die Ungeduld auf, die der Hundehalter mit seinem Hund verband, indem er viel an der Leine ruckte, laute Anweisungen brüllte und sichtlich genervt von ihm war. Er verlangte Kommandos von seinem Hund, die der Hund nicht ausführte. Herrchen war nur noch gereizt und sagte mir, dass er noch nie einen so sturen Hund gehabt hätte. All seine Vorgänger wären durchaus arbeitswilliger gewesen und hätten sich besser gefügt. Auf mich machte der Hund den Eindruck, keine dieser Anweisungen zu verstehen, weil es ihm nie erklärt wurde. Das „Bei Fuß“ war nur ein Zurückreißen an der Leine, das „Apportieren“ war ein ständiges Fallenlassen oder ein Gar-nicht-erst-Aufnehmen und das Herankommen war reine Glückssache.

Als ich ihn fragte, ob er denn seinem Hund von Anfang an erklärt habe, was diese Signale zu bedeuten hätten, hat er recht grummelig geantwortet: *„Ja, aber das muss er doch schon können, die Vorgänger haben das auch alles gekonnt. Ich führe schon so lange Hunde und es hat bisher immer geklappt.“*

Ich musste lachen. Dieser grummelige Brummbär hatte sich voll in der besagten Lücke verhangen. Er ist sozusagen mit seinem Fuß in „the Gap“ hängen geblieben und kam mit seinem Hund einfach nicht weiter. Kein Wunder! Unbewusst dachte sein Kopf, dass er ihn bereits dreimal professionell ausgebildet habe, nur waren es die Vorgänger und nicht der Aktuelle. Dieser jetzige Deutsch Drahthaar wusste von nichts, weil davon ausgegangen wurde, dass er doch schon alles wissen müsse. Die Wahrnehmung des Hundehalters entsprach nicht den Tatsachen und ein Missverständnis mit großem Ausmaß entstand zwischen Mensch und Hund. Die Kluft zwischen ihnen wurde nur noch größer. Es fehlte Klarheit in seinen Anweisungen und konsequentes Verhalten seinerseits war nicht zu erkennen. Es war ein Chaos der gegenseitigen Frustration. Der Hund war gestresst, weil er seinem Menschen nichts recht machen konnte. Wie denn auch? Es wurde ihm nie wirklich erklärt. Wir mussten das Training mit seinem Hund ganz von vorne neu aufbauen. Doch eine Lücke ist leicht zu überwinden, wenn man darauf achtet, nicht mit seinem Fuß darin hängen zu bleiben.

In diese Lücke tappen wir alle einmal!

Ich habe es zu oft bei meinen Hundekunden erlebt, bei Freunden und Bekannten, sogar bei anderen Hundetrainern und ja, selbst bei mir habe ich solch eine Lücke mit meinen Hunden beobachten können. Diese Lücken sind nicht alle gleich groß und auch nicht so gravierend wie bei dem Jäger, mit seinem vierten Deutsch Drahthaar, aber sie tauchen auf. Manchmal handelt es sich nur um eine oder zwei Anweisungen, die dem Hund nicht vollständig erklärt wurden und deshalb auch nicht funktionieren.

Als Hundetrainerin trainiere ich den ganzen Tag Hunde und die meisten davon sind nicht meine eigenen. Mein Kopf hat abgespeichert, dass ich doch bereits schon so viel mit Hunden trainiert habe, dass ich vergesse, mit meinen Hunden dieselben klaren Trainingsschritte vorzunehmen, damit sie richtig gut in den Ausführungen werden, so wie die Hunde meiner Kunden. Doch ich bin froh, dass meine Hunde mich hin und wieder darauf aufmerksam machen, und dass ich dann selbst wachsam genug bin zu erkennen, dass es eine Lücke gibt. Dann kann ich sie mit gezielten Trainingsschritten wieder auffüllen.

Vielen Kunden rate ich dazu, ein Trainingstagebuch für ihren Hund anzulegen. In diesem Tagebuch können sie festhalten, wann sie was trainiert haben, was ihr Ziel ist und welche Schritte noch trainiert und geübt werden müssen. Das ist sogar sehr effektiv, weil man sich dann schwarz auf weiß vor Augen hält, was man mit diesem aktuellen Hund tatsächlich schon umgesetzt hat und was eben noch nicht.

Diese neu gewonnen Wachsamkeit hilft uns, konsequenter mit unserem Hund umzugehen und der neue Hund wird dankbar dafür sein, dass er verstehen darf, was wir von ihm wollen. Für manche Hundehalter reicht schon die Information, dass es eine Lücke zwischen Wahrnehmung und Tatsache geben könnte, und sie werden achtsamer mit ihrem neuen Hund.

WIE GEHT ES JETZT WEITER?

Wie können wir trotz all der Hindernisse konsequenter mit unserem Hund sein?
Konsequenter im Umgang mit unserem Hund zu werden, bedarf einer klaren Entscheidung von dir. Konsequent zu sein, ist genauso eine Entscheidung wie die, die wir treffen, wenn wir inkonsequent sind. Der Energieaufwand ist der gleiche, nur die Ergebnisse unterscheiden sich gravierend. Ein konsequentes Verhalten gegenüber dem Hund macht uns fair, entspannt und vor allem zu einer angenehmeren Gesellschaft für ihn. Denk immer daran: Die Art der Beziehung zu dir ist deinem Hund sehr wichtig.
Ich wünsche dir klare und aufmerksame Momente mit deinem Hund.

Manchmal braucht es eben nur eine Lautsprecherdurchsage wie „Mind the Gap!", um daran erinnert zu werden, dass auch ein neuer Hund ganz von vorne trainiert werden muss.

KAPITEL 21

DAS HABT IHR RICHTIG GUT GEMACHT!

Es fällt uns leichter, unsere Hunde zu loben als irgendeinen anderen Menschen, egal wie nah dieser uns steht, uns selbst übrigens mit eingeschlossen.

Du hast dieses Buch bis hierhin gelesen und gewagt, dich und deinen Hund aus neuen Perspektiven zu betrachten. Du hast wahrscheinlich deine Art der Kommunikation mit deinem Hund unter die Lupe genommen und schon das ein oder andere ausprobiert. Womöglich hast du angefangen, darüber nachzudenken, was du wirklich von deinem Hund möchtest und warst, mutig zu hinterfragen, ob es DEIN Ziel ist oder ein vorgegebenes der Gesellschaft. Es kann auch sein, dass du anfängst, deine unbewussten Angewohnheiten deinem Hund gegenüber wahrzunehmen und dir fest vorgenommen hast, diese in Zukunft zu verändern. Vielleicht warst du auch einfach nur froh, eine Lösung für ein Problem mit deinem Hund zu finden. Oder besser noch, du hast hier Bestätigung gefunden, was den bisherigen Umgang mit deinem Hund betrifft. Was es auch sein mag, es war mir eine Freude, dich bis hierhin zu begleiten.

IMPULSE FÜR DEIN TRAINING

Es gibt noch einen letzten Impuls, den ich dir und deinem Hund mit auf den Weg geben möchte, bevor du dieses Buch beiseite legst.

- Wenn dein Hund eine Anweisung von dir befolgt, dann tut er es nur, weil du es ihm richtig vermittelt und beigebracht hast. Egal, ob er nun etwas tun soll oder etwas lassen soll. Wenn du deinen Hund lobst, weil er ein Signal von dir ausgeführt hat, dann darf dir ruhig bewusst werden, dass du auch deinen Teil dazu beigetragen hast.
- Wenn du das nächste Mal deinen Hund lobst, z. B. wenn er schnell und freudig auf dich zugerannt kommt, weil du ihn gerufen hast, dann lobe auch dich selbst dafür. Du hast es ihm beigebracht und in diesem Moment auch richtig mit ihm kommuniziert. Das gilt natürlich auch für Grenzen, die du ihm setzt und die er dann beachtet.
- Anstatt nur zu sagen: „Fein Bruno, das hast du super gemacht." Sage lieber: „Fein Bruno, **das haben wir beide super gemacht."** Probiere es ruhig mal aus. Es wird dich überraschen, wie gut sich das anfühlt.
- Wenn du mit deinem Hund arbeitest, dann geht es nicht nur um deinen Hund, was er tun soll und wie gut er mitmacht. Nein. Es geht dabei immer um euch und wie gut ihr zusammenarbeitet.
- Wenn du dir selbst und deinem Hund die gleiche Anerkennung zuteilwerden lässt, dann schweißt es euch zusammen. Denn jetzt seid ihr zusammen wichtig und nicht nur der Hund allein.

Wir alle wünschen uns mehr Freundlichkeit im Miteinander und sehnen uns nach dem Gefühl der Gemeinsamkeit. Das gelingt uns in dem Moment, in dem wir uns als Teil des Erfolges sehen, und unsereins nicht aus falscher Höflichkeit außen vorlassen.

Anerkennung ist eine nicht zu unterschätzende Kraft. Wir sollten sie in uns selbst finden und nicht unsere Zeit und Mühe damit verschwenden, sie im Außen zu erhoffen. Zum Glück hast du einen Hund. Er zeigt dir jeden Tag, dass du wichtig bist. Er freut sich, wenn du wieder nach Hause kommst, aus der Dusche oder vom Keller. Für ihn gibt es immer einen Grund, dich anzuerkennen und zu feiern. Fange an, dich aus der Sicht deines Hundes zu sehen, und schenke dir selbst die Anerkennung.

Ihr könnt zusammen alles meistern, was auch immer euer Ziel sein möge, denn ihr beide macht das richtig gut!

WIDMUNG

Es sind die Hunde in unserem Leben, die uns zu besseren Menschen machen. Ohne die Hilfe der Hunde, die mich in meinem Leben begleitet haben, hätte ich dieses Buch nie schreiben können. Aus diesem Grund widme ich all meinen vierbeinigen Freunden dieses Buch:

Dieses Buch ist Patches gewidmet. Meine erste eigene Hündin, der ich das Leben hätte retten können, wenn ich damals gewusst hätte, wie Konsequenz in der Hundeerziehung funktioniert.

Dieses Buch ist Smilla gewidmet. Mein zweiter Hund, mit der ich Konsequenz praktisch erlernte und die es mir, mit absoluter Treue, Zuverlässigkeit und einem langen Leben gedankt hat.

Dieses Buch ist für Balu. Ein Jagdhund, der mich an meine Grenzen brachte und sie gemeinsam mit mir durchbrach. So konnten wir zusammen lernen, wachsen und großartiges erreichen. Der beste Lehrmeister, den man sich nur vorstellen konnte.

Dieses Buch widme ich Birdy und St. John. Zwei Hundeseelen wie Engel, die nur Klarheit brauchten, um die besten Hunde der Welt zu werden.

Dieses Buch widme ich Quinta, unserer Labradorhündin aus meiner Kindheit, die mir jahrelang konsequent gezeigt hat, dass ich noch sehr viel zu lernen hatte.

Dieses Buch widme ich meinem Coonhound Franz Josef, der mir zeigt, dass Sicherheit nur aus Klarheit entstehen kann.

Mein Dackel Zwieback ist der Meinung, dass dieses Buch eigentlich nur ihm zu verdanken ist. Denn er hat mich gelehrt, wie man Konsequenz wahrhaftig meistern kann, indem er sie mir jeden Tag vorlebt.

Jeder Mensch, der einen Hund als Begleiter hat, kann sich glücklich schätzen, einen wertfreien Lehrer an seiner Seite zu haben.

Aus diesem Grund widme ich dieses Buch auch allen Hundemenschen, denen im Umgang mit ihrem Hund schon mal die Hutschnur geplatzt ist, weil ihnen eine Prise Konsequenz und Klarheit in der Kommunikation fehlten.

Es ist für alle, die sich nach mehr Frieden in der Beziehung zum eigenen Hund sehnen und für alle, die ebenfalls etwas Großartiges mit ihrem Hund erreichen wollen.

Und da du dieses Buch nun in deinen Händen hältst, widme ich es Dir, liebe(r) Leser*in, liebe(r) Hundefreund*in. Ich wünsche mir, dass Du genauso viel Spaß hast (oder bereits hattest), die kommenden Zeilen zu lesen, wie ich beim Schreiben.

SERVICE

ZUM WEITERLESEN

Eine weitere große Auswahl an Hundebüchern über Haltung, Erziehung und Training findest du unter www.kosmos-hund.de

WEBINARE

Viele spannende Themen und Autor*innen findest du in unseren Online-Seminaren. Ob live oder als Aufzeichnung: hier dreht sich alles um den Hund.

SOCIAL MEDIA

Du möchtest wissen, was los ist? Storys, Webinar-Ankündigungen, Zitate, Buchclips, Gewinnspiele, Take over unserer Autor*innen und vieles mehr findest du unter instagram.com/kosmos.hund und unter facebook.com/Kosmos.Hund

Folge uns und werde Teil unserer Kosmos-Hund-Community.

ÜBER DIE AUTORIN

Inga Böhm-Reithmeier trainiert schon seit 30 Jahren Hunde und ihre Menschen. Sie hat im Inn- und Ausland bei anerkannten Hundetrainern gelernt und mehrere Ausbildungen zum Thema absolviert. Doch ihre eigentlichen Lehrmeister waren ihre eigenen Hunde, die sie all die Jahre begleiten haben und all jene Hundepersönlichkeiten, die sie in ihrem Hundetraining begrüßen durfte. Großgeworden in einem Jägerhaushalt mit integrierter Jagdhundezucht, kann man fast behaupten, sie wäre im Hundekörbchen großgeworden. Ein Teil ihrer Kindheit hat sie mit ihrer Familie in Dallas/Texas verbracht, wo sie ihre ersten Erfahrungen mit Dummyarbeit und der Ausbildung von Labrador Retrievern sammelte. Heute lebt sie mit ihrer Familie und ihren vier Jagdgebrauchshunden im bayerischen Voralpenland und gibt europaweit Seminare, Workshops und hält Vorträge und Webinare zum Thema Hund. Ebenfalls ist sie Autorin von mehreren kynologischen Fachbüchern und unterrichtet angehende Hundetrainer.
www.besterhund.de

DANKE

Dieses Buch ist wunderbaren Menschen, mit großartigen Fähigkeiten zu verdanken, ohne die ich es womöglich nie geschrieben hätte.

Es fing mit dem Kosmos Verlag an, dessen Mitarbeiterinnen sich für dieses Buchthema begeistern ließen, wie eine Hundemeute auf einer frischen Fährte. Meine Lektorin Hilke Heinemann, die mit Freude, Geschwindigkeit und Eifer, wie ein Golden Retriever bei der Wasserarbeit, an meinen Texten gezaubert hat, sodass sie jeder verstehen kann. Meine liebe Freundin Elke Reinhart, die mich wie ein Schweißhund bei allen Themen daran erinnert hat, auf der richtigen Spur zu bleiben, und mich nicht verleiten zu lassen. Ein großes Dankeschön geht auch an Anna Auerbach, die durchweg gut gelaunt wie ein Junghund, unermüdlich auf dem Boden liegend, treffend und zielsicher tolle Fotos für dieses Buch geschossen hat. Ein Dankeschön an alle mutigen Menschen um mich herum, die mein Skript vorweg gelesen und ihre Ideen mit mir geteilt haben. Einen großen Dank an alle Kunden, die ich erleben durfte, und dessen Fallbeispiele dieses Buch so bunt machen. Einen herzlichen Dank an alle Zwei- und Vierbeiner, die bei unserer Fotosession für dieses Buch mitgewirkt haben.

Doch ohne die Toleranz meiner Töchter, die manchmal auf ihre „Mamazeit" verzichten mussten, und meinen wunderbaren Ehemann, der geduldig wie ein Bernhardiner den Alltag gerettet hat, während ich lange Tage und Nächte an diesem Buch geschrieben habe, wäre gar nichts möglich gewesen. Zum Schluss möchte ich meiner Oma Luise Ruiken danken, für die wunderbaren Jahre mit ihr in meiner Kindheit und für ihre herzliche, aber unerschütterliche Konsequenz in ihrem Dasein.

REGISTER

Bildnachweis

65 Farbfotos wurden von Anna Auerbach/Kosmos für dieses Buch aufgenommen.

Weitere Farbfotos von

Farbtafel 1: Anna Auerbach/Archiv (2: III, XVI); Meike Böhm (4: I, VI oben, IX unten); Trio Bildarchiv (6: VII/Maren Leuker, VIII oben/Ria Putzker, X/Sabrina Wobith, XII/Kerstin Ordelt, XIII/Cornelia Dettmer, XIV/Nadine Priester); Shutterstock (4: II/VDB Photos, V unten/thodonal88, VIII unten/MVolodymyr, IX oben/Undrey).

Farbtafel 2: Anna Auerbach/Archiv (1: II unten); Meike Böhm (3: I oben, III, VI oben).

Farbtafel 3: Anna Auerbach/Archiv (1: IV unten); Meike Böhm (4: I, XIII unten, XIV oben, XVI unten); Trio Bildarchiv (5: II/Kerstin Ordelt, IV oben/Stefanie Hartge, XIV unten/Kerstin Ordelt, XV/Janice Pohle, XVI oben/Aleksandra Kielreuter).

Impressum

Umschlaggestaltung von Claudia Adam Graphik-Design, Darmstadt, unter Verwendung eines Farbfotos von Trio Bildarchiv/Sylvie Zollinger

Mit 95 Farbfotos.

Gedruckt auf chlorfrei gebleichtem Papier

ISBN 978-3-440-18163-8
Redaktion: Hilke Heinemann
Gestaltungskonzept: Populärgrafik, Stuttgart
Gestaltung und Satz: Atelier Krohmer, Dettingen/Erms
Produktion: Angela List
Druck und Bindung: Friedrich Pustet GmbH & Co. KG, Regensburg
Printed in Germany / Imprimé en Allemagne

FSC
www.fsc.org
MIX
Papier | Fördert gute Waldnutzung
FSC® C014889